陆海统筹生态环境治理研究

蓝文陆 邓 琰 著

科 学 出 版 社

北 京

内 容 简 介

本书共分为陆海统筹生态环境治理技术方案、南流江陆海统筹综合治理、西门江陆海统筹综合治理 3 个篇章,较为系统地介绍了以海定陆、从山顶到海洋的陆海统筹生态环境综合治理和污染防治区域联防的技术策略、具体案例实践及长效政策保障机制。期望本书能为立足生态系统完整性、改革生态环境保护管理体制等研究及具体流域-海域水环境综合整治提供参考,为其他河口海湾的研究与实践提供借鉴。

本书适合环境领域的高校、科研院所科技人员和政府机关事业单位的管理人员参阅。

图书在版编目(CIP)数据

陆海统筹生态环境治理研究 / 蓝文陆,邓琰著. —北京:科学出版社,2023.3

ISBN 978-7-03-074759-4

Ⅰ. ①陆⋯ Ⅱ. ①蓝⋯ ②邓⋯ Ⅲ. ①生态环境－环境综合整治－研究 Ⅳ. ①X321

中国国家版本馆 CIP 数据核字(2023)第 022411 号

责任编辑:郭勇斌 彭婧煜 程雷星 / 责任校对:杜子昂
责任印制:张 伟 / 封面设计:众轩企划

科学出版社 出版
北京东黄城根北街 16 号
邮政编码:100717
http://www.sciencep.com

北京凌奇印刷有限责任公司印刷
科学出版社发行 各地新华书店经销

*

2023 年 3 月第 一 版 开本:720 × 1000 1/16
2024 年 1 月第二次印刷 印张:21 3/4
字数:428 000
定价:149.00 元
(如有印装质量问题,我社负责调换)

前　言

河口-近岸海域位于沿海经济带,是我国乃至世界上人口最密集和经济最发达的地区,沿海地区生态安全对于经济社会稳定繁荣和人类生存发展有着至关重要的意义。然而,近几十年来受陆源污染的影响,河口及其邻近海域出现严重污染、富营养化、赤潮等重大环境问题,严重影响了沿海地区的生态安全。河口-近海海域的环境问题已然成为我国亟须解决的当前要务,而陆海统筹生态环境治理,恰是从根本上系统解决全流域和河口海湾生态环境问题的正确途径,也为山水林田湖草沙的一体化监管和治理提供了新途径,对于生态环境监管治理体制的发展和完善也有着重要的意义。

然而,在过去的近百年中,流域和沿海的生态环境治理往往被割裂开来。传统的海洋生态环境保护管理是以海洋行政管辖区为基础,主要采用条块分割式的行业管理模式,如我国的入海河流、直排入海污染源等由原环保部门负责监管,地下水由原国土部门监管,海洋环境保护由原海洋部门监管,港口船舶由交通部门监管,养殖和渔业由农业部门监管等。但是海洋是一个流动的水体,其内部的物质和生物也在不断迁移,海洋环境的污染和生态破坏是不受行政界线和部门限制的,因此,传统的海洋生态环境局部和行业管理无法有效地解决海洋生态环境治理中面临的突出环境污染及生态破坏等问题。在20世纪90年代末和21世纪初,相关国际组织和学术界都在改进传统的生态环境治理模式。

进入21世纪后,我国的生态学者开始聚焦于污染物在流域-河口-近岸海域的输送迁移转化等方面的研究,以及陆域及流域重大工程对近岸海域生态环境影响的研究。"十二五"以后,国家正式提出陆海统筹理念,以加强生态环境保护工作。2018年国家机构改革将原海洋、水利、农业等部门相应的环境保护职能统一转到新的生态环境部,由生态环境部统一行使我国不同要素不同行业中的生态环境保护监管职能。这在一定程度上联通了陆地和海洋的生态环境保护工作,也在一定程度上解决了原来海洋生态环境保护的"九龙治水"问题,为有效实施陆海统筹生态环境治理提供了较好的前提。立足生态系统完整性,将山水林田湖草沙纳为一个整体,打通陆地和海洋的物理分割,从山顶到海洋全流域进行生态环境管理和污染防治,是环境管理的时代要求以及未来的发展趋势。但由于缺乏典型的陆海统筹生态环境治理示范,该研究缺少实践数据和参照标准,成功实践突破较少。

北部湾是一个独特且具有明显代表性的海湾，位于南海西北部，介于我国的海南省、广东省、广西壮族自治区（以下简称广西）和越南北部之间，地理形状独特，是典型的半封闭式海湾，南部与南海连通，南北纵深很大，只有中间狭小的琼州海峡与南海连通，水体交换相对于东部沿海能力较差。一方面，相对于我国其他知名的河口海湾，北部湾接纳的入海河流都是一些较小的河流（我国境内），不涉及像长江、珠江和黄河等一样的大型河流，最大的河流南流江干流长度也不到300km，涉及的流域范围也较小，跨越行政区较少，相对于较大流域更容易实施陆海统筹生态环境治理。另一方面，北部湾生态环境优越，其水质优良，是我国沿岸最洁净的大型海湾，陆海统筹治理效果更容易显现，这为推动从山顶到海洋的陆海统筹生态环境治理的研究和实践探索提供了绝佳的机会。

为了保障广西北部湾经济区在上升为国家战略后，其优良的生态环境不受到影响和破坏，确保北部湾生态安全，自2008年开始，广西加强了海洋生态环境治理的研究与实践，积极推动北部湾及其周边入海河流的环境治理。广西壮族自治区海洋环境监测中心站是广西海洋生态环境保护的一个重要技术支撑单位，其重点对北部湾广西海域及主要入海河流进行了系统调查研究。"十二五"期间，该监测中心对广西近岸海域环境质量的变化及其周边的南流江、钦江、茅岭江、西门江等几个流域开展了系统调查，并在"十三五"期间对南流江、钦江、西门江等北部湾周边环境问题比较突出的几个流域开展了主要监测断面水体达标方案和水污染防治总体实施方案等生态环境治理研究。同时，在中国环境科学研究院雷坤研究员团队的指导和合作下，开展了广西河口-近海生态系统变异及污染调控技术研究、南流江-廉州湾陆海统筹水环境综合整治规划研究等。广西壮族自治区生态环境厅也积极指导组织开展了南流江、西门江-廉州湾的陆海统筹生态环境治理工作，并取得了显著成效。本书研究团队也主要利用这些数据资料，结合科研项目，围绕北部湾环境问题较突出的重点区域——廉州湾以及汇入的两大河流——南流江和西门江，开展了陆海统筹生态环境治理系列研究。经过近5年坚持不懈的调查和研究，并对这些研究进行整理、分析和总结编写了本书。

《陆海统筹生态环境治理研究》是响应党中央和国家生态文明体制建设中改革生态环境保护管理体制的号召，并在北部湾地区建立陆海统筹的生态系统保护修复和污染防治区域联动机制的具体实践研究。本书共分为陆海统筹生态环境治理技术方案、南流江陆海统筹综合治理、西门江陆海统筹综合治理3个篇章，较为系统地介绍了以海定陆、从山顶到海洋的陆海统筹环境综合治理和污染防治区域联防的技术策略、具体案例实践及长效政策保障机制。期望本书可为立足生态系统完整性、改革生态环境保护管理体制等研究及具体流域-海域水环境综合整治提供参考，为其他河口海湾的研究与实践提供借鉴。

衷心感谢广西科技重大专项"北部湾陆海统筹环境监控预警与污染治理技术

研发及示范"（桂科 AA17129001）、广西科技基地和人才专项"北部湾全流域生态治理集成技术研发高层次人才培养示范"（桂科 AD19110140）等项目和北部湾海洋生态环境广西野外科学观测研究站对本书相关研究和出版给予的资助。

　　本书是集体智慧的结晶，大部分数据结果来源于广西壮族自治区海洋环境监测中心站以及北海市相关部门，监测调查和实验分析主要由广西壮族自治区海洋环境监测中心站的监测人员完成。研究过程中得到了广西壮族自治区海洋环境监测中心站领导和同事们的大力支持和帮助，尤其是北海市南流江南域、亚桥断面和西门江老哥渡断面水体达标方案编制组成员、中国环境科学研究院雷坤研究员、邓义祥博士研究生、孟庆佳博士研究生在陆海统筹生态环境治理策略、总量分配和模型计算等研究中给予了具体指导及协助，在此表示衷心的感谢！感谢封面图片摄影者岑国林、协助插图制作陈燕等，特别感谢广西壮族自治区海洋环境监测中心站的领导及全体同仁给予的大力支持和帮助，他们的帮助促成了本书的问世。

　　由于作者的学术浅薄以及生态环境治理研究方面的薄弱，本书难免存在不足之处，敬请专家学者批评指正。

蓝文陆

2021 年 10 月

广西·北海

目　　录

第二篇 南流江陆海统筹综合治理

第三篇　西门江陆海统筹综合治理

第一篇 陆海统筹生态环境治理技术方案

第1章 陆海统筹理念的发展

1.1 陆海统筹生态环境治理的理念

1.1.1 河口-近岸海域突出环境问题

从全球尺度上看，全球的海陆是一体的，海洋对全球生命的生存和发展有着至关重要的作用。海洋（sea）是地球上最广阔的水体的总称，海洋的中心部分称为洋，边缘部分称为海，地球表面被各大陆地分隔为彼此相通的广大水域称为海洋，其约占地球表面积的71%，约占地球上总水量的97%。因为地球上海洋面积远远大于陆地面积，故有人将地球称为一个"大水球"。全球的海洋彼此相通，组成统一的水体，而且通过大气循环系统、水循环系统等自然运动，海洋和陆地上的河流、湖泊等地表水和地下水也彼此有机组成一个整体，人类活动以及生物活动更是加强了陆地和海洋之间的相互联系。处于陆地和海洋交界的河口海岸带，在陆地海洋统一的系统中有着独特的重要地位。

河口-近岸海域位于全球大陆和海洋的交界地带，它不仅是地表水和海水的混合地带以及海洋生物栖息、索饵、产卵繁殖的重要场所，还是全球重要的沿海经济带，是世界上人口最密集和经济最发达的地区。河口-近岸海域面积只占全球海洋面积的8%，却提供了26%的全球生物生产量和2/3～3/4的世界渔业产量。在我国，占陆地总面积13%的沿海地区承载了全国40%的人口并贡献了国内生产总值（gross domestic product，GDP）中的60%以上。因此，沿海地区生态安全对于经济社会稳定繁荣和人类生存发展有着至关重要的意义。然而，近年来受陆源污染的影响，河口及其邻近海域出现严重污染、富营养化、赤潮等重大环境问题，导致食物产出和环境承载发生改变，严重影响了沿海地区的生态安全。

受陆域及沿海地区人类活动的影响，陆域污染导致河口-近岸海域水体富营养化已成为全球一大海洋环境问题。陆源不断输入的氮、磷等营养物质，汇集到河口-近岸海域，造成了河口-近岸海域氮、磷的累积，水体中的营养盐浓度显著增加，浮游植物大量生长甚至引发赤潮，水体中的有机物分解消耗大量的氧气，进而引起水体缺氧问题，导致全球400多个主要海域出现了与富营养化相关的死亡水域等问题，这些问题集中分布在人口密集且活动频繁的河口-近岸海域。

河口-近岸海域是人类活动最密集的主要区域之一,也是受人类活动和气候变化影响最显著的地区之一,该区域对环境变化敏感,受人类活动和环境变化的影响和调控较明显。海洋是许多陆源物质的最终归宿,但海洋自身已不堪重负。在全球气候变化和人类活动的共同影响下,不仅河口-近岸海域的水质状况堪忧,海洋生态系统也发生了剧烈变化,导致生态灾害频发,区域生态安全受到威胁。人类活动和环境变动影响到水体层化结构、营养盐分布、浮游生物群落结构等,从而直接或间接影响海湾海洋生态系统的结构与功能,使得海湾海洋生态系统的健康和完整性发生趋势性的变化,进而影响到人类生存和发展。近年来,在全球主要的富营养化河口海湾,赤潮生物、大型海藻、水母、海星等生物大量爆发性增殖而引发赤潮、绿潮等生态灾害,对海湾海洋生态系统产生较大的影响,威胁人类健康和生态安全。因此,河口-近岸海域的污染防治和生态保护倍受沿海国家和地区政府、科学家及大众的关注。

对于河口-近岸海域生态系统而言,由于其范围较大且环境复杂多变,单独在局部采取污染防治和生态保护修复措施,难以使海湾生态环境修复有根本的转变,单个或局部修复技术和保护措施往往是头痛医头脚痛医脚,只能修复海湾局部和单一的生态环境破坏或恶化问题,而且这种保护修复效果不具有持续性,往往在措施停止后问题又出现。应从生态系统这种大层面的角度出发,通过寻求威胁和破坏的关键因子,找到对策,采取政策、法律法规和工程技术治理等综合手段来对河口-近岸海域生态环境进行保护和修复,这样才有望从根本上对河口-近岸海域突出的生态环境问题进行解决和保护生态环境。

1.1.2　陆海统筹生态环境治理的概念

陆海统筹(或海陆统筹,land-sea coordination,LSC)的概念较为广泛,一般是指在陆地与海洋两大系统之间建立的一种资源利用、经济发展、环境保护、生态安全的综合协调关系和发展模式,是世界各沿海国家(地区)在制定和实施海洋发展战略时所遵循的根本理念。陆海统筹概念及相关理论起源于 20 世纪 90 年代的"海陆一体化"理论,是我国经济学者张海峰于 2004 年首先提出来的。他认为我国和平崛起的强国战略中必须包含"海陆统筹,兴海强国"战略,这为陆海经济发展提供了新思路。因此,陆海统筹最初主要涉及经济社会发展领域,后来拓展到能源、国土、规划等领域,是在陆地与海洋两大系统之间建立的一种海陆一体化资源利用、经济发展、环境保护、生态安全等综合协调关系和发展模式,它更多体现的是一种思维观,也是一种方法论,是沿海地区在制定和实施海洋发展战略时应遵循的理念。

从生态环境保护的角度来看,陆海统筹生态环境治理与起源于 20 世纪 80~

90 年代的基于生态系统的管理（ecosystem-based management，EBM）以及《生物多样性公约》（以下简称《公约》）缔约方于 2000 年首次提出的生态系统方法（ecosystem approach，EA）具有异曲同工之妙。

　　传统的海洋生态环境保护管理是以海洋行政管辖区为基础，主要采用条块分割式的行业管理模式，如我国的入海河流、直排入海污染源等由原环保部门负责监管，地下水由原国土部门监管，海洋环境保护由原海洋部门监管，港口船舶由交通部门监管，养殖和渔业由农业部门监管等。海洋生态环境管理涉及原来的海洋、环保、农业、国土、交通、林业等 10 多个部门，条块分割的局限性使海洋生态环境管理演化为"各自为政"的局面。但是海洋是一个流动的水体，其内部的物质和生物也在不断迁移，海洋环境的污染和生态破坏是不受行政界线和部门限制的，因此，传统的海洋生态环境局部和行业管理无法有效地解决海洋生态环境治理中面临的突出环境污染及生态破坏等问题。20 世纪 90 年代末和 21 世纪初，相关国际组织和学术界都在改进传统的海洋生态环境管理模式，建立新的海洋生态环境管理和治理体系，试图用综合的方法解决海洋生态环境退化、资源枯竭以及经济协调发展问题。

　　基于生态系统的管理是 20 世纪 90 年代出现的一种新的资源环境管理理念，其为解决沿海经济社会发展与生态环境矛盾提供了有效工具，并迅速被沿海大国应用于海洋管理领域。生态系统方法最早由《公约》第五次缔约方大会于 2000 年提出，正式作为行动基本框架，并号召缔约方和有关各方采用和推广。生态系统方法是一种基于生态系统保护与可持续利用的战略，现已在发达国家的生态系统管理与生态保护规划中得到广泛应用。在 21 世纪初基于生态系统的管理以及生态系统方法被引入之后，我国海洋管理学者们开始探讨和研究基于生态系统的海岸带综合管理、海湾综合管理、海洋区域管理和海洋生态系统管理等，并在厦门湾、上海东明滩、胶州湾等中小海湾以及较大的渤海湾等进行了研究探索。而且在我国河口-近岸海域生态环境保护管理实践中，人们也逐步形成了共识，河口-近岸海域的生态环境问题大多根源在陆上。河口-近岸海域的主要污染物 80%以上来自陆源排污，加强对陆源污染物向河口-近岸海域排放的管理，统筹陆地与海洋生态环境保护，把海洋环境保护与陆源污染防治结合起来，做好生态保护修复和污染防治，是沿海地区各级政府亟待解决的问题。因此，国内部分学者开始研究流域-河口-近海环境系统耦合技术及环境生态效应，如厦门大学海洋与环境学院洪华生教授团队致力于九龙江流域-河口-近海系统的水环境模拟、耦合技术及管理技术等，为开展陆海统筹生态环境治理提供了技术基础。2011 年，环境保护部（2018 年改为生态环境部）副部长李干杰在中国环境与发展国际合作委员会提出了必须把陆地与海洋的开发和保护统筹考虑，坚持陆海统筹，实现海洋可持续发展的理念。2013 年《中共中央关于全面深化改革若干重大问题的决定》明确提出，要建立陆海统筹的生态系统保护修复和污染防治区域联动机制，为全面深化生态环境保护管理体制改革和陆海统筹生态环境治理指明了方向。

陆海统筹生态环境治理至今没有统一的定义，我国在生态系统的管理和生态系统方法的研究基础上以及生态环境管理实践中，明晰了陆海统筹生态环境治理是以政府为核心的多元主体，基于维护区域生态系统完整性和区域发展整体利益的需求，为了使从山顶到海洋的区域整体生态环境得到改善，综合运用基于生态系统的管理和生态系统方法的治理技术理念以及法律、行政、经济和工程等多种手段，协调区域内政府部门及其相关机构之间、区域内各利益相关者之间的利益及生态环境保护行为，统筹解决区域山水林田湖等突出的生态环境问题，促进形成区域内生态系统健康和可持续发展的理念、方法及活动。

1.1.3 陆海统筹生态环境治理的内涵

陆海统筹生态环境治理突破了传统的污染防治和生态环境保护理念，与传统的水污染防治和海洋管理的最大区别在于治理边界的重新确定，它既不局限于行政区划边界，又不局限于陆海、河海边界，更不局限于行业管理环境要素边界的限制。它打破了原先的区域、流域和陆海界限，打破了行业和生态系统要素界限，以特定流域-河口-海岸带-海湾-近海的山水林田湖有机整体的地理单元为治理边界。在治理手段上，其更强调在区域内实行要素综合、职能综合和手段综合，建立与生态系统完整性相适应的生态环境治理体制，对区域生态系统从山顶到海洋的全要素、全过程和全方位进行一体化治理。在治理目标上，其不局限于某个污染源、河段、流域以及海湾的治理，更从生态系统完整性上强调山水林田湖的整体治理，尤其以河口近海生态环境承载力及环境质量改善为核心，以以海定陆的倒逼机制确定流域、陆域、海域的污染物排放总量、环境质量等级等治理目标体系，最终维持区域生态系统的结构和功能的完整性、功能正常运作和系统健康，实现区域经济社会和生态环境的可持续发展。因此，陆海统筹生态环境治理是综合性的治理理念及方法，相对传统的环境治理而言，其在治理对象、空间尺度和治理目标方面都存在着鲜明的特点。

陆海统筹生态环境治理是以生态系统为基础确定生态环境治理的范围边界。它关注陆地-海洋生态系统结构和功能的相对完整性，强调要根据陆地海洋生态系统分布的空间范围划定治理边界，改变传统环境治理按照行政边界确定治理范围的机械做法。传统的环境治理模式，环境治理是以行政边界确定治理范围，某一流域或海域、流域-海域以及多个流域-海域的经济发展和资源管理、环境治理可能是由多个地方政府分而治之的分割式管理，缺乏整体性的治理。由于治理边界的人为分割，同一个生态系统或区域内存在多个生态环境治理主体，它们往往都是在各自的行政划界小范围的区域内各自为政、自行其是，使得同一个流域、海域出现了上下游、支流与干流、流域与海域、海域与海域之间的割裂，本来作为有机整体的生态系统变得支离破碎。并且各个行政区割裂的各个区域之间环境治理缺乏协调，目标不统一，最终很难使区域整体生态环境得到有效治理和促进区域整体发展。虽然在行政区上各个小区域之间有着很多的人为划界，但生态环境是一个有机整体，并且通过地表水、地下水、海洋、大气等循环以及生物、人类活动把各个行政区有机紧密联系在一起，上游和下游、支流和干流、陆地和海洋以及海湾和近海之间相互联系的区域，各构成部分无论是哪部分受损都会影响其他部分。只有通过陆海统筹整体协调统一目标，打破上下游和陆海边界，对从山顶到海洋山水林田湖进行统一治理，才能够保证区域生态环境得到有效治理和整体可持续发展。

陆海统筹生态环境治理是以生态系统为基础确定生态环境治理环境介质范围。在传统的环境治理模式中，除了行政区的同级或不同层级地方政府分而治之的分割外，不同行业、不同行政管理部门等的工作职责和利益取向不同，以及同一个部门内部不同的环境介质管理领域也不同，导致在进行生态环境治理中把不同的环境介质进行了简单分割，如把地表水与地下水、淡水与海水、水与土壤、水与固体废弃物、水与大气、水与生物等割裂开来。按照不同的环境介质进行环境管理和治理，生态系统内部的各环境要素及介质也被打破。陆海统筹生态环境治理强调陆地与海洋、地上与地下、大气与水、土壤与水等生态系统结构要素和功能载体的相对完整性，打通了陆地与海洋、地上与地下等大气-地表水-土壤-地下水-海水之间以及环境与生物的人为管理界限，改变了传统环境治理按照环境介质确定治理范围的机械做法。

陆海统筹生态环境治理是系统性目标驱动下的系统综合管理模式，具有明确的、可操作的目标，在区域生态系统承载力的范围内尽可能地促进区域经济社会可持续发展。陆海统筹生态环境治理的目标具有长远性和系统性，既符合流域陆域地区的经济社会发展利益，又符合河口海湾生态环境功能保持和沿岸地区的可持续发展需求。从污染防治和生态环境保护的治理目标来说，陆海统筹更注重区域性的系统目标，其不局限于传统的污染防治中的某个或某些污染源的排放达标，以及某些断面、某个监测点位的水质类别、功能区达标率等目标，而更注重陆海系统性的治理目标，以河口海湾生态环境承载力以及结构完整性保持和功能有效持续的目标为重点，由海向陆、由下游向上游逐级确定各海区、地区、流域、支流、河段的具体环境治理目标，并由陆向海开展环境治理，最终实现流域、陆域和海域生态环境目标以及区域生态系统健康目标。在系统性目标的驱动下，各海区、地区、流域和河段的具体目标自然不尽相同，治理的手段和管理模式也因地制宜。因此，治理方法需要结合不同地区的问题和管理要求，采用适应性管理原则，以社会系统、经济系统和生态系统综合效用最大化为目标，把自然生态环境系统和社会、经济系统结合在一起，并使双方受益。在治理手段上，更强调针对大区域和各个区域的具体目标和环境问题，因地制宜实行要素综合、职能综合和手段综合的多种综合手段，建立与生态系统完整性以及具体环境问题相适应的生态环境治理体制，对区域生态系统从山顶到海洋的全要素、全过程和全方位进行一体化治理，与具体地区问题各要素的针对性治理相互结合来实现具体问题的解决和系统性目标的达成。陆海统筹生态环境治理方案的设计必须遵守自适应管理原则，确立明确的目标，并对治理过程中可能产生的不确定性做好预案，对实施过程进行阶段性评估，通过经常性和针对性的监测评价检验治理措施的有效性，以及具体问题解决情况和局部地区目标的达到性，以便在出现新的情况下做出相应治理方向、措施的调整，及时发现并纠正偏离目标的情况。

陆海统筹生态环境治理是在长远目标驱动下"自上而下"与"自下而上"结合的综合治理方式。陆海统筹生态环境治理打破了行政区的界限，往往涉及多个行政区以及部门，甚至涉及中央政府与地方政府。因此，个人、企业、行业以及局部地区都没有能力去实现陆海统筹治理目标，而且利益关系更导致了各个主体不会自觉牺牲利益来实现系统性目标。生态环境治理涉及多个行业和部门，不同行业和部门之间、地方政府之间，乃至地方政府与中央政府之间，利益不同，各行业部门及政府之间并不能自觉地配合作战共同治理，很多时候甚至相互掣肘，即使都尽力地各自为政，但也无法很好完成系统性目标。因此，在政策、机制和体制上，包括具体的陆海统筹规划和方案设计上，都要求从顶层设计，进行"自上而下"的管理和治理，而且需要上级行政区乃至中央政府高度重视和给予政策、机制、资金的保障，甚至组建高级别的区域统筹协调治理机构，"自上而下"推动区域环境治理，促进各区域之间和公众、企业、政府等各主体利益之间的平衡以及区域经济社会和生态环境的可持续发展。通过"自上而下"，坚持陆海统筹，加强上下联动、部门联动、区域联动，建立跨区域合作机制，加强区域生态环境共建共保、共治共管，共同开展生态环境治理，打造陆海一体的生态安全格局，促进生态文明建设。但在具体治理实施过程中，陆海统筹生态环境治理又必须采用"自下而上"全民参与的模式和途径，公众、企业和政府一起作为平等的利益共同体和参与治理的主体，积极参与到治理和管理过程中，只有彼此相互合作才能实现利益共享。生态环境治理涉及多个行业和部门，更涉及众多的公众和企业，他们虽然所追求的目标不同，但随着近年来人们生态文明意识的不断提高，共同的利益要求使他们可能通过协调实现合作，共同治理推进陆海统筹系统性目标的实现。因此，陆海统筹生态环境治理在框架设计上，既要求以政府为主导"自上而下"的治理机制，又强调政府、企业和公众共同参与，多个相关政府、企业和公众等主体的合作参与"自下而上"的具体治理途径，集思广益群策群力。

1.2　陆海统筹生态环境治理的迫切性

1.2.1　陆海统筹生态环境治理的意义

有效解决河口-近岸海域的环境问题已然成为我国亟须解决的当前要务。党的十八大将生态文明建设提高到"五位一体"总体战略的高度，在如何推进生态文明建设上，习近平总书记系列重要讲话中强调"要按照系统工程的思路，抓好生态文明建设重点任务的落实，切实把能源资源保障好，把环境污染治理好，把生态环境建设好"。河口-近岸海域出现上述环境问题的主要原因是长期以来人们对陆海生态系统完整性认识不足、"条块分割"，导致流域、陆域污染未得到有效控制和治理，河口海湾生态系统未得到有效保护和修复。因此，《中共中央关于全面深化改革若干重大问题的决定》《生态文明体制改革总体方案》等多个文件强调建立陆海统筹生态系统保护修复和污染防治机制，加强环境质量监测预警预报，保护海洋生态环境。这也是推进海洋生态文明建设的必然要求和重要路径。

我国近岸海域的海水环境质量虽然整体较好，但局部海域水质较差，部分海湾出现了较大的环境问题。根据《2017 中国近岸海域生态环境质量公报》，2017 年，全国近岸海域总体水质基本保持稳定，水质级别为一般。按照监测点位计算，优良点位比例为 67.8%，同比下降 5.6 个百分点。超标点位主要集中在辽东湾、渤海湾、黄河口、长江口、珠江口以及江苏、浙江、广东部分近岸海域。按照监测的代表面积计算，一类海水面积 110493km^2，二类海水面积 110048km^2，三类海水面积 32566km^2，四类海水面积 17341km^2，劣四类海水面积 33155km^2。同时，《2017 年中国海洋生态环境状况公报》数据显示，我国沿海面积大于 100km^2 的 44 个海湾中，20 个海湾四季均出现劣四类海水水质。这些河口海湾也是近年来富营养化、赤潮和绿潮等生态灾害出现频率较高的地方。这些突出的环境问题不但制约了沿海经济社会的发展，使沿海开发与良好的生态环境之间的矛盾加深，而且随着人们对美好生活向往的需求越来越强烈，民众对美好生活的向往和近岸海域突出环境问题的矛盾也越来越突出。

在流域-河口-近岸海域陆海统筹地开展污染治理和河口-近岸海域环境保护修复，加强陆海统筹环境监测预警预报和控制管理，为从根本上解决我国河口-近岸海域和重点海湾环境问题、改善环境质量提供治理途径，不仅对我国沿海生态安全、宜居蓝色海湾建设、经济社会可持续发展有重要的意义，还对生态文明建设以及海洋强国战略有着重要意义。发达国家的环境管理已经逐渐从专门的、分散的管理方式发展为统一的、综合的大部门管理方式。2018 年，我国机构改革也朝这个方向走，由原来的环境保护部整合其他主要涉及生态环境保护的部门组建了生态环境部，这为以新的机制体制对我国生态环境进行保护提供了基础。因此，陆海统筹生态环境治理为新的山水林田湖草沙的一体化监管和治理提供了崭新途径，对于新的生态环境监管治理体制的发展和完善也有着重要意义。

1.2.2　陆海统筹生态环境治理的必要性

陆海统筹生态环境治理是从根本上解决河口-近岸海域环境恶化问题的关键。长期以来，人们一直把河口-近岸海域的污染及生态系统演变归咎于临海经济开发与污水排放。但根据近年来的研究成果，河口-近岸海域环境问题的最主要根源还是陆域，尤其是河流入海的区域。以广西河口-近岸海域为例，近 10 年来虽然广西沿海经济发生了飞跃式发展，但入海河流始终还是广西河口-近岸海域最主要的污染物来源，其比例常年占据污染源的80%以上（图1-1），而全国河口-近岸海域的情况也类似。我国河口-近岸海域的主要环境问题仍是入海河流的河口附近海湾水质超标及其导致的赤潮等生态问题。陆海统筹生态环境治理重点抓住"入海河流"这一我国河口-近岸海域最主要的污染源，从陆海统筹的角度出发，从流域源头到河口再到近岸海域，深入系统地开展陆海环境监测评估、预警预报、治理修复和监控管理，将有利于找到河口-近岸海域环境恶化的关键原因，由海向陆进行海域、流域的环境问题诊断，查清从流域源头到海域生态环境问题的根源，提出河口-近岸海域污染控制的关键措施和技术，避免"头痛医头脚痛医脚"的模式，其是从源头寻找解决河口-近岸海域环境恶化技术和对策的必由之路，符合海陆统筹的国家发展战略，为我国河口-近岸海域环境污染防治、区域生态安全保障、经济可持续发展提供了有效治理理念和科技支撑及决策支持。

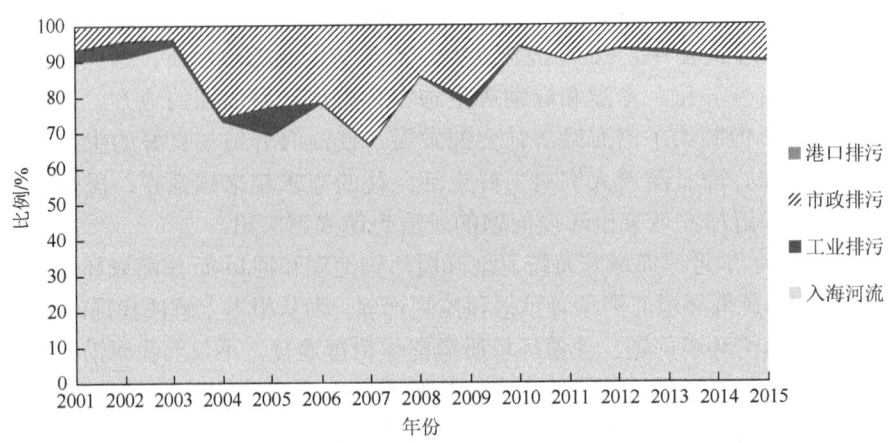

图 1-1　广西沿海 2001～2015 年点源污染物入海通量比例的变化

　　陆海统筹是海洋生态环境监管预警和治理修复能力提升的重要支撑。陆海统筹环境保护修复和污染防治是近 5 年国家提出的生态环境保护战略，但长期以来科研力量没有足够投入，部分陆海环境技术之间不协调。如何真正落实陆海统筹战略，开展陆海一体化的环境监测评估、预警预报、治理修复、监控管理是目前实施陆海统筹战略的难点。尤其是长期以来陆海衔接的生态环境联合保护和治理的科研力量和技术力量不足，海洋环境保护、陆海统筹的研究和技术开发水平较低，导致《水污染防治行动计划》（以下简称"水十条"）实施了几年却因适用于沿海流域海域的治理修复监管等技术薄弱甚至缺乏未能有效开展或效果不佳，这严重影响了"水十条"的环境治理的效果。陆海统筹生态环境治理强调多地区、多部门、多行业联合治理。多个相关部门和学科参与，以多学科知识，包括社会、经济、环保和管理等作为决策基础和技术支持，跨学科和跨行业整合区内陆域、海域的环保权威院所、企业的优势技术力量，聚焦适用的陆海统筹环境保护和治理技术，可有效促进海洋环境监管预警及治理修复技术的提升。

　　陆海统筹是河口、海湾及近岸海域生态环境监管治理的重要保障。近几十年来，我国沿海地区经济社会的快速发展给保持或改善近岸海域环境质量带来了严峻压力，加强监控预警管理并及时治理修复才能有效控制、保持或改善环境质量。2018 年国家机构改革之前，环境治理职能分散在多个部门，部门、地区之间的环境治理联动很少，割裂式、独立式的环境治理对整体区域而言效果不是很理想，尤其是近岸海域最近几十年虽然在环境治理方面下了很大功夫，但水质一直较差。2018 年国家机构改革之后，生态环境部的大部门制为区域整体系统性的环境治理提供了条件，尤其在陆域与河流之间、陆域和海域之间打通了原来的分割式监管。但由于传统观念没有从根本上扭转，而且生态环境部门内部之间仍然是按照环境要素进行职能的划分，如大气生态环境、水（地表水）生态环境、土壤生态环境以及以区域划分的农村生态环境、海洋生态环境等，很可能会导致与机构职能整合之前的类似现象出现。一些硬件监管系统也因为在要素或区域上的分割式内部管理无法真正发挥监管效益。以广西近岸海域为例，2008 年，广西壮族自治区环境保护厅建设了 16 套海上自动监测浮标，2012 年建设了 2 个河口自动监测站，并在重点污染源安装了在线监控系统；原广西壮族自治区海洋局也在广西近岸海域建设了 16 套浮标和 1 个河口自动监测站，加上原环保、水利部门在入海河流上建设的自动站及污染源在线监控系统，这些监测系统对北部湾环境进行了有效监控。但由于监测系统点位分散，陆、水、海、空等各监测系统缺乏有机衔接整合，数据之间不能集成同化等，不能实现陆海统筹天地一体化的动态监控预警预报，更不能对流域海域的污染治理修复进行实时监控评估，也就无法保障近岸海域环境质量的改善和环境安全。因此，强化陆海统筹生态环境治理的理念、方法和监管活动,对生态环境的监测评价、监控预警、治理修复等监管能力提升有着重大意义。

陆海统筹生态环境治理致力于有机统筹整合已有较好基础的陆域流域污染防治技术和海湾生态修复技术,并聚焦于解决流域与海域之间的衔接问题,研究入海河流、河口海湾与近岸海域之间的监测评估技术、相互关系、承载力,并从环境绩效等角度查找环境和管理问题,针对问题研究污染治理、生态修复技术和"以海定陆"的入海污染总量控制技术及排污许可技术。同时,陆域-海域的预警预报技术和多源监测数据同化集成技术研究,陆海统筹生态环境监控预警等监管系统开发,以及从山顶到海洋全过程全要素系统性的陆海统筹生态环境治理、监管实践,实现从流域到海域的监控管理,有效促进生态环境监管和治理技术的发展,对生态环境监管和治理学科的发展有着重要意义。

1.2.3 陆海统筹生态环境治理的应用需求

我国海岸线较长,河口-近岸海域所涉及的范围较广,其中包括大大小小诸多海湾在内,沿岸突出环境问题普遍,沿海地区政府对陆海统筹生态环境治理技术有迫切需求。我国河口-近岸海域入海河流和海湾众多,而且多数省区市河口-近岸海域水深较浅,海水交换能力不强,生态敏感且脆弱,更加需要加强保护与修复。在"水十条"考核中,沿海地区各级政府签订了目标责任状,北部湾等重点河口海湾被纳入为国家重点整治海湾,以北部湾为例,西门江、钦江、南流江等也作为需要整治达标的考核指标,茅尾海、廉州湾、防城港西湾等也被要求开展重点整治。随着生态文明建设的深入以及沿海经济建设带来新的环境问题,其他入海河流及海湾也很可能被要求治理修复。为此,中央政府以及沿海各级政府、生态环境和自然资源等部门在落实生态文明建设和"水十条"等过程中,均急切需求陆海统筹生态环境治理的评估预警、防治污染和修复环境、防范风险以及提高海湾环境容量和服务功能等的治理技术和监管对策。目前,河口-近岸海域污染、富营养化和生态系统变异也是国内外的普遍现象和解决难题,主要河口海湾之外的其他沿海中小型河口海湾的监管治理也迫切需要陆海统筹生态环境治理的技术支持。随着沿海地区经济开发及人类活动的不断加剧,我国陆源污染物排海状况依旧严重,并且污染范围逐步扩大,污染范围已由长江口、杭州湾、珠江口等局部海域逐渐扩大到诸多河口、海湾。陆海统筹生态环境治理技术同样也能有效用于沿海省区市中小型流域-近岸海域的陆海统筹生态环境治理和保护修复中,因此陆海统筹生态环境治理的政策应用需求大。

环保产业发展迅速,环保企业对陆海统筹生态环境治理技术需求较大。随着生态文明建设提升到"五位一体"的总体战略地位和人民群众对优美环境的迫切需求，环保产业将进入快速发展时期，市场对环保技术的需求旺盛。陆海统筹生态环境治理对河口-近岸海域的监测评估技术、预警预报技术、污染治理技术、生态修复技术、管理技术以及监控系统等进行系统性的有机整合和研究，能产出陆海统筹环境监控和污染治理一系列的技术及设备。这些技术、设备将能满足环境监测评估咨询服务、环境工程治理和修复、软件开发等环保相关行业的需求。随着"水十条"等环境改革措施的落实，环保产业对上述技术的需求将会与日俱增，相关技术具有较为广阔的市场需求和应用前景。同时，随着陆海统筹环境保护修复逐渐受到关注和兴起，研究学者、技术人员对陆海统筹系统技术的参考、借鉴等需求将明显增加。陆海统筹生态环境治理技术也能有效地为国内外研究学者和技术人员提供借鉴参考，促进科学技术的推广交流。

1.3　我国陆海统筹生态环境治理现状

1.3.1　陆海统筹生态环境治理概况

　　如前所述，从生态环境保护的角度来看，陆海统筹生态环境治理与基于生态系统的管理以及生态系统方法（方式）具有异曲同工之处。因此，从 20 世纪90 年代我国开始重视河口-近岸海域突出环境问题开始，河口-近岸海域污染防治和生态修复措施也注意到陆源污染的影响，并从陆源污染管控出发来缓解河口-近岸海域生态环境的恶化等问题。因此，进入 21 世纪后，我国的生态学者们开始聚焦于污染物在流域-河口-近岸海域的输送、迁移、转化等方面的研究，以及陆域及流域重大工程对河口-近岸海域生态环境的影响，如厦门大学洪华生团队长期致力于九龙江-厦门湾的污染和生态环境问题研究，众多研究学者聚焦于长江三峡工程对长江口及其附近海域生态环境的影响研究等。政府层面也在 21 世纪初就开始注重监测统计和监管入海河流、企业直接排海及市政污水排海等入海污染源主要污染物入海通量的监测与估算，并开展海洋环境容量和总量控制及分配等相关工作，试图从陆源污染源监管上防治河口-近岸海域污染。后来的"碧海行动计划"等河口-近岸海域污染防治工作，也开始注重从陆源上制定措施去防治河口-近岸海域环境污染。

　　进入"十二五"以后，从国家政府到研究学者都更加注重陆海统筹生态环境治理研究和工作，国家正式提出从陆海统筹理念出发加强生态环境保护工作，在2013 年《中共中央关于全面深化改革若干重大问题的决定》中明确提出，建立陆海统筹的生态系统保护修复和污染防治区域联动机制，改革生态环境保护管理体制；部分学者开始研究陆海统筹政策现状，厘清生态环境建设中陆海统筹的关键问题，总结出陆海统筹工作的对策建议，探索陆海统筹的海洋环境污染治理路径。这些研究对于我国沿海生态环境建设的陆海统筹和海岸带综合管理工作具有借鉴意义。

在中央政府层面上，《中共中央关于全面深化改革若干重大问题的决定》出台后，原环境保护部和国家海洋局，以及机构改革后的生态环境部和自然资源部，逐步加强了陆海统筹生态环境监管和治理工作。国务院于2015年出台了"水十条"，要求对出现劣V类入海河流进行达标整治，编制达标方案，实施河长制，并要求地方政府为未达标的入海河流及水体编制达标方案，为长江口等8个重点河口海湾编制综合整治方案，也要求地方政府为其他重点污染海湾编制整治方案，推进入海河流的控制单位、主要海湾的污染防治及水质改善治理工作，促进河口-近岸海域水环境质量的改善。

进入"十三五"后，原环境保护部和国家海洋局也开始积极推进陆海统筹生态环境治理理念的实施，《中共中央 国务院关于加快推进生态文明建设的意见》、"水十条"、《国家海洋局海洋生态文明建设实施方案（2015～2020年）》等国家重要政策文件，都明确了加强陆海污染治理，将建立并实施重点海域排海总量控制制度作为重点任务。国家开始探索建立强化陆海统筹、实施排污总量控制制度，构建"区域-流域-海域"的污染防治机制，这对于遏制我国海洋生态恶化、改善海洋生态环境具有重要意义。

2018年国家机构改革后，国家将原国家海洋、水利、农业等部门的相应环境保护职能统一转到新的生态环境部，由生态环境部统一行使我国不同要素、不同行业中的生态环境保护监管职能。这在一定程度上联通了陆地和海洋的生态环境保护工作，也解决了原来海洋生态环境保护的"九龙治水"问题，为有效实施陆海统筹生态环境治理提供了较好的前提。

我国自21世纪以来编制和实施的各海区碧海行动计划，以及河口-近岸海域污染防治方案等河口-近岸海域相关的规划、治理方案，也部分体现了基于陆海统筹理念的河口-近岸海域生态环境治理措施。2018年《中共中央 国务院关于全面加强生态环境保护 坚决打好污染防治攻坚战的意见》以及生态环境部、国家发展和改革委员会、自然资源部联合印发的《渤海综合治理攻坚战行动计划》等最新政策文件，对陆海统筹生态环境治理做了进一步要求。《渤海综合治理攻坚战行动计划》明确以改善渤海生态环境质量为核心，以突出生态环境问题为主攻方向，坚持陆海统筹、以海定陆，坚持"污染控制、生态保护、风险防范"协同推进，治标与治本相结合，重点突破与全面推进相衔接，科学谋划、多措并举，确保渤海生态环境不再恶化、三年综合治理见到实效。《渤海综合治理攻坚战行动计划》确定的治理范围包括渤海全海区，打通了行政范围和部门行业范围，治理抓手包括环渤海的辽宁省、河北省、山东省和天津市，以三省一市的"1＋12"沿海城市，即天津市和其他 12 个沿海地级及以上城市（大连市、营口市、盘锦市、锦州市、葫芦岛市、秦皇岛市、唐山市、沧州市、滨州市、东营市、潍坊市、烟台市）为重点。在渤海综合治理的具体目标和指标上，包括从陆到海的各项主要指标，如大幅降低陆源污染物入海量，明显减少入海河流劣 V 类水体；实现工业直排海污染源稳定达标排放；完成非法和设置不合理入海排污口的清理工作；构建和完善港口、船舶、养殖活动及垃圾污染防治体系；实施最严格的围填海管控，持续改善海岸带生态功能，逐步恢复渔业资源；加强和提升环境风险监测预警和应急处置能力。为了上述目标和指标的实现，《渤海综合治理攻坚战行动计划》确定开展陆源污染治理行动、海域污染治理行动、生态保护修复行动、环境风险防范行动四大攻坚行动，并明确了量化指标和完成时限。陆源污染治理行动，包括入海河流污染治理，直排海污染源整治等；海域污染治理行动，包括海水养殖污染治理、船舶污染治理等；生态保护修复行动，包括海岸带生态保护、生态恢复修复等；环境风险防范行动，包括陆源突发环境事件风险防范、海上溢油风险防范等。

由此可见，我国对陆海统筹生态环境治理的重视程度不断加大，诸如《渤海综合治理攻坚战行动计划》等重点海区的生态环境治理上升到国家层面，是国家"三大攻坚战"的一项重要举措，而且陆海统筹生态环境治理的理念不断完善并在具体政策中不断加强，陆海统筹生态环境治理的方法及措施逐步落实和完善。《渤海综合治理攻坚战行动计划》等一些新的河口-近岸海域生态环境治理方案，已基本从理念、范围、目标、技术、工程和政策等多个层面上开始积极强化陆海统筹、以海定陆的思想理念及技术途径，标志着我国陆海统筹生态环境保护和治理逐步进入新阶段。

1.3.2　陆海统筹生态环境治理存在问题

虽然目前我国在陆海统筹生态环境治理上已有一定程度的发展，但在陆海统筹理念的贯彻以及具体实施操作中，还存在着不少问题。

（1）生态系统及生态系统方法的理念在各级政府层面上尚未深入人心。长期以来，我国都注重以水质为主的环境质量，较少关注以生物及其与环境相互作用的生态为核心的生态质量。虽然我国的生态环境主管部门由环境保护部等组建了新的生态环境部，但目前以环境质量保护为核心的理念仍然是主导，对于生物生态的重视仍有待加强。我国长期以来所颁布实施的各项规划、方案及考核中，都是以环境质量保护为最核心部分，地方政府的考核指标也是以环境质量为主。因此，虽然 21 世纪初我国就引入了生态系统方法、基于生态系统的管理等理念和方法，但在实际政策制定及贯彻落实中仍以化学指标的环境质量为核心，在河口-近岸海域的环境保护政策文件及考核文件中，目前也都以水质为唯一指标。基于生态系统的生态环境保护和治理理念，强调以生态系统结构完整性和功能保持为核心，不仅关注基础的水环境质量，更强调生态系统健康和服务功能的可持续，从而实现生态系统的长期可持续发展。因而当前阶段我国在生态环境治理领域，仍需加强生态系统理念，学习和实施生态系统方法和管理，并落实到具体政策和行动中。

（2）在陆海统筹生态系统完整性的区域范围上，当前我国生态环境治理也还存在不少问题。虽然随着机构改革的深入，我国组建了统一行使全国生态环境保护的生态环境部，但目前改革推进较为缓慢，各个部门、行业之间仍存在一些相互交叉的生态环境治理职能，各个部门之间尚未完全理清关系，在生态环境治理工作中也较难相互统一和协调配合。并且生态环境部门内部之间也存在相对的分割状态，目前仍难以实现流域-河口-海岸带-海洋的基于生态系统、区域的统一治理。在我国生态环境治理的考核中，将考核指标层层分解，将国家治理目标分解到各个省区市，各个省区市又分解到各个地级市，由此也就仍然保持了各个行政区之间的相对割裂，也为一些跨行政区的流域、海域以及陆海交错区域的环境治理带来了困难。目前，我国建立了七大流域三大海域的"流域海域生态环境监督管理局"，其能够从一定程度上协调解决跨行政区的流域海域生态环境治理问题，为全流域、海域的统一监管、治理提供了基础，但在流域-海域从山顶到海洋范围内的陆海统筹治理仍有待加强。《渤海综合治理攻坚战行动计划》是我国首次真正意义上系统地将一个较大的海湾作为治理对象，并打破行政区域、部门行业、陆域流域等边界的陆海统筹治理行动，它的综合治理区域包括环渤海地区以及整个渤海。但它仍主要注重环渤海地区的"1+12"重点城市，对部分较长流域没有实现从山顶到海洋的全流域-海域的陆海统筹治理范围。

（3）在生态环境治理目标上，我国目前也尚未实现陆海统筹、以海定陆的协调统一的目标体系。生态系统管理目标既包括了水质目标、污水排放达标率等，同时包括了与生态系统息息相关的流量、污染物总量、空间管控、生态健康等指标。但目前我国的各项流域、海域以及区域的各项综合治理规划、方案及考核方案中，基本上只注重水质目标、排污口达标率、自然岸线保有率等最基本的指标，对生态流量、入海污染物总量、生态健康等指标关注很少，基本上没有。即使在一些综合性的区域-海域的综合治理规划、方案中，陆源污染治理和河口-近岸海域污染防治、生态保护的目标之间也都是割裂的，缺乏陆海系统协调的生态环境目标体系。以最关注的水质目标为例，往往各个方案中对入海河流的水质目标都只是消除劣V类水质、达标排放等，并没有从河口-近岸海域水质达标的基础上来界定陆源污染源的水质目标和其他管控目标。河口-近岸海域水质不仅与入海污染源的水质有关，更与某段时间内入海污染物总量有关。因此，陆海统筹的生态环境治理目标体系更注重以海定陆，以河口-近岸海域的水质达标为目标，对陆域污染物入海污染物排放量提出约束性要求，以此往上推，以下游的水质达标为目标，再对其上游污染物的排放提出约束性要求，以地下水的水质达标为目标，提出其地上部分地表水的污染防治要求。按照陆海统筹、以海定陆的理念和原则，很可能会对入海河流、排污口以及流域污染防治提出更严厉的约束性目标，进而需要更强的治理技术、管控措施和更多的工程项目。

（4）在工程技术层面上，由于我国陆海统筹生态环境治理发展较晚，虽然目前已有部分技术，但可操作、可在实际中应用的实用技术较少。进入 21 世纪后，我国的生态学者们开始聚焦于污染物在流域-河口-近岸海域的输送、迁移、转化等方面的研究，以及河口海湾生态环境问题等，对这些方面的研究已取得了较好的成果。但在河口海湾污染物总量控制、生态环境治理方面的实用技术相对欠缺。21 世纪初，我国水利、海洋和环保等部门开始注重河口海湾监测统计和入海河流、企业直接排海及市政污水排海等入海污染源主要污染物入海通量的监测与估算，并开展海洋环境容量和总量控制及分配相关工作，试图从陆源污染源监管上防治河口-近岸海域污染。但直到目前仍未完全掌握入海污染物的通量及其源解析，以至于无法很好地开展陆海统筹生态环境治理。在容量计算和总量分配技术上，由于模型有较多的不确定性，以及基础数据资料缺乏或不准确，总量分配结果的准确性不强。同时我国在陆源污染的治理方面已经掌握了许多实用技术，目前城市污水处理厂的出水可以达到地表水IV类标准，但河口海湾有效水质治理技术很缺乏，提质增产的提高海水水质和增加海洋生态系统服务功能产品产出的实用技术很少，制约了陆海统筹生态环境治理的工程实施。目前我国的生态环境治理和生态修复分别归管于生态环境部和自然资源部两个部门，生态修复主要由自然资源部进行管理。在海洋生态修复中，目前我国现行的修复工程主要集中在岸线整治、沙滩修复等一些大型的海岸带工程中，缺乏水质改善和增加生态系统服务功能等相应的较大水体净化修复工程。此外，我国目前仍缺乏陆海一体化的生态环境监测网络与数据共享平台，水文气象、大气、地表水、地下水、污染源和海水等各要素的生态环境监测网络系统相对独立，未形成一套陆海统筹数据支撑系统，缺乏不同来源监测数据之间的集成同化，难以对从山顶到海洋的陆海统筹进行监控和管控。

（5）在政策层面，我国不同的规划、方案及具体文件中，部分强调了陆海统筹、以海定陆等目标和原则，但在政策实际落实实施中仍存在不少问题，没有得到切实的实施。由于理念、目标、技术等的差异，以及具体考核指标要求等，各部门及地方政府在落实规划和方案过程中，往往以一些直观可见或者短期能够见效的措施、工程项目，去实现一些具体量化的目标和指标，如水质优良比例、污水处理率、排污达标率、岸线整治率等，很难真正从陆海统筹协调、以海定陆约束等出发认真落实政策和实施具体方案。并且由于很多规划、方案及文件不够科学，所列的目标、工程和资金偏离实际较大，同时国家、部门和地方受精力、能力和经费的约束，很多规划、方案和文件在落实过程中都大打折扣。此外，虽然各个规划、方案和文件中也要求建立一些跨流域、跨区域、跨部门等的协调机构，但由于缺乏实际经费和具体运行机制及监督管理，这些机构往往很难真正组织和发挥作用。

因此，虽然我国的生态环境治理进入了新篇章，陆海统筹生态环境治理理念不断得到加强，但目前我国在陆海统筹生态环境治理的目标、技术、政策等方面还存在着不少问题，仍需要不断发展和完善。

第 2 章　陆海统筹生态环境治理技术路线

2.1　生态环境治理方案总体设计

2.1.1　以海定陆明确目标

陆海统筹生态环境治理主要是针对一些已遭受污染或破坏的河口海湾或近岸海域进行污染防治和环境修复，以及为了保持一些环境优良的海湾不受污染的较大影响及生态破坏而进行针对性的保护。目前我国沿岸的河口海湾，尤其是沿海城市附近的河口海湾都受到了污染影响或生态破坏，因此一些已受影响或受损的河口海湾的环境修复将是陆海统筹生态环境治理的重点，它切实关系到民众生存发展及切身感受，对这些受污染及破坏的海湾进行环境修复，有助于改善民众的周边环境。因此，陆海统筹生态环境治理首先需要确定要治理或修复的特定河口海湾或近岸海域，根据受生态环境污染破坏的情况，以及政府民众的要求，确定要治理哪个具体海湾或近岸海域。

陆海统筹生态环境治理以改善海的环境质量和提升生态服务功能为核心和最终目标，并以此为约束倒逼汇入该海域的沿岸、流域和陆域等在内的整个区域生态环境改善，达到陆海区域内生态环境和经济社会可持续发展的良性循环。因此，需要综合区域内河口海湾受损情况、政府民众的要求、治理目标等情况，分析特定河口海湾的治理需求，明确需要治理的河口海湾。

明确了具体需要治理的河口海湾后，首先需要划出河口海湾的范围，包括海上范围及沿岸范围。就入海河口而言，它是一个半封闭的海岸水体，与海洋自由沟通，入海河口的许多特性影响着近海水域，且由于水体运动的连续性，往往把河口和其邻近海岸水体综合起来研究，因此在实际研究中往往根据河口具体情况将部分邻近海域也划入。相对而言，海湾的分界较容易划分，通常以湾口附近两个对应海角的连线作为海湾最外部的分界线。在实际研究中，除了像长江口、珠江口等我国特大河口外，许多中小型河流都汇入到海湾中，因此这些河口海湾在多数情况下都可以结合在一起进行研究和统筹治理。确定海域和沿岸范围后，以海定陆，上溯到所有汇入确定河口及海湾的流域和陆域范围，最终确定整个汇水区和海域范围。以广西钦州湾为例，其汇水区范围应包括钦州湾周边及整个钦江流域和茅岭江流域，行政区域包括钦州市部分、防城港市部分以及南宁市极小部分（图2-1）。一般情况下，以河口海湾范围及其汇水区作为治理工作范围。实际工作中，对于一些较长、跨越多省区市的河流，或者主要污染及影响来自下游及沿海城市的流域，为操作便利，往往将汇水区范围内沿海省区市或地级市的陆域及河口海湾沿岸海域作为重点治理工作范围。同样以钦州湾为例，因南宁市区域内汇入该海区的比例极小，可不将其划入工作范围。又如，在实施渤海综合治理攻坚战中，只把沿海省区市甚至沿海城市作为重点工作范围。

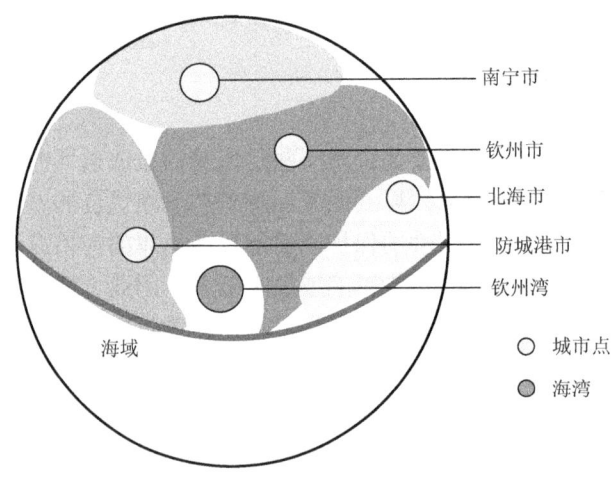

图 2-1　钦州湾及其汇水区范围示意图

　　当前条件下，企业、社会团体及民众等社会力量尚未主动去开展他们自身之外的区域性环境治理，而且他们的力量也不足够开展区域性的环境治理，缺乏足够的自发协调协作。因此，开展陆海统筹生态环境治理的主体仍将是政府等国家和地方机构，治理方案也由政府组织研究和编制。河口海湾大小不一，小的河口海湾可能只在一个县级行政区内，大的河口海湾可能跨越了多个省区市，尤其是加上海湾汇水的陆域范围后，如我国最大的长江口及其流域跨越了十几个省区市。因此,研究陆海统筹生态环境治理方案及组织实施一般由地级市以上的政府负责，一般没有跨地市的小型河口海湾主要由地级市（地区、自治州、盟，下同）组织治理方案研究，跨地级市行政区域的治理方案一般由省区市级人民政府与相关地级市人民政府协商或省区市级人民政府组织，跨省区市级行政区域的治理方案一般由国务院主管部门协调或国务院主管部门组织。

2.1.2　问题导向统筹治理

　　明确了河口海湾及其汇水区等治理对象后，应对治理工作范围内的基本情况进行明确调查，准确掌握治理对象的所在位置、自然概况、社会经济概况、生态环境概况等基本情况，为后期的生态环境问题诊断及科学治理提供必要的基础。

陆海统筹以改善河口海湾或近岸海域生态环境质量和服务功能为核心目标，因此准确掌握河口海湾或近岸海域的生态环境问题是陆海统筹治理的第一步。应通过详细资料的收集和系统调查，确定河口海湾是属于生态破坏型问题还是污染损害型问题，或者是两者兼有的复合型问题，并以此针对性地制定具体治理策略。对于资源开发利用过度导致的生态破坏型问题，以沿海及海上资源开发利用活动的管控及修复策略为主，陆域资源节约保障生态用水为辅；对于污染损害型问题，应以严格控制、治理陆源污染为主，辅以海上污染防控及生态修复的策略；对于两种问题都比较严重的问题，则应从陆域到海域进行全方位系统治理。河口海湾近岸海域生态环境问题的准确掌握，对于后面制定针对性的治理策略至关重要，以突出的问题为导向，也更能够有效解决问题并改善区域生态环境质量。

除了要掌握海湾生态环境受损类型外，准确掌握海域、沿岸、河口及陆域的生态环境问题，对于具体治理措施有着关键的基础作用。通过详细的调研，以及必要的现场监测调查，系统掌握陆域和海域的自然特征、水文特征、水质特征、生态特征、污染源特征、开发利用特征、社会经济特征等。根据现状调查分析与评估结果，全面分析区域内不同的对象，如流域、河口、海域等面临的主要问题和成因，结合已开展的生态环境保护措施、工程、政策等方面的基础，识别当前亟须解决的问题。可从以下方面进行分析：一是从围填海和围垦养殖等岸滩开发、海洋捕捞和旅游航运等资源开发以及海上养殖等各类资源开发利用管控措施方面，分析系统管控的力度与差距；二是兼顾点源和面源，结合工业、城镇生活、农业农村和船舶港口等各类污染源控制措施，分析系统治理力度与差距；三是从产业结构和空间布局分析环境压力；四是从内源、河（海）滨岸带、湿地和涵养林等水生态空间各要素分析生态环境综合治理现状；五是从自然环境条件分析水资源与水环境承载力的客观限制、节水效率和生态流量保障力度；六是从水环境管理现状分析责任分工落实情况、环境监管能力建设情况与差距等。

掌握了区域主要生态环境问题及其成因后，结合区域陆海生态环境的具体特征，研究流域、陆域的污染压力以及海岸带、海上的生态环境压力与海湾生态环境质量、生态系统服务功能的响应关系；模拟不同情形条件下海湾生态环境质量及生态系统服务功能的变化情况，以及为达到既定的海湾生态环境质量及生态系统服务功能目标，海上压力、海岸带及陆域压力的控制条件。可以通过数学模型研究海域的污染物环境容量和生态承载力等可量化关键参数，计算出海岸带及陆域的排污总量、水质目标以及生态压力限值等关键控制目标。

结合陆海统筹的治理目标和当前治理差距，研究针对性的治理任务措施。

陆海区域的生态环境问题复杂，治理任务措施一般也很重，在研究治理方案中需要保持目标管理，研究设置系统性的施治任务措施。应坚持以海域的生态环境质量和生态系统服务功能改善为目标导向，以此目标倒逼任务措施，科学制定治理路线图和时间表，强化科学决策与系统施治，全面涵盖污染减排、环境承载力提升和水生态修复等措施。陆海统筹生态环境治理的任务应秉承"从山顶到海洋"的理念，坚持海陆统筹、海陆兼顾，按照"陆海一体化"水污染控制思路，将流域-河口-海岸带-海域作为统一的整体，综合考虑流域控制和海域生态环境质量及生态系统服务功能改善的需求，统筹流域和海域污染防治及生态修复。以海域水质目标和流域水质目标为约束，倒逼流域污染负荷削减，优化工程项目设置。

　　陆海治理的区域一般范围较大，问题复杂，治理措施也需要多样。为了有效达到陆海统筹治理的目标，在治理中既要统筹兼顾综合全面治理，更要聚焦关键问题，突出治理重点。统筹治理应坚持问题导向，采用水陆统筹、河海兼顾、地表与地下污染共治、污染防治和生态管控协同等综合手段，充分考虑当地经济社会发展特征与水环境、水资源、水生态条件，抓住导致水质超标的主要因素和重点环节，与相关规划、计划或方案有机衔接，系统梳理、整合提升，有针对性地提出治理对策和措施。针对陆域和海域关键环境问题的特点，将水质与水生态相结合、污染防治与生态修复相结合、工程手段与管理措施相结合，多措并举、部门联动、协同推进，促进流域水环境质量和海域生态系统功能的根本改善。

　　为抓住关键问题，在污染损害型的海域治理中，有效准确掌握污染来源是关键。在目前我国生态环境系统和原国家海洋局系统的近岸海域污染来源统计中，都重点关注两部分：一是入海河流；二是入海排污口。而对于其他污染来源的入海途径很少涉及，只有原国家海洋局在渤海海域除了上述两个途径之外还关注了大气沉降来源的污染物。为此，因掌握的污染物入海途径的准确数据资料很少，最近几十年的统计结果得到的结论是，入海河流是近岸海域绝对的主要污染物来源，其所占的比例在80%甚至90%以上。然而，在近十多年的研究中，随着对污染物入海途径的不断深入了解，人们对近岸海域的污染物来源结构的认知正在发生改变。例如，大气沉降、地下水输入、沿岸养殖等面源输入、抽沙等扰动的内源输入等污染物入海途径正在不断被认识并且开始被量化。又如，在广西钦州湾的茅尾海，Chen等（2018）的研究结果显示，入海河流输入的氮磷污染物只占据了氮磷总入海量的1/4，远远低于目前国内统计结果，而地下水来源输入是一个重要的输入途径（表2-1）。此外，多个研究也表明，在较大的海湾及近岸海域，大气沉降也是氮的一个重要来源。因此，准确掌握海域的污染物入海来源结构，是陆海统筹治理的一个关键环节。

表 2-1　茅尾海氮磷入海来源（Chen et al., 2018）

来源	可溶性无机氮（DIN）通量/(mol/月)	占 DIN 总量的百分比/%	溶解性磷酸盐（DIP）通量/(mol/月)	占 DIP 总量的百分比/%
海底地下水排放（SGD）输入	1.3×10^8	50.2	1.6×10^6	23.6
河流输入	6.9×10^7	25.7	1.8×10^6	23.7
污水排放	3.9×10^7	14.4	2.8×10^6	42.0
沉积物释放	1.9×10^7	7.1	1.3×10^5	4.1
水产养殖	3.1×10^6	1.1	2.2×10^5	3.3
大气沉降	3.9×10^6	1.5	1.8×10^4	0.3

2.1.3　划分责任分步实施

根据流域-陆域的陆海统筹环境问题诊断和识别结果，以海域生态环境质量目标为约束，明晰目前流域-海域陆海环境现状及治理现状与目标之间的差距和成因，遵循流域-海域陆海生态系统的整体性、系统性及其内在规律，从水环境整体保护、系统修复和综合治理等方面，全面分析污染减排、结构布局、生态治理、水资源开发与利用等对水体达标的贡献。采用趋势分析、情景分析与系统分析等定量与定性相结合的技术方法，确定流域-海域陆海统筹生态环境治理的各项任务。以海湾生态环境质量达标及生态系统功能恢复到预期目标为核心，系统推进"水十条"等既定政策要求落实的"调结构优布局""控源减排""节水及水资源保护调度""生态环境综合治理""执法监管与强化管理"五大任务措施，以及既定流域-海域的实际情况及问题的解决，结合实际情况和治理目标要求，因地制宜地安排任务措施。

陆海统筹生态环境治理方案应突出精细化管理要求，在时间尺度上覆盖水质达标的全过程，逐年分解目标任务，围绕年度目标制定详细实施计划；在空间尺度上，将治污任务逐一落实到汇水区范围内的地方各级人民政府和排污单位；在管理手段上，突出排污许可证的基础和核心地位，通过核发许可证并严格管理，实施企事业单位排污总量控制制度，控制和削减主要超标污染物排放，在推动工业企业率先全面达标排放的基础上，进一步加严排污许可限值，推动海域生态环境质量达标。根据系统分析结果，分析各项任务措施的效果，确定优先顺序。每项任务措施应细化分解到汇水区内的地方各级人民政府、相关部门和排污单位，明确实施责任主体和完成时限，核算各项措施的环境效益，评估最终目标的可达性，确保既定海域及流域生态环境质量改善和生态系统服务功能治理目标的最终实现。

按照陆海一体化的总体设计，建立以"海域-流域-控制单元"为基础的流域水生态环境分区管理体系,将污染负荷削减、工程项目落实到控制单元;以海域和入海流域控制断面水质改善为目标,基于水质模型等系统分析工具,建立控制单元污染物排放量与海域生态环境质量及生态系统服务功能之间的响应关系,确定控制单元和行政区污染物总量控制目标;统筹流域、海岸带及海域等各类水体保护任务,以污染控制为重点,综合采取各类工程和管理措施,确保规划目标的完成。最后,对工程项目的污染物削减能力进行评估,按照目标可达性的原则,提出流域海域陆海统筹生态环境治理的工程项目清单,开列落实各类任务措施的重点工程清单,明确工程名称、建设内容、工程规模、预期环境效益、责任单位和实施周期等,并评估工程经费及效果可达性,最终测算工程、管控措施的效益,评估海域生态环境质量目标的可达性及完善治理方案。

在陆海统筹生态环境治理中,要充分认识陆海统筹生态环境问题的复杂性和治理任务的艰巨性。海域生态环境质量恶化和生态系统服务功能退化,受多方面因素影响,既受污染的损害,又受生态破坏的威胁,同时也受海域生态系统本身内部的物质循环、能量流动的影响,此外还受外部相邻海域的交互影响以及全球气候变化的影响。因此,特定海湾尤其是一些问题严重的较大海湾,短时间内很难通过减少污染物排入和减轻生态破坏压力恢复到预期理想目标,海湾生态恢复是一个漫长的过程。但目前的各项专项治理行动计划以及重点流域达标方案等工作,往往对治理难度认识不到位,很多 2017 年甚至 2018 年研究编制的入海河流、重点海湾等水体达标方案、综合整治方案等,由于上级治理任务目标的层层下压,大多数把水质达标目标设定在 2020 年,系统治理目标的可达性不够实际,尤其是一些问题较重的入海流域以及海湾,治理目标难以实现。尤其是一些地区,区域经济社会的发展仍会持续给流域和海域带来生态压力,流域和海湾的生态环境质量难以在短时间内达到预期目标。以国际上较为著名的欧洲莱茵河治理为例,对于 20 世纪中叶污染严重的莱茵河,流域国家在 50 年代就对流域环境问题进行了联合管控和治理,在 90 年代开始进行生态恢复工程,实施"莱茵河行动计划"的第一条,即鲑鱼 2000 计划。50 年代,由于污染和大量水坝的建造,鲑鱼完全从莱茵河中消失了。经过近半个世纪的治理,莱茵河水质有了很大改善。1990 年,大西洋鲑鱼第一次重新出现在齐格(Sieg)河(莱茵河支流之一),到 2010 年以后,才在莱茵河的上游重新出现。因此,对于重点入海流域、河口以及海湾的陆海统筹生态环境治理,需要根据实际问题以及治理目标,合理设定短中长等分期治理目标和计划,分布实施并精细化安排各年度的任务,最终实现流域-河口-海域的生态环境质量改善及达到预期治理目标。尤其是以河口海湾生态系统服务功能恢复为核心的治理目标,其治理更应该从长远计划,切不可以不顾自然规律设立很短时间的机会及任务工程,这样不仅无法达到目标,还会造成资源浪费甚至出现新的生态环境问题。

2.2　现状调查与评估诊断

2.2.1　河口海湾近岸海域现状调查

1. 河口海湾近岸海域自然环境概况调查

海域的调查首先要明确海域的范围。河口海湾近岸海域是相邻的水体，与陆域流域不同，河口海湾近岸海域及外海是相互连通并通过径流、海流及潮流等多种形式相互影响的连通水体，没有实体如岸线陆域水域等分割划分。但受限于治理精力和能力，在进行生态环境治理时应明确海域的范围，如利用河口、海湾或行政区近岸海域界线等划分出既定的治理海域范围，并以此为基础划出汇入其中的陆域、入海河流及其集雨范围，作为需要调查和治理的陆域流域范围。

海域自然环境调查范围一般主要包括河口海湾所处海域和潮间带毗邻陆域的自然环境状况，其主要调查内容一般包括地理位置、海洋水文等，自然岸线、滩涂湿地等，气候气象条件等，毗邻陆域的植被覆盖、地形地貌等自然条件，以及入海河流水系分布及径流量、逐月径流量等水文水动力特点，流域内水量调蓄工程现状和规划情况等。

海域的自然生态环境调查还需收集海域的重要资源情况，包括生态资源和保护区等现状，掌握海域重要生态资源的特征。其主要调查内容一般包括调查河口海湾海域的海洋功能区划、近岸海域环境功能区划的分布情况，以及相关的各类海洋保护区、重要渔业水域的范围、边界和保护对象，重要滨海湿地及海洋生物资源情况。

2. 海域生态环境质量状况调查

海域生态环境质量状况调查主要是为了掌握生态环境质量现状及其历史变化趋势，为生态环境质量的问题诊断及原因分析提供基础。调查方式以国家和地方生态环境、海洋、渔业等部门已有的国家考核、地方自行监测站点数据资料为主，包括河流入海断面、直排入海排污口、海域监测点位等，必要时可增加监测点位进行补充调查监测，也可以调研科学研究文献等资料，补充掌握海域生态环境质量的特征及变化情况。在掌握海域自然环境和生态资源特征之后，分析已有的监测点位及数据是否已达到全面掌握生态环境质量状况及生态环境问题等要求，考虑是否需要补充调查监测。如果需要补充监测，在点位布设时兼顾海洋水团、水系锋面、重要渔场、养殖场、主要航线、重污染区、重点风景区、自然保护区、废物倾倒区以及环境敏感区等具有典型性、代表性的海域，点位布设可以参照《近岸海域环境监测点位布设技术规范》（HJ730—2014）。因此，尽量收集多年的数据资料，分析其变化趋势及生态环境问题诊断。

海洋生态环境状况的调查对象主要包括海洋环境质量要素、海洋生物调查要素、滨海湿地生态调查要素及重要生态环境资源调查要素。海洋环境质量要素主要包括河口海湾的水文气象要素调查、海水环境质量监测、沉积物环境质量监测和生物体环境质量监测，监测调查的内容和方法一般参照《海洋调查规范 第1部分：总则》（GB/T 12763.1—2007）、《海洋监测规范 第1部分：总则》（GB/T 17378.1—2007）和《近岸海域环境监测技术规范》（HJ 442—2020）等国家现行的监测规范，并按照现行的环境质量标准进行评价分析；海洋生物调查要素主要包括微生物、浮游植物、浮游动物、底栖生物、潮间带生物、游泳动物等，调查方法一般也参照上述国家现行的监测和调查规范；滨海湿地生态调查要素一般主要包括湿地类型、湿地面积、湿地面积变化系数、总的生物量、珍稀物种、服务功能等基本情况，以及湿地的生态环境质量等状况，调查方法可参考《滨海湿地生态监测技术规程》（HY/T 080—2005）；重要生态环境资源调查要素主要包括海域范围内的重要保护区范围、保护对象种类、保护对象数量、其他珍稀物种等基本情况。重要生态环境资源一般以收集资料和到相应主管部门、保护区等调研为主。

3. 海域生态环境压力调查

海域的生态环境压力主要包括自然环境压力和人为环境压力。自然环境压力主要包括海平面上升、全球气候变化、海洋酸化以及自然灾害等非当地区域的人为活动所带来的环境压力，这些压力在进行陆海统筹生态环境治理时一般难以解决，因此不作为调查重点。但也应该收集相应的资料掌握基本情况，因为自然因素往往与人为因素叠加协调，给环境带来更大的压力和问题。因此，在生态环境压力调查中，重点以人为活动带来的压力为主，尤其是汇水区和治理区域范围内的人为活动带来的压力。海域生态环境压力主要调查入海污染源、入海污染物通量、岸线及海上开发利用状况等给海域生态环境造成较大压力的要素。

通常而言，海湾存在许多生态环境问题，如水质超标、富营养化、赤潮绿潮等，其主要生态环境压力来自于陆域污染，因此污染源调查关键在于陆域污染源调查。海湾沿岸的污染源重点关注直排入海的污染源，包括点源和面源，而陆域及流域的污染源主要留给陆域污染源调查人员调查。目前国内的海洋污染源调查主要集中在地表输入，调查对象一般包括海域汇水区范围内较大的主要入海河流、其他沿海小型独流入海河流、直排入海排污口等直排入海点源污染源以及沿岸其他非点源污染等，尚未观测以地下水输入途径为主的地下非点源污染。如前所述，越来越多的研究成果表明地下水输入途径的污染物量占据着入海污染源的一大部分，因此有条件的情况下可以适当调查地下水、大气沉降等来源的非点源污染。调查内容根据主要环境质量问题选择主要的环境因子，如有机物、氮、磷、重金属、石油类等常规主要污染物和区域其他重点特征污染物的排放情况，以及污染源结构和空间分布特征。

除了沿岸污染源外，海上污染源调查也是海域污染源调查的重点内容。基于目前已知的主要海上污染来源，并结合所调查海区的主要实际问题，调查重点包括海上网箱投料养殖污染源、港口船舶污染源以及海上倾废污染源等。海上网箱投料养殖污染源调查主要包括海水养殖方式的分布、面积、种类、产量等，网箱养殖污染负荷可采用生物分析法进行估算。港口船舶污染源调查主要包括港口码头的位置、数量、规模、航线和运行情况，对周边自然环境的影响情况，排放污染物的类型、数量、频次规律及日常防范措施等，渔港分布、船舶数量、不同船舶吨位的船数、船舶驻港天数以及污水垃圾收集效果，分别估算港口船舶含油污水、生活污水、生活垃圾等污染排放量。海上倾废污染源调查主要包括倾倒区个数、位置、面积、主要废物种类、使用状态、倾倒量等。调查方法可采用资料调查法或参考《地表水环境质量监测技术规范》（HJ 91.2—2022）和《地表水和污水监测技术规范》（HJ/T 91—2002）。

大气沉降是海洋污染的一个重要途径，包括大气干沉降（粉尘等）和湿沉降（降水等）。在所涉及范围较大的海域，目前较多的研究表明，大气沉降是海洋的一个重要污染来源，包括营养盐、重金属等。在具有大气沉降观测的地区可收集大气干湿沉降的数据资料，有条件的可开展大气沉降调查，以岸岛基站为依托，开展大气干湿沉降的污染物调查，以更全面掌握海域污染来源。目前在大气环境领域，大气污染物的溯源解析已经取得了较大进展，有条件的地区可以开展上述大气沉降污染的来源解析，为后续的污染原因分析做基础，以便更精准地进行环境治理。

在掌握海区主要污染源的基础上，统计分析污染物入海通量。污染物入海通量的分析主要对污染源调查要素及入海途径进行分析，重点以海区环境质量调查结果中的主要问题污染项目为主。

对于有常规例行监测的主要入海河流，有自动监测站的以自动监测站数据为主，没有自动监测站的以周年12月的入海断面监测数据为主，调查入海断面污染物浓度、入海水量等，通过积分分析计算重点入海河流的主要污染物入海通量。河流入海水量是计算污染物入海通量的基础。收集入海河流最下游水文站的流量数据，并结合该断面下游其他入海支流的入海水量进行入海总水量估算。针对河口海湾的入海河流，如果存在闸控河流或人为调水活动的河流，应详细调查此类活动的基本情况，包括入海水量变化的频次规律、闸控运行情况。对于重点入海河流入海断面以下的支流以及沿海其他未监测的小型入海河流，可进行补充监测调查，计算其他入海河流的主要污染物入海通量。在条件限制时，对于污染来源结构相似的小流域，可以根据流域面积，用已有监测数据计算出入海河流入海通量，推算估测入海断面以下支流及其他小河流的入海通量。调查方法可参考《近岸海域环境监测技术规范》（HJ 442—2020）及《地表水环境质量监测技术规范》（HJ 91.2—2022）和《地表水和污水监测技术规范》（HJ/T 91—2002）等相关规范。

对其他较大的入海排污口污染物入海量调查，主要针对污水日排放量大于100t 等有例行常规监测的入海排污口，可以通过资料收集调查入海排污口名称、经纬度、入海方式（直接入海、未防渗明渠入海、防渗明渠或暗管/涵入海）、市政排污口的服务人口数以及其余污染源、所处近岸海域环境功能区等，根据已有监测数据计算各个排污口的主要污染物入海通量。有条件时可以对沿岸其他排污口进行监测调查，计算其他排污口的入海通量，调查方法和污染物入海量计算方法参考《全国陆域直排入海污染源监测技术要求（暂行）》。

除了陆域点源输入外，海湾周边仍有相当部分污染物是通过非点源方式输入近岸海域的。非点源污染物入海通量可在陆域污染物调查的基础上，测算主要污染物源的污染负荷，结合入海的距离等，测算流达率及入海污染通量。有数据资料基础的可以收集地下水输入通量，或通过监测调查计算地下水输入途径的非点源污染物入海通量。

海上污染源排放量调查主要根据海上养殖污染负荷、港口船舶污染负荷、海上倾废以及大气沉降等污染源调查结果，计算各类污染物排放量。

统计通过上述途径入海的污染物入海通量，分析各类污染源排放量的比例，结合各类污染源的空间分布特征，得出主要污染物来源的类型、区域和分担率等，确定入海污染物的主要来源。污染源结构与空间分布特征主要表现在以下两方面：①根据海域陆域范围的大小，按照省（区、市）、市、县行政区对陆域污染源进行统计汇总，区域范围较大时可以划分到较大的行政区（如县、区），区域范围较小时就需要尽量划分到更小级别的行政区（如乡镇）；②按照所调查海域纳污范围，对流域、陆域和海域污染源进行汇总。在此基础上分别分析行政区、流域、海域内污染源的结构特征。

对于范围较大的海域，还应根据海域内的实际情况开展油气勘探开发情况调查等其他要素调查。收集海域油气勘探开发近 10 年的生产数据和排污数据，包括油气勘探开发的位置、坐标、数量、产量、输油方式、污水排放量等。若发生过溢油事故，调查溢油事故发生的时间、地点、原因、溢油量、污染面积、持续时间、受污染生物种类和数量、消油剂的使用种类和数量，以及后续生态治理和修复的措施、实施效果跟踪监测评估等基础信息。

除了调查污染物这个最大的生态压力外，海域生态资源的开发利用及保护状况也需进行调查，主要包括沿海岸线开发利用、沿岸港口码头开发建设、围填海情况、海上养殖活动、海洋捕捞及其他海洋生物资源采集情况、航道航运、温排水、其他海洋资源开发利用等情况。通过调查近岸海域的资源开发利用历史数据、影像图片及其对周边海洋生态环境的影响情况等，掌握海洋生态环境压力要素的现状及变化。

2.2.2　陆域流域现状调查

1. 自然和社会环境调查

根据所聚焦关注的近岸海域，包括河口海湾的范围，利用地理信息系统（geographic information system，GIS）、水系图、地形图等，明确汇入所关注海域的陆域集雨范围，调查其所属的区域及行政区、汇水区和控制单元所处位置及三者之间的空间关系，调查所划定陆域范围的自然环境和社会经济概况。

自然环境调查主要包括河口沿海潮间带毗邻陆域以及区域内汇入海域的所有流域的自然环境状况，即地理位置、地形地貌、主要河流等，区域的气象气候、植被覆盖、土壤特征等自然条件，以及入海河流水系分布及水文水动力等水系特征、流域内水量调蓄工程现状和规划情况等。

土地利用也是自然环境的调查重点，收集土地利用现状有关统计数据进行分析，有条件的地区可收集多年数据进行对比分析，调查土地利用变化趋势。一般可参考《土地利用现状分类》（GB/T 21010—2017）中一级土地利用类型的分类标准，将除林地、草地、水域 3 类外的类别视为人类干扰区，统计人类干扰区所占面积和比例，分析研究区域受人类干扰的程度。

受人类活动的影响，流域的自然环境到现代社会已经在很大程度上发生了改变，因此在流域陆域调查时应进行社会经济概况的调查，主要调查内容包括行政区划、人口分布与密度、产业类型、经济指标和土地利用特征等。这些调查为后续流域控制单元的分解、污染源的排放统计、治理任务和工程的分布以及可行性论证等综合分析提供充分的依据。因此，这些社会经济指标收集的完整性和数据的准确性，对流域环境治理方案及任务措施、工程项目的分解安排至关重要。社会经济数据通常可以通过市级以上地方政府统计年鉴以及到统计部门进行收集而获得。如果需要更详细的数据，则需要到各乡镇进行收集，以更准确地掌握流域社会经济的详细情况。

2. 水文水资源特征调查

流域的水文水资源特征是掌握流域环境容量、突出环境问题成因以及治理任务工程安排等工作的基础，因此需要进行详细调查。目前我国不仅在大型河流湖库开展了系统的水文水资源监测，还在中小河流湖库开展了该方面的工作。水文水资源数据的系统调查所需时间长和耗用经费多，因此以收集资料为主，辅助以必要的监测。有条件的地区可收集多年数据进行对比分析，调查水文水资源的变化趋势，分析气候变化、人为活动对流域水文水资源的影响，以及结合后续生态环境状况的调查资料，分析水文水资源变化对流域生态环境的影响。

陆域中的重点流域要进行细致调查，重点调查主要流域的水系、水文及资源利用的特征。较大河流要调查主要支流及水系分布情况，包括河流名称、河流级别、跨界类型、发源地、入海或汇入大河位置、流域面积、河长、平均水深等指标。单向河流水文调查的内容可包括水位、水深、河宽、流量、流速等，同时应收集相关水文站近 10 年最枯月平均流量或 90%保证率最枯月平均流量、多年平均流量等数据；没有水文站的河段可利用水文比拟法估算出近 10 年最枯月平均流量或 90%保证率最枯月平均流量。感潮河段水文调查的内容可包括潮区界、潮流界、潮差、涨潮历时、落潮历时等。湖泊、水库水文调查的内容可包括流域面积、水面面积和形状、库容，在丰水期、平水期、枯水期流入与流出的水量、停留时间，水量的调度和储量，水深、水温分层情况及水流状况等。

水文水资源状况往往也受到流域经济社会活动较大的影响，因此在流域调查时也需将水文水资源状况与社会经济状况综合进行调查，包括掌握流域水文水资源的基本状况和水资源的利用状况等。水资源利用状况应收集汇水区域内各级行政区的各项蓄水、引水、提水、防洪、水电、灌溉、供水等水利水电工程，掌握各项水资源利用工程的位置、规模、取水口、取水量和供水范围，同时统计各行政区内工业、农业、生活、城镇公共、生态等各类用水量，分析各控制单元的供水量、用水量平衡情况，以及水量资料的合理性。对于汇水区范围内的大型、中型、小型等各类水利水电工程，不仅应了解水利水电工程的概况，还应收集其环境保护措施等资料。除了上述所列的指标外，还应包括占地面积、汇水面积、水资源开发比例、环境保护措施情况（生态用水量保障、过鱼设施等），并分析水利水电开发对水资源利用以及下游生态流量的影响情况。这些资料一般可通过水利部门和水利工程管理部门收集掌握。

3. 水环境质量状况调查与评价

水环境质量状况是了解汇水区或流域水环境问题的基础，因此需要掌握汇水区内水环境质量的分布特征、超标达标情况以及超标特征等状况。只有准确掌握了水环境质量特征，才能有针对性地分析环境问题所在，对症下药地制定环境治理方案和实施治理工程，从流域到海域协同进行环境治理和保护。

随着我国生态环境监测能力建设的推进，地表水生态环境网络不断完善，在中大型河流湖库建设了国家地表水监测网络，在一些中小型河流湖库也建设了地方地表水监测站点，监测的频次达到每月一次，监测的项目也基本涵盖了《地表水环境质量标准》（GB 3838—2002）中的主要指标，符合地表水评价所需条件。因此，一般可以通过生态环境部门或其监测部门收集到所需重要监测断面的水环境质量数据。

但当前生态环境监测只关注水质的指标，没有水文的同步观测数据，不利于计算某些断面以及主要支流、干流的污染物通量情况。因此，需要收集水利监测部门的水文监测数据，尤其是水利监测部门同步开展的水文水质监测和自动监测站的数据资料，这可以为后续流域水环境容量、总量分配等提供计算数据基础。对于实在没有水文水质同步监测数据资料的流域，需要开展必要的监测，以掌握主要控制单元出口、跨行政区交接断面等关键节点的流量及污染物通量状况。水文观测可参照《水文调查规范》（SL 196—2015）的相关规定实施。

对于无历史水质数据的河流，或者在已有的历史数据资料无法满足对流域水质环境进行全面了解的情况下，要进行现状监测或者现状补充监测。开展现状监测时，水质监测断面（点）和水期应尽量与水文观测一致。监测断面至少覆盖主要的支流和关键的干流河段，如城市等关键河段上下游、各行政区的交界等，以掌握水质的空间分布及潜在的主要来源。监测指标至少应覆盖主要污染物、主要超标污染物等。样品采集、保存、运输和测试等可参照《地表水和污水监测技术规范》（HJ/T 91—2002）。

水质评价方法应将中央与地方各级人民政府签订的水污染防治目标责任书和地方各级人民政府制定的水污染防治工作方案作为重要依据。评价指标与方法可参照《地表水环境质量评价办法（试行）》（环办〔2011〕22 号）和《环境影响评价技术导则　地面水环境》（HJ/T 2.3—93）的有关内容。目前常用的评价方法是单因子标准指数法。

根据各个水质指标的标准指数从大到小排序，选取排在前 3～5 位的污染物作为该控制单元的超标污染物。若是溶解氧（dissolved oxygen，DO）的标准指数较高，应将化学需氧量（chemical oxygen demand，COD）、氨氮等耗氧性污染物纳入统计。

在获得水文数据的基础上应计算出主要支流、主要河段以及河流入海的污染物通量。

对于河道和湖库底泥淤积严重影响水体环境质量的地区，有条件时应开展底泥污染调查。调查的物理指标可包括力学性质、质地、含水率、粒径等；化学指标可包括有机质及主要污染物的含量和分布等，并评价其环境质量。

4. 污染源排放现状调查

陆域流域污染源主要包括工业污染源、城镇生活污染源和面源污染源等。调查方式主要包括向部门征询数据和现场走访调研。两种方式尽可能同步开展,在开展现场调研前,应根据环境统计中的企业情况等资料初步做好流域的污染来源判断,通过踏勘和走访实地了解现场状况。向部门收集的各项资料和现场走访征询登记的信息要提前以表格形式详细列出,以便后续整理统计。

1) 点源污染源调查

对于点源污染源调查,应对陆域流域范围内的排污工业企业、规模化养殖场以及污水处理设施进行全面排查,收集区域内所有排污工业企业的信息,开列排污清单。其主要调查内容可包括污染源企业(养殖场)名称、所在县(区)、所在镇(街道)、排污口经纬度、所属行业、生产规模、产值、新鲜用水量、主要污染物和超标污染物产生量/削减量/排放量、在线监测设施建设运行情况等。对工业集聚区应进行重点调查,对聚集区除了调查上述点源污染源信息外,还主要调查预处理设施建设运行情况、污染集中治理设施建设运行情况、固体废弃物处理处置设施建设运行情况、在线监测设施建设运行情况等,开列工业集聚区排污清单。在核算现有污染物实际排放量时,优先采用实测数据,其次采用类比法和系数法。排污系数的选取可参考有关规范、行业统计数据或污染源普查数据。

2) 面源污染源调查

面源污染源可划分为未经集中处理的生活污染源、种植业污染源、分散畜禽养殖业污染源、水产养殖业污染源、矿山径流污染源和城市径流污染源等类型。生活污染源主要调查城镇、农村生活污水排放现状和生活垃圾排放现状,统计流域内县区、各镇街人口数,通过系数法等统计生活污水和垃圾的产生量,扣除集中污水处理厂、垃圾处理厂等集中处理的量,估算剩下未处理的量作为生活面源污染。分析各镇街所提供的用水量数据,估算控制单元城市生活综合人均日用水量。可参考《城市排水工程规划规范》(GB 50318—2017)等技术规范,确定城镇综合生活污水排放系数,计算生活污水产生量。

种植业污染源调查内容可包括各镇(含农场)耕地面积、园地面积、施肥量等;畜禽养殖业污染源调查内容可包括养殖场(含规模化和分散养殖场)名称、位置(经纬度、行政村)、养殖种类、养殖数量、粪污清理方式等;水产养殖业污染源调查内容可包括养殖场名称、位置、养殖种类、养殖投放量、养殖产量等;农村生活污染源调查可包括行政村人口、污水处理设施等;矿山径流污染源调查内容可包括地形地貌、矿山类型、开采面积、开采时间、开采工艺、有无截流处理设施、尾矿及废渣数量等;城市径流污染源调查内容可包括地形、建成区面积、绿化率、公路密度、降水量、下水管网覆盖率等。

3）其他污染源调查

对于通航河流和近岸海域，调查区域内船舶排污现状以及港口、码头、装卸站的吞吐量和排污现状。船舶污染物排放现状可根据控制单元内船舶数量、吨位以及现有污染物接收处理设施的情况进行估算。

为了便于后续治理工程任务布局和落地，在划定的陆域流域范围内尽可能以乡镇为单位，无法具体到乡镇的应至少以县区为单位，汇总统计上述各类点源污染排放量数据，分析企业达标排放情况、行业排放占比情况、区域污染源集中情况等。

5. 地下水污染源调查与评价

地下水型集中式饮用水水源地污染源调查与评价可参考《地下水污染防治区划分工作指南（试行）》（环办函〔2014〕99 号）、《环境影响评价技术导则 地下水环境》（HJ 610—2016），但要注意地下水质量和污染状况要分别进行评价。同时，调查应主要针对人为污染带来的地下水水质超标问题，对于天然地质背景不良导致的超标问题，原则上仅要求开展调查评估，分析污染程度或主要超标因子。

地下水调查与评价的范围以能说明地下水型集中式饮用水水源保护区及其补给区环境状况为原则。调查方式中，水文地质条件调查主要以收集水源地水文地质图（含地下水等水位线图）为主。调查方法采用资料收集、现场勘察、现状监测、人员访谈等多种方法相结合，具体可参考《地下水环境状况调查评价 工作指南》、《地下水污染地质调查评价规范》（DD 2008—01）、《环境影响评价技术导则 地下水环境》（HJ 610—2016）等相关文件。

地下水文信息调查内容可包括水源地基本地质、水文地质特征；水源地基本情况、管理状况、辅助设施建设情况、污染源分布情况、海水入侵状况；水源地监测井信息及周边地区风险源分布等。其主要调查内容和方法可参考《环境影响评价技术导则 地下水环境》（HJ 610—2016）的相关要求。

地下水污染源调查要列出矿山开采区、再生水灌溉区、垃圾填埋场、危险废物处置场、固体废物堆放（填埋）场、石油化工生产销售企业、其他工业污染源、高尔夫球场、生活污染源、规模化养殖场、农业种植业等污染源清单，分析其规模和布局，评估其污染程度和影响范围。并且应着重调查各类污染源的种类、规模、土地利用类型、是否有处理设施、是否有监测设施、是否处于饮用水水源保护区、超标污染物产生量/排放量/削减量等内容。

地下水质量现状评价要在调查的基础上对地下水质量进行分层评价，评价方法可采用单因子标准指数法。地下水型饮用水水源保护区和补给区水质评价可采用《地下水质量标准》（GB/T 14848—2017）中的Ⅲ类标准。对于《地下水质量标准》之外的微量有机污染物指标可参照《地表水环境质量标准》（GB 3838—2002）

中"集中式生活饮用水地表水源地特定项目标准限值"进行评价。根据评价结果绘制地下水质量评价分区图、超标指标浓度分布图、有机指标检出点位分布图和超标指标点位分布图。

2.2.3　已开展治理措施及成效

整理出阶段性的治理措施和成效，可为后续制定新措施和下达新治理任务做好基础。可总结前五年的治理工作情况，数据一般可从生态环境、住建、城建、自然资源、农业农村、水利、海洋等部门获得，或从区域内工业园管委会、污水处理厂和相关企业等的规划、工作总结和工程任务中归纳。注意该项的收集工作应纳入项目总体资料收集清单中。

成效措施内容主要包括：

（1）污染控制措施及成效，包括截污减排工作、污水处理收集成效、污染的面源（湖库、农田、河道）修复成效、水产和畜禽养殖污染防治工作成效等。

（2）生态保护修复成效，包括水源地、自然岸线、湿地保护、生物资源保育和保护地建设及保护成效等。

（3）环境风险控制措施和成效，包括环境监测、应急和监管能力建设成效、环境风险排查和处理的工作成效等。

（4）区域流域环境保护规划和机制的建立和落实情况，如河长制、滩长制、湾长制的落实情况等。

（5）前五年政府工作报告，包括生态文明建设和经济发展情况。

（6）前五年已开展的工程项目等。

注意在归纳治理成效的同时也要分析过程中存在的问题，如对照环境保护规划查看目标完成情况，总结出未完成原因和存在问题；针对已开展的工程项目落实不足或进展缓慢的情况，总结出经验教训等，为后续新任务的下达做好前期调研准备。

2.2.4　环境问题诊断及趋势预测

根据环境现状调查分析与评价结果，全面分析区域流域内面临的主要问题和成因，识别当前亟须解决的问题，这是下一步开展治理措施的主要依据。同时，根据环境现状点位的多年历史数据，结合规划发展目标初步分析出环境质量和污染源的趋势变化。

1. 环境问题识别与诊断

环境问题的分析一般可从五个方面进行：一是兼顾点源和面源，从工业、城镇生活、农业农村和船舶港口等各类污染源控制措施分析系统治理力度与差距；二是从产业结构和空间布局分析环境压力；三是利用内源、海滨岸带、湿地和涵养林等水生态空间各要素分析生态环境综合治理现状；四是利用自然环境条件分析水资源与水环境承载力的客观限制、节水效率和生态流量保障力度；五是从水环境管理现状分析责任分工落实情况、环境监管能力建设情况与差距。

1）污染源控制问题识别

首先，对流域内工业、城镇生活、农业农村和船舶港口等各项污染源开展源强统计，具体源强可利用污染普查数据或向各部门收集相关数据，按相应的排污系数算出污染源总量。根据各污染源的总量及其所占总污染物量的比例和污染源的贡献，分析出流域内主要污染来源。

其次，根据历年流域内开展的污染综合治理，分析各项治理措施的力度，对比治理预期和解决的成效，分析治理工作的差距。结合污染源贡献和治理能力的差距，识别出流域内污染源控制问题。

2）环境压力识别

通过收集流域内各行业的结构层次（如行业比例，各行业内资源集中性、创新开发型的层次比例）和空间区域的分布（可参考流域内工业园规划、城市规划等），结合污染源的排污情况、周边污染源纳入，如河流、海域的环境情况，以及流域人口分布等情况，来分析流域内产业结构和空间布局导致的环境压力和潜在风险。

3）生态环境综合治理现状问题识别

利用流域内、海域河流及其内源、海滨岸带、湿地和涵养林等水生态空间各要素，分析生态环境综合现状存在的问题，并收集目前开展的治理措施、工程建设，分析治理现状的差距，从而识别出流域生态环境综合治理现状问题。

根据河口海湾水质沉积物现状、富营养化状况、有机污染状况、缺氧区的分布状况等情况，结合历史数据，分析河口海湾水质、沉积物的主要指标的历史变化规律，识别河口海湾水质和沉积物环境质量的主要问题。

分析自然岸线变化趋势、围填海规模及位置、海岸带物种栖息地的变化趋势、沿海滩涂养殖对潮间带的破坏作用等，识别潮间带生态环境在人类活动影响下的受损、退化问题。

根据入海河流监测断面的水质状况和变化规律，分析入海河流的主要污染因素，识别入海河流的主要环境质量问题。

通过收集近 5 年流域岸线、湿地和生态林等的空间矢量数据，对比各岸线、湿地等类别和数量的变化情况，分析变化的原因，包括人为因素（填海造地、林地砍伐、用地变更等）和自然因素（海流、气候等），结合目前开展的生态修复等综合治理措施成效，识别出海滨岸带、湿地和涵养林等环境问题。

4）水资源与水环境承载力问题识别

通过收集流域内各县级行政区的各项蓄水、引水、提水工程的位置、规模、取水口、取水量，供水设施的位置、规模和供水范围，工业、农业、生活、城镇公共、生态等各类用水量等，以及流域内水利水电工程的概况和环境保护措施等资料，统计出各供水单位的供水量和各用水途径的用水量，分析各控制单元的供水量、用水量平衡情况，以及水利水电开发对水资源利用和下游生态流量的影响情况。结合自然环境条件分析水资源与水环境承载力的客观限制、节水效率和生态流量保障力度等开展问题识别。

5）环境管理问题识别

收集流域内各类环保督查（中央和省级环保督查、海洋督查等）结果，整理罗列出流域内环境管理存在的问题和弊端，结合流域内主要环境质量问题和近期开展的各项污染治理措施成效情况，从水环境管理现状分析责任分工落实情况、环境监管能力建设情况，寻找差距，从而识别出环境管理的问题。

2. 生态环境演变趋势预测

根据流域内环境现状点位的多年历史数据，在重点河口海湾生态环境状况调查与评估的基础上，从沿海地级及以上城市人口、产业发展、污染负荷排放、水土资源利用等方面，全面分析流域内人类经济社会发展主要构成要素的变化趋势。同时根据水环境现状、污染负荷现状、生态环境问题识别及各类趋势预测的成果，定性分析和判断在人类活动干扰下河口海湾水环境质量及生态系统的变化趋势，并结合规划发展目标初步分析出环境质量和污染源的趋势变化。

2.3　以海定陆总量分配方案

2.3.1　总量分配方案技术路线框架

海洋污染总量控制的总体思路就是以海水水质目标为约束，主要通过以质定量和以海定陆的方式来确定，而对于管控海洋-河流为一体的流域来说，以海定陆的思路尤为重要。以海定陆的思路是：根据诊断和识别出流域内的水环境问题结果，按照近岸海域水质考核指标和生态保护目标确定污染物总量控制指标；根据海洋环境质量改善目标和管理要求确定陆域海域减排控制要求，并进一步将减排控制要求上溯至流域。通过控制污染物入海总量，根据流域水系质量和水质目标，为流域内各控制单元分配一定污染物总量，从而确保整个流域从水系至海域的质量都达到管理要求。

利用陆海统筹理念，以海域、流域水质目标（海湾水质、河口水质、河流水质依次倒推）为约束，遵循流域内水生态系统的整体性、系统性及其内在规律，从水环境整体保护、系统修复和综合治理等方面，全面分析污染减排、结构布局、生态治理、水资源开发与利用等对水体达标的贡献。采用趋势分析、情景分析与系统分析等定量与定性相结合的技术方法，模拟分析流域要达到环境目标要求时各控制单元排污的上限，并定量或定性地计算出总污染物量在各控制单元中的分配方案，以期确定流域治理方案的各项任务。

通常，以海定陆总量分配方案技术路线框架如下。

（1）模拟分析：选取适当的海洋数值模型，计算海域水环境数值模拟与响应场，包括确定模型的计算公式（或改良公式）、湍流闭合模式、时间步长配置以及底摩擦系数等。

（2）计算海湾动力数值：确定海湾的网格，代入模型按要求配置数值，分别进行水动力模型验证和污染物输运扩散计算。

（3）海湾污染物总量分配计算：①明确海域水质目标，根据海洋功能区划和海洋环境功能区划，列出约束的污染物水质最低要求。②计算海湾污染物总量分配，常用的总量分配方法有线性规划模型和按比例分配规划模型，一般可分别采用线性规划模型计算污染物最大允许排放量，同时按照污染物现状排放量按比例计算最大允许排放量，最终的分配总量为两种方法结果的平均值。③计算出海域污染物总量分配结果，列出污染源响应场，计算污染物最大允许排放量。

（4）流域总量分配计算：①明确流域中各主要河流水系的水功能目标。②确定河口区水质目标。通过分析河口区水功能区水质目标、近岸海域环境功能区水质目标，以及地表水和海域水质目标双重约束，来确定河口区水质目标的约束来源。一般来说，海域目标通常是河口区水质的关键约束。③确定流域内各主要水系的设计水文条件。④选择流域河流的水质模型，一般可选择连续箱式模型。

（5）列出污染物总量分配结果：以河流入海量和流域水质达标为依据，根据模型分析出流域内各污染物排放上限结果，按照公平性、经济性和可行性的原则，将控制单元分为城镇生活、工业源和农业源等类型，计算出各污染源、各控制单元的分配比例，并按照污染源之间的公平性计算出污染源的最大允许纳污量，进行河流-海湾流域污染物总量分配，并列出各控制单元现状负荷削减比例。

（6）分阶段总量控制目标：如果计算出污染物的削减量和削减比较大，难以在短期内完成目标的话，可考虑采用分步走的方法，逐步实现河流-海湾流域水质全面稳定达标。

2.3.2　模拟分析常用方法

1. 定性方法

通常模拟分析的方法主要分为定性方法和定量方法，定性方法主要用于资料数据不明确、无法开展定量计算的情况，又分为理论分析法和类比分析法；定量方法是模拟分析中常用的方法。

理论分析法适用于仅有流域的污染源及其影响因素、相关数据且资料不够翔实的区域，可通过专家调查法和区域背景资料理论分析等手段分析污染源与水质的响应关系，定性分析大致减排量。

类比分析法是指在流域水环境质量和削减目标都不明确时，通过类别对其他生态和地貌特征相似的未受损健康流域的情况进行对比分析。该方法尤其适用于生物或其他特殊指标（如营养盐和底质等）未达标，且河流保护目标很难确定的流域。

2. 定量方法

定量方法主要有物质平衡法、经验关系法、统计分析法和数学模型法，其中数学模型法应用更广泛。这里主要介绍数学模型法的具体过程。

数学模型法主要通过水质数学模型定量模拟污染负荷与受纳水体水质变化的响应关系及程度。水体模型与流域模型的最大区别在于水体模型只能模拟受纳水体的水质情况，尽管流域模型可以模拟流域污染负荷产汇流过程甚至部分受纳水体的水质情况，但在确保水体水质达标情况下，污染物排放量的精细程度远没有水体模型高。因此，在研究流域空间尺度时，水体模型常与流域模型混合使用，研究具体水体区段时，水体模型可以单独使用，有条件的地区应优先采用。一般可按下列步骤进行建模。

1）数据收集

对于河流，应侧重收集水位、流速、流量、宽深比、河道坡降、糙率等数据；对于湖泊或水库，应侧重收集进出库流量、库容曲线等数据；对于近岸海域，应收集海流、海浪、潮流、风向风速和地形等数据。同时还应收集水环境功能区和水功能区目标、水质和污染源等资料。

2）计算单元划分

对于某个控制单元，根据计算需要可能需进一步划分为若干个计算单元，使每个计算单元具有相对一致的水文水动力与水质特征，以便选择适用的水环境模型。划分时需重点关注河道形态或水动力条件发生突变处、较大的支流汇入处或河道分流处、较大的入河排放口汇入处、较大的提水工程取水点等关键节点。

3）计算模型选择

各计算单元应根据水体类型、水质目标、污染物类型及行为、污染源类型及行为，在数据可用性、空间和时间需求以及模型者经验的基础上，选择相应的水环境模型进行计算。按照水域类型不同，可以分为河流、河口、湖泊（水库）、近岸海域和地下水水质模型。一般情况下，可采用下列常用水质模型。

（1）河流水质模型。

a. 零维水质模型。常用模型为河流混合稀释模型，适用于持久性污染物连续稳定排放且水体充分混合后的稳态河流中断面平均水质预测。模型的控制方程可参考《环境影响评价技术导则　地表水环境》中式（E.2）~式（E.7）。

b. 一维水质模型。常用模型为一维稳态水质模型、S-P 模型和修正 S-P 模型（欧康奈尔模型）、感潮河网水质模型、河流综合水质模型（QUAL2K 和 WASP）等。对于单向河流中符合一级反应动力学降解规律的一般污染物，如有机毒物、COD 和氮氧等水质指标，在离散作用可忽略不计时，可采用一维稳态水质模型。模型的控制方程可参考《环境影响评价技术导则　地表水环境》（HJ 2.3—2018）中式（E.8）~式（E.23）。

c. S-P 模型主要用于模拟一维稳态河流中生化需氧量（BOD）与 DO 的变化。该模型假定 BOD 衰减反应为一级反应，且河流中的耗氧只由 BOD 衰减反应引起。BOD 的衰减反应速率与河水中 DO 的减少速率相同，且复氧速率与河水中的亏氧量 D 成正比。模型的控制方程可参考《环境影响评价技术导则　地表水环境》（HJ 2.3—2018）中式（E.24）和式（E.25）。修正 S-P 模型是在 S-P 模型基础上引入含氮有机物对水质的影响。模型的控制方程可参考《环境水质模型概论》等文献。

d. 感潮河网水质模型主要用于受潮汐影响明显的复杂河网水域。模型的控制方程可参考《河网非恒定流隐式方程组的汉点分组解法》等文献。

e. QUAL2K 模型适用于一维河流恒定非均匀流 pH、碱度、DO 和富营养化等水质问题的模拟，可以模拟稳态和昼夜时间变量的情况。

f. WASP 模型适用于一维、二维和三维的河流、溪流、湖泊、水库、河口与近海不同水体类型的温度、DO、富营养化、重金属、细菌等水环境质量的动态模拟。

g. 二维水质模型。常用模型为河流二维稳态混合衰减水质模型、WASP 和 CE-QUAL-W2 模型，适用于流量较大、稀释扩散能力强、岸边水流相对平缓、横断面可概化为矩形且在排污口下游一定范围内形成污染带的河流。模型的控制方程可参考《环境影响评价技术导则　地表水环境》（HJ 2.3—2018）中式（E.30）~式（E.34）。垂向混合均匀、横向梯度明显和宽浅河流采用平面二维模型，如 WASP 模型等。垂向分层明显、横向混合均匀的窄深河流宜选用垂向二维模型，如 CE-QUAL-W2 模型等。CE-QUAL-W2 模型适用于纵向一维、垂向二维的河流、溪流、湖泊、水库与河口不同水体类型的温度、DO、富营养化等水环境质量动态模拟，并考虑了冰盖及水工建筑物等工程环境问题。

（2）河口水质模型。

a. 非感潮河口：单向河流的河口水质预测可参考河流水质模型。

b. 感潮河口：持久性污染物的模拟，其模型的控制方程可参考《环境影响评价技术导则 地表水环境》（HJ 2.3—2018）中式（F.5）～式（F.8）；非持久性污染物的模拟，其模型的控制方程可参考《环境影响评价技术导则 地表水环境》中式（F.9）～式（F.11）。垂向分层明显、横向混合均匀的窄深河口宜选用垂向二维模型，如 CE-QUAL-W2 模型等。垂向分层明显、横向梯度明显的宽深河口宜选用三维模型，如 EFDC 模型等。

（3）近岸海域水质模型。

假设污染物垂向均匀混合，可采用近岸海域平面二维水动力、水质模型建立污染排放与水质响应关系。模型的控制方程可参考《环境影响评价技术导则 地表水环境》（HJ 2.3—2018）中式（F.12）～式（F.18）。

（4）流域模型。

流域模型主要用以评估流域污染负荷产生、传输和迁移的行为特征，为流域污染源治理提供定量工具。流域面源模拟推荐 GWLF、SWAT、SWMM、BASTNS、产排污系数模型、SPARROW 和 HSPF 等模型。GWLF 模型是一个半分布式半经验式的流域负荷模型，该模型复杂程度适中，简化污染物在流域内的空间传输时间过程，适用于中尺度（单次模拟 1 万 km^2 以下）流域水文、泥沙以及总氮（total nitrogen，TN）、总磷（total phosphorus，TP）污染物负荷过程的模拟，并在月尺度上提供较为可靠的通量过程结果。

4）模型参数确定及模型验证

主要的模型参数是污染物综合降解系数，一般可采用实测数据进行率定或参照相关研究成果取值，具体率定方法可参考《环境影响评价技术导则 地表水环境》（HJ 2.3—2018）等技术规范。

水质模型建立后，应采用实测数据对模拟精度进行检验，如果验证效果不理想，应考虑收集更多的资料对模型参数进行重新率定。

2.4　治理任务布局方案

以水质（海水）达标为核心，结合实际情况和水质改善要求，因地制宜地安排任务措施。可采用"调结构优布局""节水及水资源、保护调度""生态环境综合治理""控源减排""执法监管与强化管理"等任务措施来分类开展，分析各项任务措施的水质改善效果，确定优先顺序。每项任务措施应细化分解到流域内的地方各级人民政府、相关部门和排污单位,明确实施责任主体和完成时限,核算各项措施的环境效益。沿海地级及以上城市应提出总氮排放总量控制措施。

2.4.1　推动经济结构转型升级

围绕流域环境质量要求,可从产业结构调整、空间布局优化、推进循环发展等方面提出调控方案。

1. 产业结构调整

产业结构调整主要包括结合当地落后产能淘汰方案,制定流域内详细的分年度落后产能淘汰计划,对未完成淘汰地区提出具体整改要求。

同时,根据控制单元的水质目标和主体功能区规划要求,提出有针对性的环境准入条件,加快调整发展规划和产业结构。

2. 空间布局优化

1)调控空间布局

结合当地主体功能区规划和产业发展规划,充分考虑当地的水资源、水环境承载能力,对重点产业发展的空间布局和规模提出总体要求,提出鼓励发展和严格控制的行业清单,对新建、改建、扩建项目提出污染物排放减量置换要求;对干流沿岸的产业布局提出优化管理要求,对城市建成区的重污染企业提出搬迁改造和关停计划。

2)保护生态空间

划定并实施生态红线管理。依据所在区域的主体功能区规划、环境保护规划、城乡规划和土地利用总体规划等要求,结合地方的具体情况,参考《生态保护红线划定指南》等技术文件,将自然保护区、水源保护区、基本农田保护区、风景名胜区、森林公园及对未达标水体具有重要生态功能的生态敏感区域等纳入生态红线控制范围,对生态红线控制范围提出明确的管理要求。

严格城市规划蓝线管理。依据《城市蓝线管理办法》,结合水质达标管理要求,明确城市规划蓝线范围,绘制蓝线范围图,并对蓝线范围提出明确的管理要求。严格水域岸线用途管制。土地开发利用应按照有关法律法规和技术标准要求,留足河道、湖泊和滨海地带的管理和保护范围。对非法挤占水域岸线的建筑应提出限期退出清单。

3. 推进循环发展

结合流域质量目标要求和当地具体情况,提出工业水循环利用和再生水利用方案。针对沿海地区提出推动海水利用的方案。全面推行清洁生产，提出清洁生产审核企业清单。

2.4.2　控制污染物排放

1. 工业污染源防治

根据国家政策法规和流域海域治理目标，结合流域和沿海的实际情况，制定工业整治清单明细，明确整治企业名称、行业、位置、整治内容、污染削减量、整治期限和责任单位等，如按照"水十条"要求，制定"十小"企业取缔清单，明确淘汰关停企业名称、位置、关停期限和责任单位等；结合"十大"重点行业专项治理要求制定治理方案等。制定工业集聚区水污染集中治理清单，明确工业集聚区名称、地理位置、集聚区类型、预处理设施规模、污水处理设施规模、垃圾处理设施规模、在线监测系统建设及以上环保基础设施建成年限和责任单位。

2. 城镇环境综合整治

1) 污水处理系统建设和改造

加快城镇污水处理设施建设与改造，全面加强配套管网建设并推进污水处理厂污泥处理；制定污水处理厂年度建设工程清单、污水处理厂年度升级改造清单和污泥处理年度设施建设清单，明确建设现状和各阶段的建设任务。

2) 垃圾处理系统建设

建立与生活垃圾无害化处理、资源化利用相配套的收运体系，提出垃圾收运系统建设方案，列出城镇垃圾收集-转运系统建设清单，明确转运站名称、服务区域、投资、落实期限和责任单位等。

根据当地实际情况，选择适宜的生活垃圾无害化处理技术，提出生活垃圾处理设施建设方案。

3) 加强船舶港口污染控制

结合当地港口码头和装卸站污染防治方案，列出垃圾接收、转运及处理处置设施清单，推动沿海和内河港口码头、船舶修造厂所在地地方政府分阶段建成接收、转运和处置设施。根据船舶排查情况列出报废船舶清单，明确淘汰期限和责任单位。

4) 加强城市水体综合治理

以城市黑臭水体治理和景观水体保护涵养为核心，提出黑臭水体及重要水体的排污口排查整治、清淤治理、湿地建设、河湖生态缓冲带建设、藻类控制等措施及方案。

3. 稳步推进农村环境综合整治

1）加强畜禽养殖业污染控制

根据各控制单元环境承载能力和总量控制要求，优化畜禽养殖业发展布局，结合当地畜禽养殖业有关规划和禁养区划分文件，明确禁养区范围。

加强畜禽养殖业环境监管，列出禁养区内的养殖场清理清单和禁养区外规模养殖场整治清单，明确清理养殖场名单、地理位置（经纬度）、养殖规模、关停期限和责任单位等。

2）控制农业面源污染

结合当地农业面源污染综合防治方案编制情况，对化肥农药使用、病虫害防治、高标准农田建设、土地开发整理等提出明确的环保要求，要求实行测土配方施肥，推广精准施肥技术和机具。处于敏感区域和大中型灌区的控制单元，要开展农田排水和地表径流净化工程，利用现有沟、塘、窑等，配置水生植物群落、格栅和透水坝，建设生态沟渠、污水净化塘、地表径流集蓄池等设施，列出工程清单，明确工程建设内容、工程规模、工程期限、工程投资和责任单位等。

3）调整种植业结构与布局

处于缺水地区的控制单元，要提出退地减水的计划。处于地下水易受污染的、地表水过度开发和地下水超采问题严重区域的控制单元，要对种植农作物的种类提出要求。

4）农村污水及垃圾污染防治

加快农村环境综合整治，列出农村污水处理工程清单，明确污水处理工程规模、建设地点、工程投资、工程期限和责任人等。深化"以奖促治"，列出农村清洁工程清单，明确工程建设内容、建设期限和责任单位等。

4. 推进近岸海域环境综合整治

针对水质未达到目标要求的近岸海域控制单元，应纳入以下方面内容。

1）推进总氮排放总量控制

应结合近岸海域污染防治方案的编制情况，提出陆海统筹的总氮排放总量控制要求，明确入海河流总氮浓度控制目标。强化沿海地区工业集聚区废水集中治理和深度处理，制定工业企业总氮和总磷的负荷削减方案。对新建、在建的污水处理厂提出脱氮除磷要求，对未达到一级 A 标准的污水处理厂提出达标改造计划。

2）推进重污染入海河流和入海排污口综合整治

对于水质现状劣V类的入海河流，提出综合整治方案。对于向近岸海域集中排放污水量 100t/d 以上或排放特征污染物中含有第一类污染物、有害重金属、难降解污染物的直排入海排污口，提出需清理整治的非法排污口和不合理排污口清单，对设置不合理的排污口应提出限制生产、停产整治或整改等措施。对存在超标排放情况的排污口，因地制宜地提出达标治理方案。

3）加大海水养殖污染防治力度

在科学确定养殖密度的基础上，提出优化养殖生产结构、控制沿海基塘和近海网箱养殖规模的措施，鼓励生态养殖。制定沿岸养殖池塘标准化和近海网箱养殖标准化改造计划，改进排水系统，配备水质净化设备，推广节水、节能、减排型水产养殖技术和模式，鼓励海洋离岸养殖以及循环水养殖、生态养殖等健康养殖方式。根据海水养殖污染特征，提出养殖污染综合整治措施，加强氮、磷、重金属、环境激素等污染物的去除，削减污染负荷。

4）强化海岸带区域生态保护与修复

结合近岸海域重要生态功能区和敏感区划定的生态红线，提出对生态敏感区、珍稀物种、资源及其生境等的保护要求。结合围填海管理制度和海岸带利用保护规划，对海岸带开发利用活动提出环保要求，提出滨海湿地、红树林、珊瑚礁、海草床等河口海湾典型生态系统的生态修复计划和工程清单，增加自然海湾和岸线保护比例。

2.4.3　强化饮用水水源地环境保护

针对水质未达到Ⅲ类标准的集中式饮用水水源地，应纳入以下方面内容。

1. 完善一级保护区隔离防护工程

在集中式饮用水水源地一级保护区周围，因地制宜地提出隔离防护工程建设计划，包括隔离防护围栏、围网、生态防护林和水源地标志建设等物理隔离和生物隔离措施。

2. 积极推进污染源整治工程

对水源保护区的点源污染，尤其是污染型工业企业、违规建筑物和建设项目，要拟定非法设施和排污口清单，明确清理期限和责任主体。对于保护区内的面源污染，应有针对性地提出建设生态农业、保护性耕作、农村污水分散处理、畜禽养殖沼气化工程、泥沙滞留的前置库工程等措施。

3. 加大生态修复和保护力度

以饮用水水源的保护涵养为核心，针对河流型、湖库型等水源地的生态现状，提出水源涵养区的林分改造、湿地建设、涵养林建设、河湖生态缓冲带建设、藻类控制等措施及方案。

4. 地下饮用水水源整治工程

针对未达到水质要求的集中式地下饮用水水源，应在地下水基础环境状况调查评估成果的基础上，提出补给区范围内石化生产存储销售企业、矿山开采区、工业园区、垃圾填埋场、危险废物堆存场、再生水灌溉区、高尔夫球场等污染源监管清单，明确监测井及其管理主体，开展定期监测与评估，识别防渗改造具体区域，分行业提出并实施防渗改造方案。

对于遭受重金属、有毒有害有机物等人类活动污染的地下饮用水水源地补给区，应提出地下水污染场地阻隔和修复措施。

2.4.4　节水及水资源保护调度

1. 控制用水总量

实施最严格水资源管理。针对取用水超过总量控制指标体系的控制单元，要对项目新增取水许可提出严格要求，建立重点监控用水单位名录。

2. 提高用水效率

将节水目标任务分解到各控制单元和排污单位。按照国家鼓励和淘汰的用水技术、工艺、产品和设备目录，对控制单元内的企业开展节水诊断、水平衡测试和用水评估等工作。加强城镇节水，列出公共建筑中不符合节水标准的用水器具淘汰清单，在有条件地区提出低影响开发建设方案，列出雨水收集利用设施建设清单。要提出农业节水措施，大力发展节水农业，推广旱作农业、抗旱品种、蓄水保墒、渠道防渗、管道输水、喷灌、微灌、测墒节灌、集雨补灌、水肥一体化等节水技术。

3. 水资源保护调度

加强江河湖库水量调度管理，结合当地水量调度方案，提出闸坝联合调度、生态补水等措施，重点保障枯水期生态基流。

对于水资源利用不当造成水环境质量下降的地区，要科学计算生态流量，并将生态流量保障作为达标方案的重要内容。

2.4.5　严格环境执法监管，加强水环境管理

1. 严格环境执法监管

提出当地政府应采取的环境监管措施及要求，制定工业企业和污水处理设施

排污情况抽查计划，对超标和超总量的企业实行"黄牌"警示和整治仍不能达到要求且情节严重的企业实行"红牌"处罚提出有关要求，加大环境执法力度。

2. 完善监测网络

根据流域分布特征，列出未达到目标要求水体的主要污染通量监控方案，明确监控断面、监测指标、监测频率、责任主体等内容，加强水体长期监控制度建设。

结合区域环保监管能力现状和水环境监管需求，从人员、设施、财政保障等方面提出监管能力建设计划，列出环境监测及监察能力建设要求，提升饮用水水源水质全指标监测、水生生物监测、地下水环境监测、化学物质监测及环境风险防控技术支撑能力，提出重点污染源在线监控系统建设计划，提高排污口自动化监控水平。

3. 加强水环境管理

结合水质目标要求和环境允许排放量计算结果，制定污染物排放总量控制方案，有条件的地区应将总氮、总磷、重金属等对水环境质量有突出影响的污染物纳入区域总量控制约束性指标体系。水质未达到目标要求前应采取区域限批等措施，强化环境质量目标管理。

评估流域内工业企业、工业集聚区的环境和健康风险，提出相应防控措施。提出水污染事故处置应急预案，明确预警预报与响应程序、应急处置及保障措施等内容，落实责任主体。

根据许可排放量分配结果，结合国家排污许可制度建设，提出依法核发排污许可证的制度保障措施，将污染物排放种类、浓度、总量、排放去向等纳入许可证管理范围，鼓励有条件的地区开展排污权有偿使用和交易试点工作。

第 3 章　北部湾概况及典型案例选取

3.1　北部湾环境概况

北部湾位于南海的西北部（105°40′E～110°00′E，17°00′N～21°30′N），是一个半封闭的海湾（图 3-1），三面被陆地和岛屿环绕，西向凸出、湾口朝南呈扇形；东临广东的雷州半岛，东南与海南岛隔海相望，北临广西壮族自治区，西临越南，东与琼州海峡和南海相连，南部湾口与南海相通。其东界是雷州半岛南端的灯楼角至海南岛西北部的临高角一线，南界是我国海南岛莺歌嘴与越南昏果岛至越南海岸上（16°57′40″N，107°08′42″E）的直线连线（刘忠臣等，2005）。

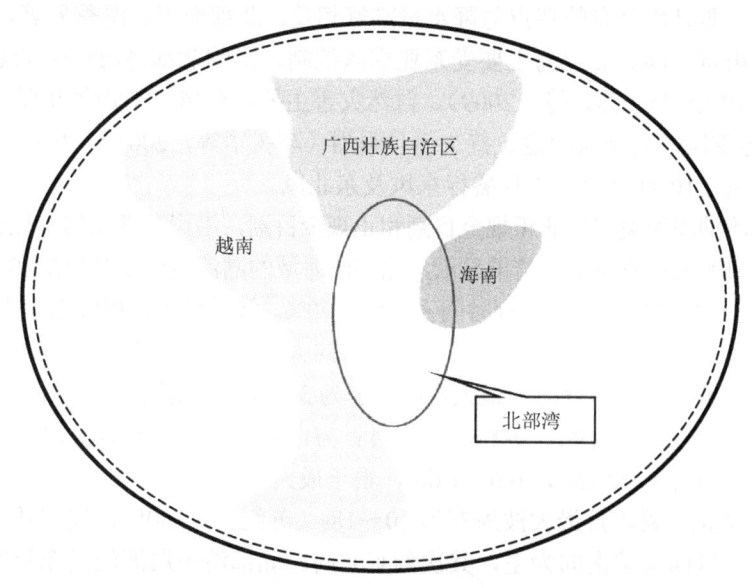

图 3-1　北部湾位置示意图

北部湾属于西太平洋的边缘内湾，为一个椭圆形的沉降盆地，被中越两国陆地与中国海南岛所环抱，三面为陆地和岛屿环绕，是南海仅次于泰国湾的第二大海湾，东西宽约 390km，东北至西南长约 550km，面积约 $12.9 \times 10^4 km^2$。北部湾全部在大陆架上，大陆架宽约 130km，水深由岸边向中央部分逐渐加深；面积接近 13 万 km^2，海域平均水深约 40m。北部湾北部、东北部和西部坡度平缓，中部偏东区域，特别是海南岛西侧近海海底坡度较大。湾中部区域地势相对平坦，自西北向东南倾斜，仅涠洲岛、白龙尾岛和斜阳岛附近的海底稍微隆起（吴敏兰，2014）。

北部湾整体海岸线蜿蜒曲折，岛屿众多，主要分布在沿岸地区，中间的岛屿较少，主要有涠洲岛、白龙尾岛和斜阳岛。北部湾海域周边中国三省区的海岸线长度约 5427km，其中广西海岸线西起中越边界的北仑河口，东至与广东接壤的英罗港，岸线全长 1628.59km，沿海有大小岛 646 个，海岛岸线长 622.459km（黎树式等，2016）。

北部湾位于北回归线以南的低纬度区，地处热带和亚热带，属南亚热带海洋性季风气候区，具有季风明显、海洋性强、干湿分明、冬暖夏凉、灾害性天气较多等气候特点。冬半年盛行东北季风；夏半年盛行西南季风；东北季风期长于西南季风期。沿海各地平均气温为 22.0～23.4℃，冬季水温为 18～28℃，夏季水温为 27～30℃，年降水量 1100～2800mm。日照时间较长，年均日照时数为 1561～2253h。受地形影响，北部湾海岸带的降水量具有海岸西段多、东段少，十万大山迎风坡多、背风坡少，前缘海岸多、海岛和丘陵地区少等特点，而太阳辐射和日照时数分布的特点与降水量刚好相反。北部湾干、湿季显著，5～9 月为雨季，雨量充沛。北部湾主要受东亚季风控制，影响北部湾海岸带的热带气旋平均每年有 4.5 个（苏志等，2009）。自然灾害主要是台风，平均每年受台风影响 2.3 次。冬季风较夏季风稳定、持久而且强烈（李树华等，2001），3～8 月盛行南风及西南风，10 月至次年 2 月盛行东风及东北风。

北部湾的潮汐类型为非正规全日潮和正规全日潮，沿岸验潮站的水位记录、卫星高度计观测和数值模型的结果显示，北部湾海域的潮流主要以全日潮和半日潮为主导（Shi et al.，2010），全日潮时间占 60%～70%，潮差较大，属强潮岸段。

北部湾的潮流主要为往复流，潮流的流向大体与岸线走向一致，潮流流速为 1m/s 左右。北部湾大部分海区最大可能潮差为 3～6m，湾顶最大潮差在 6m 以上。海域海流主要受风场影响，冬春季为逆时针方向环流，夏秋季以顺时针方向环流为主。北部湾月平均波高为 0.6～1.6m，累年最大波高在 2.5～5.0m；月平均波周期为 4.1～6.0s，累年月最大波周期为 10～18s（苏纪兰，2005）。波浪随季节变化十分明显，以西南偏南向为主，其次为东北向。北部湾表层海流受东亚季风、海水密度梯度、潮汐以及琼州海峡的共同影响，在冬季和夏季均表现为明显的逆时针方向（Shi et al.，2010）。

汇入北部湾较大的河流较少，自西向东注入北部湾海域常年性河流中，流域面积较大的主要有中国的九洲江、白沙河、南康江、西门江、南流江、大风江、钦江、茅岭江、防城江、北仑河和越南红河等。

广西沿海位于北部湾的北部，广西汇入北部湾的入海河流有 153 条，流域面积约为 2.4 万 km²，约占广西陆地总面积的 10%。流域面积在 500km² 以上的河流，自东至西顺序有白沙河（又称那交河、龙潭河），南流江及其支流定川江、丽江、合江、马江、武利江，大风江，钦江，茅岭江及其支流大寺江、滩营河，北仑河。最大的河流是南流江，其次是茅岭江和钦江（表 3-1）。桂南沿海诸河的主要流向为由北至南（图 3-2），一般流程较短，中、下游坡降平缓，河床宽浅，岸坡低平。

表 3-1　主要入海河流基本情况表

河流名	河长/km	多年平均降水量/mm	多年平均径流深/mm	河口所在地
南流江	285	1694.5	900.9	北海市
大风江	139	1890.3	1083.9	北海市、钦州市
钦江	195	1716.7	929.1	钦州市
茅岭江	123	1898.5	1126.0	钦州市、防城港市
防城江	84	2902.6	2076.3	防城港市
北仑河	106	2817.6	1933.2	防城港市与越南交界
西门江	43	1687.7	866.7	北海市
南康江	32	1568.6	808.9	北海市
白沙河	72	1695.3	875.7	北海市

注：表中多年平均年份为 2002～2012 年。
资料来源：广西沿海水环境监测中心。

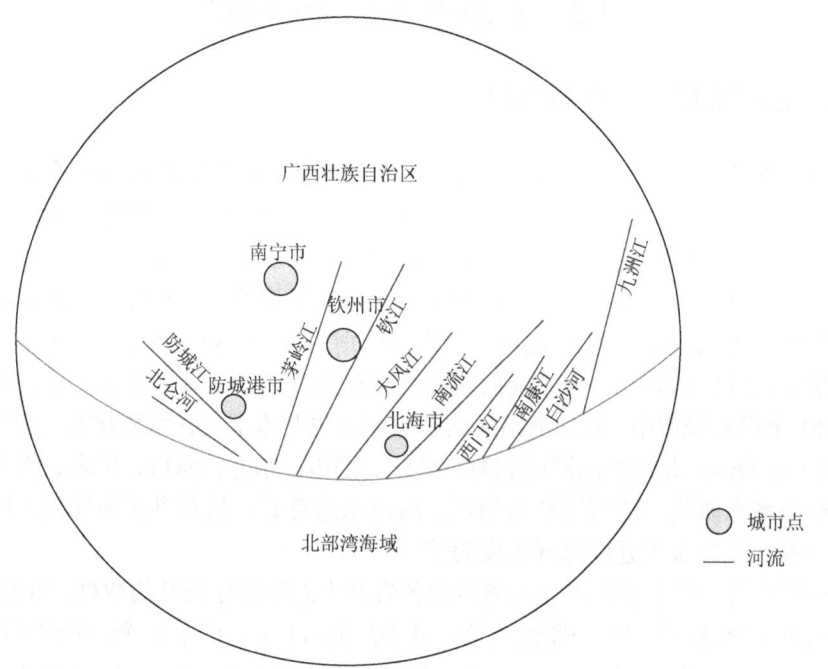

图 3-2　广西沿海主要入海河流分布示意图

途经越南汇入北部湾的红河是北部湾周边流域面积最大和干流最长的河流，其径流量也是北部湾最大的，年径流量占注入北部湾径流总量的 75% 左右（侍茂崇等，2016）。在中国境内汇入北部湾的河流流域最大及河长最长的属南流江，其发源于北流市，最终在廉州湾汇入北部湾。

北部湾海域沿岸港湾众多，港口资源丰富，素有"港群"之称，主要有广东的安铺港，广西的铁山港、北海港、廉州湾、钦州湾、防城港和珍珠港，越南的下龙湾、海龙湾等。北部湾北部沿海城市主要包括广西北海市、钦州市、防城港市，以及广东湛江市。广西北部湾岸线曲折，港湾众多，主要港口有防城港、钦州港和北海港，重要海湾包括铁山港湾、廉州湾、大风江口、钦州湾、防城港湾、珍珠港湾 6 个重要河口海湾。

这些河口海湾是入海河流的主要汇入地，其中有部分海湾只有一个较大河流汇入，如大风江口、防城港湾、珍珠港湾和北仑河口等。一些重要的海湾则有多条较大河流汇入，如汇入铁山港的主要河流包括九洲江、白沙河、南康江等，汇入廉州湾的主要河流包括南流江和西门江，汇入钦州湾的主要河流有钦江和茅岭江。因此，这些海湾受到多条河流污染物输入的压力，同时加上近年来海湾周边的大力开发，开始出现一些环境问题。

3.2 北部湾主要环境问题

3.2.1 近岸海域环境质量状况

北部湾的海水环境在我国大陆沿海中质量最优。在我国沿海的 9 个重要河口海湾中，北部湾一直都是其中最好的海湾。以 2017 年为例，胶州湾和北部湾水质良好，辽东湾水质一般，渤海湾、黄河口和闽江口水质差，长江口、杭州湾和珠江口水质极差（图 3-3）。沿海省区市中，北部湾沿岸的广西和海南近岸海域水质优，2017 年国家考核点位的优良点位比例分别为 91.3% 和 100%（图 3-4）。广东省的优良点位比例较低，但主要的超标点位在珠江口等区域，不在北部湾沿岸。全国 61 个沿海城市中，北部湾沿岸的多数城市也基本上处在水质排名的前列。仍以 2017 年为例，北部湾沿海的北海、昌江、澄迈、东方、海口、乐东、临高等市县近岸海域水质优，防城港和儋州近岸海域水质良好，只有湛江和钦州近岸海域水质一般，没有城市近岸海域水质为差。

根据广西、广东和海南北部湾沿岸各省区生态环境厅公开的数据，2018 年在北部湾近岸海域布置 70 个监测点位，其中广西 44 个，广东 6 个，海南西部近岸 20 个监测点位，监测时段分别涵盖了春季（4～5 月）、夏季（7～8 月）和秋季（10～11 月）。采用《海水水质监测时段标准》（GB 3097—1997）相关限值进行评

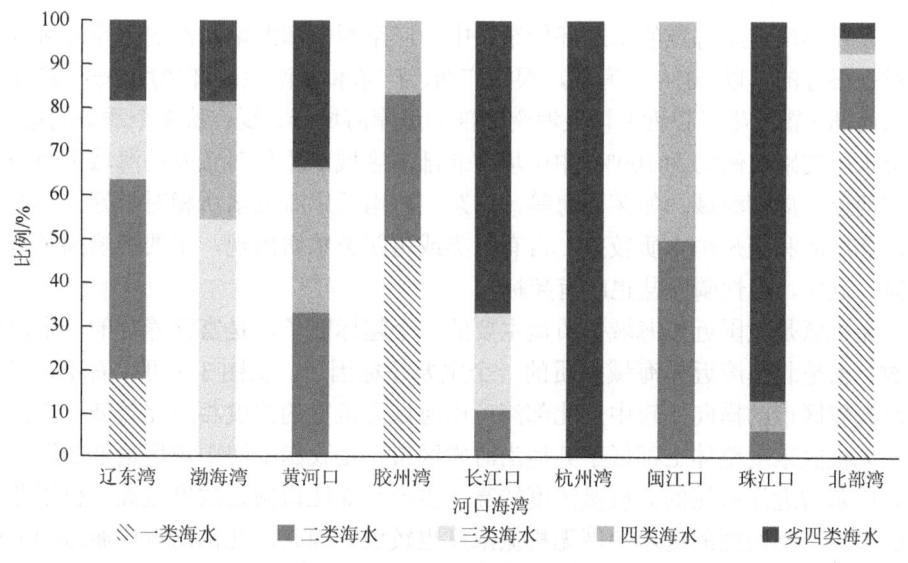

图 3-3　主要河口海湾水质比例

引自《2017 中国近岸海域生态环境质量公报》

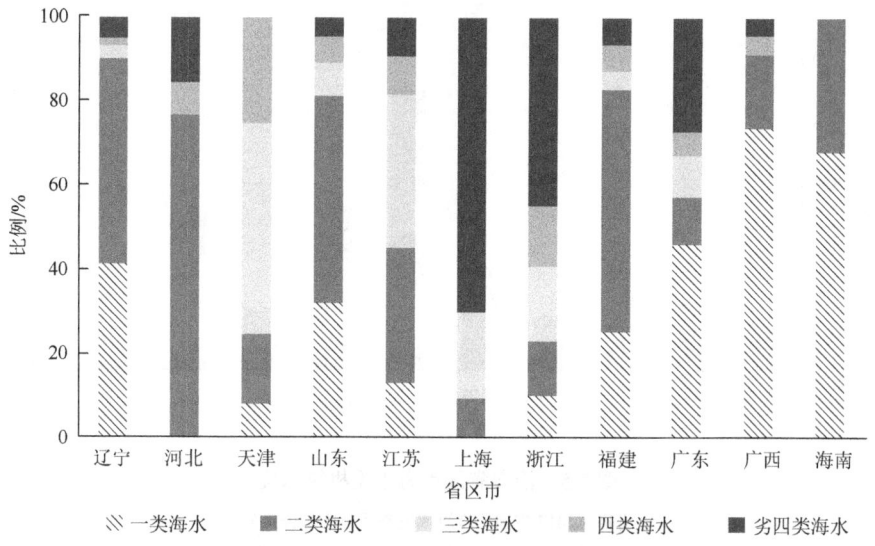

图 3-4　沿海省区市海水环境质量的比例

引自《2017 中国近岸海域生态环境质量公报》

价,2018 年春季、夏季、秋季北部湾近岸海域水质以第一、二类水质为主,超第二类水质类别的监测因子主要为常规的营养盐因子,包括无机氮和活性磷酸盐,而有毒有害污染物浓度较低,基本上都在第一类水质限值范围内。因此,北部湾近岸海域的水环境问题主要是一些轻微的富营养化问题。

在北部湾近岸海域的水质评价结果中，广东西部和海南西部的近岸海域水质相对是很好的。以 2018 年为例，根据广西、广东和海南生态环境厅公开的数据，广东西部（雷州半岛以西）以及海南西部的近岸海域春、夏、秋 3 个季节的第一、二类水质类别比例均为 100%。中国境内北部湾区域水质相对较差的海域主要分布在广西近岸局部海域，如茅尾海等，广东、海南近岸海域水质相对较好。各海域中，茅尾海和廉州湾水质较差，常有四类或劣四类水质出现，主要影响因子是无机氮，近年，活性磷酸盐也时有超标。

无机氮是我国近岸海域水质最主要的一个超标因子，是富营养化的一个重要参数，也是北部湾近岸海域水质的一个主要超标因子。从图 3-5 可以看出，在全国沿海省区市的横向比较中，北部湾近岸海域无机氮的浓度相对比较低，广西和海南无机氮浓度整体上都低于其他沿海省区市，是我国沿海中浓度最低的两个省区。广东省近岸海域的无机氮浓度较高，主要是珠江口附近浓度较高，位于北部湾的雷州半岛西面的近岸海域无机氮浓度也较低。因此，北部湾近岸海域的无机氮虽然也是主要的超标因子，但其浓度整体较低，基本上是我国近岸海域中最低的海域（图 3-5）。

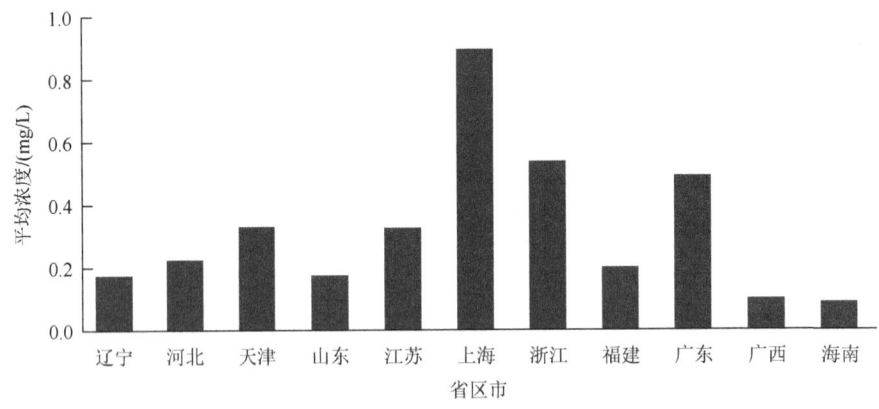

图 3-5　沿海省区市海水无机氮浓度

引自《2017 中国近岸海域生态环境质量公报》

活性磷酸盐是我国近岸海域的第二超标因子，也是北部湾近岸海域主要的超标因子。但与无机氮不同，北部湾近岸海域的广西近岸海域活性磷酸盐浓度处在全国沿海省区市的中间水平（图 3-6）。这可能也导致了北部湾海域氮磷结构比例与其他海区的差异，可能主要与汇入该海域的污染物来源结构中磷的含量及比例较高有关。

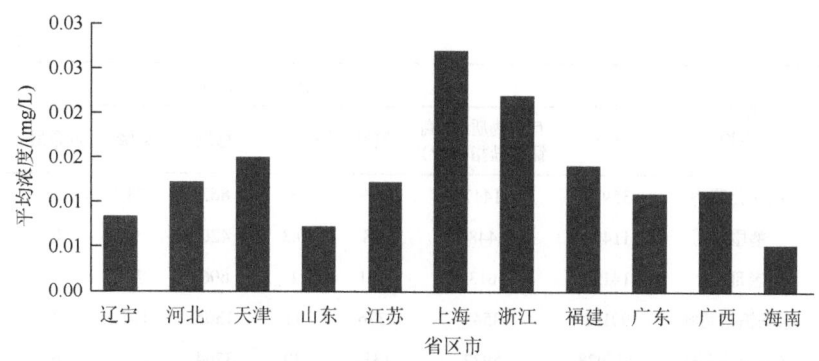

图 3-6　沿海省区市海水活性磷酸盐浓度

引自《2017 中国近岸海域生态环境质量公报》

3.2.2　近岸海域环境污染物主要来源

北部湾周边的城市，包括中国的广西南部、广东西部、海南西部以及越南的北部沿海城市，从经济社会发展上来看，除了琼州海峡的海口市之外，都属于相对欠发达的城市。因此，北部湾周边城市的工业发展水平相对于我国东部沿海的环渤海、长江口、珠江口等经济发达地区而言总体上较落后，工业发展水平不高，人口聚集度也不强，除了海口市之外，城市人口基本上在 100 万人以下。因此，北部湾周边的工业污染源和沿海城市的污染源相对较低，自流域汇入的面源污染成为最主要的污染来源。

根据广西、广东和海南近年监测资料的收集与统计，北部湾近岸海域污染源主要包括入海河流、市政排污口、直排的工业以及城市综合排污口、船舶污染、水产养殖等（彭在清等，2017）。其中，入海河流是近岸海域最主要的污染物来源。以 2015 年广西近岸海域入海河流挟带的污染物入海量统计为例，2015 年广西近岸海域河流入海水量约为 130 亿 m³，经监控的主要污染物入海量为 78322.3t（表 3-2）。同年广西主要直排入海工业企业废水排放量为 1492.43 万 t，经监控的主要污染物入海量为 522.62t；广西主要市政入海废水排放量为 1.14 亿 t，经监控的主要污染物入海量为 7659.82t，工业和城市入海的废水量以及污染物入海量都远远低于入海河流。

表 3-2　2015 年广西近岸海域入海河流挟带的污染物入海量统计

河流名称	断面名称	水量/万 m³	污染物入海量/t						
			有机物质（以高锰酸盐指数计）	氨氮	石油类	总氮	总磷	重金属	合计
南流江	南域	184154	6513	588	·	5229	347	12	12101
	亚桥	349528	12415	1597	4	11143	818	25	24405

续表

河流名称	断面名称	水量/万 m³	污染物入海量/t						
			有机物质（以高锰酸盐指数计）	氨氮	石油类	总氮	总磷	重金属	合计
白沙河	高速公路桥	35906	1447	299	3	865	73	2	2390
南康江	婆围村	11489	448	88	0.3	420	9	0	877.3
西门江	老哥渡	14129	613	281	1	606	77	1	1298
大风江	东场镇挡潮闸	90182	3543	276	11	1306	117	3	4980
钦江	高速公路东桥	157978	5922	1317	20	3764	272	6	9984
	高速公路西桥	57368	3215	1711	9	2816	218	3	6261
茅岭江	长墩	161592	4666	532	12	2091	212	8	6989
防城江	三滩	121349	3138	460	25	1287	136	4	4590
北仑河	边贸码头	115985	2832	681	14	1486	111	4	4447
	2015 年总计	1299660	44752	7830	99.3	31013	2390	68	78322.3
	比例/%	—	51.9	9.1	0.1	36.0	2.8	0.1	100

注：①因氨氮包含在总氮中，氨氮不计入污染物入海总量。②重金属包含汞、砷、镉、六价铬和铅。

* 表示该项目浓度低于检出限，无法统计入海量。下同。

资料来源：广西壮族自治区生态环境厅 2018 年统计数据。

　　综合上述三大入海污染源的总和，根据广西壮族自治区生态环境厅的统计，2015 年广西污染物入海总量为 86504t，其中，河流挟带入海的占污染物入海总量的 90.5%，远远高于其他来源；市政排污口污染物入海量占污染物入海总量的 8.9%；直排工业污染源入海量占污染物入海总量的不到 1%。入海污染物中，有机物质入海量占污染物入海总量的近六成，总氮入海量占近四成，可见广西入海污染物量主要来自广西入海河流入海污染物，输入的污染物主要是有机物质和总氮、总磷等富营养化因子（图 3-7）。

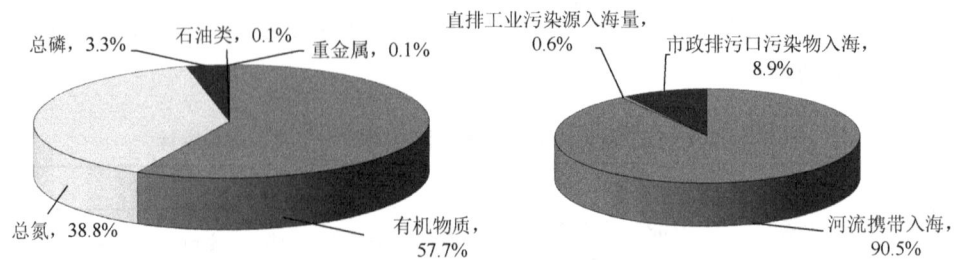

图 3-7　2015 年广西入海污染物的类型结构和来源结构

2015 年广西近岸海域入海河流挟带的污染物入海量统计结果详见表 3-2。

3.2.3　主要环境问题

从广西近岸海域入海污染物的结构可以看出，重金属、石油类等有毒有害污染物输入量很低，所占比例极低。因此，重金属、石油类以及持久性有机污染物等有毒有害污染问题，在北部湾海域，相对国内其他发达地区河口海湾而言是很轻的。近 10 年的监测结果也表明，北部湾近岸海域海水的重金属含量都符合海水水质标准的一类标准限值，抗生素、环境激素等持久性有机污染物基本处于未检出的状态。这得益于广西等周边地区高度重视海洋环境保护工作，"十二五"和"十三五"以来，广西出台了《广西壮族自治区海洋环境保护条例》《广西壮族自治区海域使用管理条例》等一系列政策，将"加强海洋环境保护工作"作为生态环境保护的重要内容列入广西年度经济社会发展规划之中，并采取了非常强有力的措施，加强了现场监督与考核，有效提高了地方政府履行环保职能、职责的能力，工作成效明显，对保持北部湾广西近岸海域海洋环境质量的稳定打下了良好基础。

但是受到入海河流的影响，部分入海河流水质长期处于Ⅴ类、劣Ⅴ类，局部海域严重污染现象依然存在，海洋环境风险隐患逐渐显现。根据 10 多年的北部湾海洋环境质量常规监测结果，虽然北部湾近岸海域总体水质优良，但部分河口海湾污染较为严重，环境质量呈下降趋势。例如，茅尾海、防城港西湾环境质量下降，造成环境质量下降的污染因子主要是无机氮和活性磷酸盐等营养盐。广西近岸海域污染物主要来自入海河流，其中以南流江、钦江、大风江、茅岭江、北仑河、防城江等河流的污染物输入量较大，并且污染物以有机物质和营养盐为主。近年来，部分河流入海断面水质较差，如南流江、钦江、茅岭江、防城江、白沙河等河流入海口水质污染有所加重，营养盐物质入海负荷持续增加。至 2017 年，钦江、西门江等入海河流监测断面水质差，水质长年处于《地表水环境质量标准》（GB 3838—2002）Ⅴ类、劣Ⅴ类水平，污染来源以面源和城市/城区排污为主，治理责任人难落实，治污资金筹措难，治理难度大，环境隐患突出。

近年来，受流入氮磷输入的影响，北部湾近岸海域主要河口海湾无机氮污染指数较高，活性磷酸盐污染指数仅次于无机氮和化学需氧量，在北部湾经济开发区刚获批的几年，广西近岸海域富营养化指数升高的趋势明显。茅尾海海域水质持续较差，海水质量处于四类、劣四类水平，廉州湾、防城港西湾等水质不稳定，时有四类乃至劣四类水质出现。特别是钦州湾内湾茅尾海、廉州湾、防城港西湾等重点海域，富营养化指数升高的幅度较大，局部海区达到了严重富营养化的程度。以茅尾海为例，2001～2010 年，尤其是 2007 年以后富营养化指数明显增加（图 3-8），河口海区富营养化指数达到 10 左右，明显处在重度富营养化的程度。

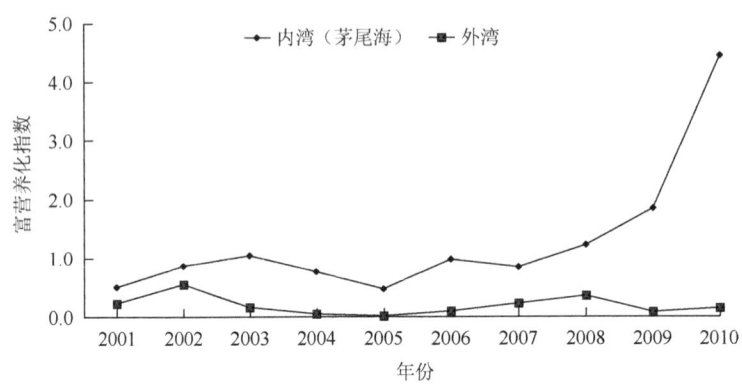

图 3-8　2001~2010 年钦州湾富营养化指数的变化（蓝文陆，2011）

　　氮磷营养盐和富营养化水平的改变，会引起浮游植物等群落结构的改变，进而影响生物多样性、生态系统结构与功能、渔业资源产出、生态系统健康等，带来一定的生态风险和生态健康隐患。最近的研究表明，在富营养化程度较高的茅尾海，浮游植物种类结构单一，浮游动物、底栖生物和鱼卵仔鱼数量很少，海区的生物多样性水平低下，生态系统健康处于亚健康状态（很健康到病态分为五级，亚健康处于第三级），需要关注和警惕。

　　海区富营养化程度的加重，为河口-近岸海域生态系统带来了较大的冲击。首先是富营养化导致海区赤潮风险增加。富营养化程度的加重虽然并不直接引起浮游植物生物量的急剧增加，但它增加了发生赤潮的风险，在条件适宜的情况下容易发生赤潮。以钦州湾为例，2008 年之前钦州湾很少有赤潮的报道，但 2008 年以后，钦州湾浮游植物接近赤潮或发生赤潮的现象开始出现。2008 年 2 月，钦州湾内湾发生中肋骨条藻赤潮，最高细胞密度达 1.65×10^7 个/L，叶绿素 a 浓度达 32.25μg/L；2011 年 4 月，内湾发生了薄壁几内亚藻赤潮，其细胞密度最高达到 3.22×10^5 个/L，同时外湾还发生了夜光藻赤潮。此外，2008 年以来防城港湾、廉州湾也多次发生赤潮现象。根据彭在清等（2017）的统计，1995~2015 年，广西海域共被确切记录和报道的赤潮现象共 18 次，其中 2014 年发生了较为严重的球形棕囊藻赤潮。2021 年，北部湾中部也发生了较大范围的夜光藻赤潮，引起了广西甚至国家的高度关注。除了这些被确切记录和报道的赤潮外，根据广西近岸水质自动监测网络基于赤潮在线自动监测预警模式（李天深等，2015）的结果，广西近岸海域每年都发生接近或达到赤潮阈值的小规模水华，如 2013 年 1~7 月广西近岸海域防城港湾、钦州湾、廉州湾等海域发生了 17 次浮游植物水华现象，现场采样分析结果显示浮游植物密度接近赤潮发生临界值。这些赤潮或接近于赤潮的藻类暴发现象与河流氮磷营养盐输入以及河口近海富营养化有着必然的联系。

与赤潮现象相似的另一个现象为"绿潮"，其最近十几年也开始在北部湾近岸海域有所发生，虽然规模和危害程度远没有黄海绿潮那么大。绿潮是近岸水体营养盐增加和富营养化导致的大型海藻暴发性增殖现象，自 2008 年以来，在每年冬春交替季节时，雷州半岛-北海沿海常出现大型海藻大量生长的接近绿潮现象。大型海藻的暴发生长不仅堆积到岸滩影响景观等，还带来了一定的生态问题。在合浦近岸海域，由于石莼、浒苔等大型绿藻的大量生存，其在海草床中覆盖住海水表面及海草，阻碍了海草的光合作用。近年来合浦海草床面积锐减，大型海藻的影响很可能也是其中的一个重要原因。同时大型海藻暴发生长，漂浮的大型海藻挂到沿岸红树林的树上，或者压住红树林的幼苗，对红树林造成一定的不良影响。另外水的富营养化，也会导致近岸海域生态系统失去平衡，造成不良影响。

从流域输入过多的营养盐导致河口及近岸海域富营养化问题，也容易滋生二次生态问题和风险。例如，5 年前北海市金海湾红树林就因为富营养化等问题导致团水虱危害红树林，引发红树林病害。近 10 年来，茅尾海、钦州港等牡蛎养殖区，发生了多次牡蛎大量死亡事件等水产灾害，虽然没有找到明确的原因，但局部污染或富营养化导致的病害或生态风险可能是其主要原因之一。2018 年和 2021 年夏秋季钦州港暴发了有毒甲藻赤潮，随后当地养殖牡蛎出现较大规模死亡，可能暗示北部湾地区的赤潮对水产行业有着较大威胁。随着北部湾沿海和临海工业、经济社会的快速发展，河流营养盐输入、河口近岸海区富营养化等将会继续加重，近岸海域富营养化、赤潮、绿潮等风险必然会相应增加，近岸海域生态系统很可能会由此发生较大变异。这些问题源自流域，无法只在海上或沿海开展治理，需从沿海整个流域开展生态环境治理，把从山顶到海洋当作一个整体系统进行系统化治理。减缓和防范近岸海域生态风险和生态系统退化，是北部湾海域环境保护和经济可持续发展的当务之急。

除了流域陆源带来的富营养化及其次生生态风险外，北部湾沿海的大开发也为海岸带带来多个生态环境问题。首先，围填海活动剧增，海岸线生境改变以及海湾容量减少，海洋生态服务功能和水体自净能力逐步降低。近年来，广西围填海活动明显加快。通过遥感资料分析，2008 年以来，随着临海重点产业布局及其码头港口规模扩大，钦州港、防城港东西湾、铁山港和企沙工业区等沿岸围填海活动剧烈，海岸带工业交通建设用地面积从 118km^2 增加至 226km^2，人工岸线共增加 116.61km，自然岸线减少 285.27km（陈兰等，2016）。围填海使岸线不断向海方向推进，滩涂面积不断减少，红树林生境遭到破坏，海洋生物生境破碎化程度加剧，生物多样性降低，海岸带生态系统服务功能下降；局部海域纳潮量减少，水体自净能力减弱，环境容量降低。

其次，受养殖、围填海、挖沙以及互花米草入侵等影响，红树林生境遭到破坏，2008～2013 年面积有所减小。互花米草是当前对广西沿海影响最严重的入侵物种，自 1979 年在广西山口海域引种以来，2013 年达到 602.3hm^2（陈圆等，2012）。互花米草呈现出由东向西扩散的趋势，目前已广泛分布于大风江以东的潮间带，总面积达 686.5hm^2，是引种初期（0.94hm^2）的 730 倍。最新调查发现，互花米草已自东向西扩散至钦州湾潮间带的红树林外缘，存在继续向西入侵的趋势。其严重侵占了红树林等其他生物的生存空间，互花米草分布面积最大的是丹兜海。互花米草除了占据红树林宜林滩涂外，还入侵至稀疏的红树林内部。而在铁山港湾、北海东海岸和廉州湾，互花米草已呈入侵红树林之势。互花米草不仅压缩了红树林恢复的空间，还直接危害红树林的生态健康，并对大型底栖动物群落多样性产生严重影响。2008 年，广西红树林面积大约为 8374.9hm^2，而 2013 年大约为 7327.86hm^2，在短短的 5 年时间里，红树林面积减少 1047.04hm^2。近年来，北部湾加大对红树林的修复，但由于人工林增加，广西沿岸红树林林貌和结构变得简单化，红树林整体生态系统服务功能下降，林下生物多样性下降。

然后，石化产业沿海分布，海上溢油等海洋环境损害风险增大。广西依托钦州、北海两大炼油、石化项目，逐步建设沿海大型储油工程、原油和成品油码头。进出海域的油轮以及进出港的船舶数量增加，加之运输船舶大型化趋势明显，溢油事故的环境风险已经显现，甲醇、苯类、酯类、丙烯腈等石化有机污染风险也增加，海洋环境损害风险增大。沿海核电、火电项目温排水也带来生态隐患。防城港核电项目以及钦州、北海、防城港三市煤电厂及后期项目建设，温排水引起的温升可引发受纳海域热环境改变，从而影响海洋生物的生长和繁殖，对海洋生态造成影响。

最后，各海洋产业之间用海存在矛盾，海洋的综合优势未能得到充分发挥。在环境监管方面，存在环境监督管理工作不顺畅、农村环境污染监管缺位、畜禽养殖污染防治工作机制不健全、监管能力不足、资金投入不足，以及环境容量面临超载等问题。这些问题都难以通过沿海本身或者流域本身的治理来解决，需要通过从流域到河口，沿岸到海域的陆海统筹系统治理方能解决。

3.2.4　北部湾典型案例的选取

通过分析北部湾现状问题，南流江是北部湾中国境内最主要的一条河流，其干流河长以及流域范围较广，而且径流量和污染物输入量较大，往往占到广西入海河流污染物入海量的 70%左右。而且在"十一五"至"十三五"期间，南流江入海断面的水质不稳定，是北部湾沿海主要入海河流断面中经常性超标的一条河流。西门江作为南流江的入海支流之一，也经常出现水质超标，甚至偶尔达到劣五类。受这两条入海河流的影响，以及北海市海城区的影响，廉州湾也出现富营养化甚至存在赤潮发生风险，是开展陆海统筹生态环境治理的一个理想区域。本书以北部湾重点入海河流和重点海湾为重点来进行研究。其中，重点入海河流为南流江流域、西门江流域，重点海湾为这两条河流汇入的廉州湾，以此来阐述陆海统筹概念下的流域环境综合治理。

3.3　廉州湾以海定陆总量分配

3.3.1　廉州湾水质目标确定

如第 2 章所述，流域-海域陆海统筹作为一个整体，海域是最终的受纳区和出口，陆海统筹污染总量控制的总体思路就是以海水水质目标为约束，而不是以河流入海断面的国家考核要求或者功能区要求来作为水质目标，主要是通过以质定量和以海定陆的方式来确定。以海定陆就是以海域的水质目标实现以及海湾的生态健康实现作为最终目标，并以此为目标反推河流可以输入的污染物总量，进而推算出河流入海断面的水质或者污染物浓度，并进一步将减排控制要求上溯至流域。因海湾的生态健康目前还难以准确定量，当前阶段，仍以水质为目标。在这种情况下，河流入海断面的水质要求往往比自己的功能区要求或者国家对河流断面的考核要求更严格。

海域水质考核目标，往往也有多种理解。在海域使用管理中，一般是按照海域功能区或者所在的环境功能区进行划分，因此其水质目标也按照环境功能区的要求来确定。例如，廉州湾南部是北海港，是港口区域，并配套其航道，按海洋功能区和环境功能区的要求，这部分海域所在的海域目标是四类水质，其周边还有缓冲的三类水质功能区。廉州湾西北面的大风江口，同样也有四类功能区和三类功能区，该海域的目标也是四类水质和三类水质。而廉州湾其他大部分海区的功能要求都是二类水质。但随着近年来对环境保护的要求越来越高，在以环境质量改善为核心的目标要求下，国家对海域的考核要求已越来越以环境质量为中心，不再考虑其所在的功能区，这就对水质提出了更高的要求。以廉州湾为例，在国家的海洋环境质量考核要求中，全部以二类水质为目标。

在研究南流江-廉州湾陆海统筹生态环境治理初期，即 2016 年前后考虑廉州湾及其邻近海域水质超过近岸海域环境功能区的现象仍然十分突出，因此本书主要考虑在达到近岸海域环境功能区的条件下污染物的总量分配。

3.3.2　廉州湾污染物总量分配

廉州湾污染物总量研究期间，中国环境科学研究院孟庆佳博士使用海洋模型 ROMS 对廉州湾进行模型配置，计算廉州湾海域水环境数值模拟与响应场。数值模型模拟大的区域为北部湾，计算海区为 19.43°N～22.00°N，105.49°E～110.00°E 所覆盖的范围，水平分辨率为 0.5′（约 0.86km），网格数是 332×542，垂向分 20 层。湍混合方案为经典的海洋边界层模型（Mellor-Yamada）湍封闭方案，底摩擦系数选为 0.0015。模式所采用风应力数据使用海洋大气综合数据集（COADS）气候态数据。其中，对廉州湾进行了网格加密处理，分别进行水动力模型验证和污染物输运扩散计算。污染源、入海河流以及海洋环境质量的数据基期都是 2016 年。

廉州湾污染物总量分配主要采用邓义祥等（2009a，2009b，2015）的线性规划模型和按比例分配规划模型，分别采用线性规划模型计算污染物最大允许排放量，同时根据污染物现状排放量，按比例计算最大允许排放量，最终的分配总量为两种方法结果的平均值。在廉州湾污染物总量研究期间，中国环境科学研究院邓义祥博士也亲自对廉州湾进行模型配置，计算廉州湾污染物分配总量。

3.3.3　海域污染物总量分配结果

按近岸海域环境功能区两种水质目标，以及冬季和夏季两种污染源响应场，计算污染物最大允许排放量，两种污染源响应场汇入廉州湾的 3 条主要入海河流在两个季节的平均计算结果见表 3-3。在分配结果中，按照线性规划模型和按比例分配规划模型的分配结果，南流江、西门江和大风江基本上按比例分配，南流江的分配结果最多，西门江最少。主要污染物中 COD_{Cr} 总量较多，NH_3-N 和 TP 的分配结果较少，主要由水质现状所决定。北部湾近岸海域中，COD_{Cr} 的浓度较低，一般都优于一类海水的标准限值，因此还有充足的容量。如前所述，北部湾近岸海域局部污染主要是氮磷的问题，无机氮和活性磷酸盐是决定环境质量类别的最主要因子，而且水质标准中对这两个因子的浓度限制也低，尤其是活性磷酸盐，因此它们的分配量很少。

表 3-3　廉州湾周边主要污染源入海河流污染物分配量　　（单位：t/a）

污染源	COD_{Cr} 分配量	NH_3-N 分配量	TN 分配量	TP 分配量
排污口	1722.5	665.2	476.8	105.4
南流江	18296.0	2093.0	8938.5	613.0
大风江	3761.0	414.0	419.2	31.9
西门江	714.0	253.0	218.1	25.7
合计	24493.5	3425.2	10052.6	776.0

根据廉州湾附近主要污染源污染物的分配量，结合 2016 年主要污染源污染物
的排放量，要达到既定的水质目标，污染物的削减量见表 3-4。如前所述，COD_{Cr}
容量较多不需要额外削减，2016 年廉州湾氮磷已超标，TN 和 TP 需要削减。削减
总量虽然 TN 明显多于 TP，但两者的比例相当。

表 3-4　廉州湾附近主要污染源污染物削减量　　（单位：t/a）

污染源	COD_{Cr} 削减量	NH_3-N 削减量	TN 削减量	TP 削减量
排污口	0.0	0.0	368.0	64.7
南流江	0.0	0.0	7967.5	667.0
大风江	0.0	0.0	1112.8	139.1
西门江	0.0	0.0	368.9	27.3
合计	0.0	0.0	9817.2	898.1

根据廉州湾周边 3 条入海河流的流量，折算到本书所研究的两条河流入海主
要污染物分配量对应的浓度，见表 3-5。南流江和西门江 COD_{Mn}、NH_3-N、TN 和
TP 总体入海平均浓度对应的地表水水质类别都为 V 类。从表 3-5 中也可以看出，
部分指标对应浓度与Ⅲ类标准的上限有一定的差距，如南流江的 TP。因此，如果
仅用Ⅲ类水质作为指标难以实现整个廉州湾达标的要求，需要适当地提高要求，
部分指标需要接近甚至达到Ⅱ类水质要求。

表 3-5　廉州湾附近主要入海河流污染物分配浓度　　（单位：mg/L）

序号	污染源	COD_{Mn}	NH_3-N	TN	TP
1	南流江	3.43	0.39	1.67	0.115
2	西门江	5.05	1.79	1.54	0.182

第二篇　南流江陆海统筹综合治理

第4章 南流江流域现状分析

4.1 南流江流域概况[①]

南流江是桂南沿海独流入海诸河中最大的河流，发源于广西王林市北流市大容山的山顶以南300m处，由北向南依次流经玉林市玉州区、福绵区、博白县，钦州市浦北县和北海市合浦县后汇入廉州湾，在北海市合浦县内自北向南分别经过曲樟乡、常乐镇、石康镇、石湾镇、廉州镇、星岛湖镇、沙岗镇、党江镇，于党江镇分3支流入廉州湾海域，沿途有丽江、定川江、合江、马江、武利江、张黄江等61条支流汇入。除了上述县区外，支流还来源于玉林市兴业县、陆川县，钦州市灵山县和钦南区，流域共经过3个地级市10个县区。流域全境地理坐标位于109°30′E～110°53′E，20°38′N～23°07′N，南流江干流全长285km，平均坡降为0.35‰，流域面积为9232km^2，流域平均宽度为32.4km，流域多年平均径流量为73.49亿m^3。河流下游段南流江干流总江口桥闸以下、分流洪潮江公鹅滩控制闸以下至入海口均属感潮河段。南流江流域位置示意图见图4-1，流域行政范围见表4-1和图4-2。

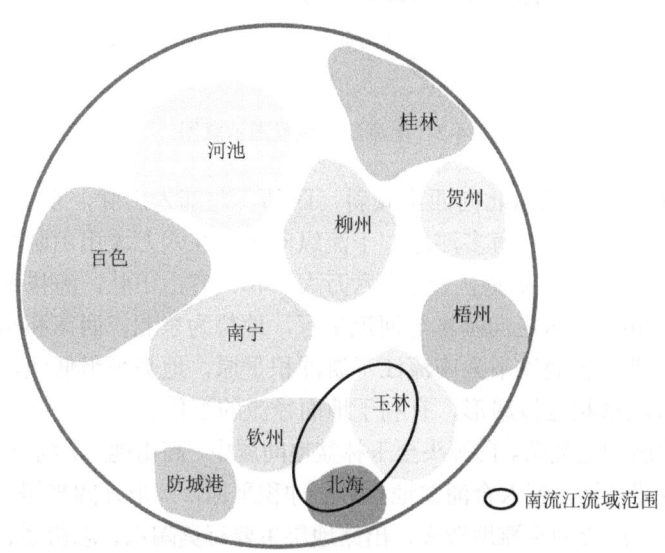

图4-1 南流江流域位置示意图

---

① 该节数据来源于北海市统计局、玉林市统计局、玉林市水利局的统计资料。

表 4-1 南流江流域在各行政区境内的流域面积表 （单位：km²）

地名	面积	地名	面积	地名	面积
玉林市	5425.7	钦州市	2700.43	北海市	1381.2
北流市	750.2	浦北县	1807	合浦县	1381.2
玉州区	464	灵山县	869.43		
福绵区	787	钦南区	24		
兴业县	560				
博白县	2361.5				
陆川县	503				

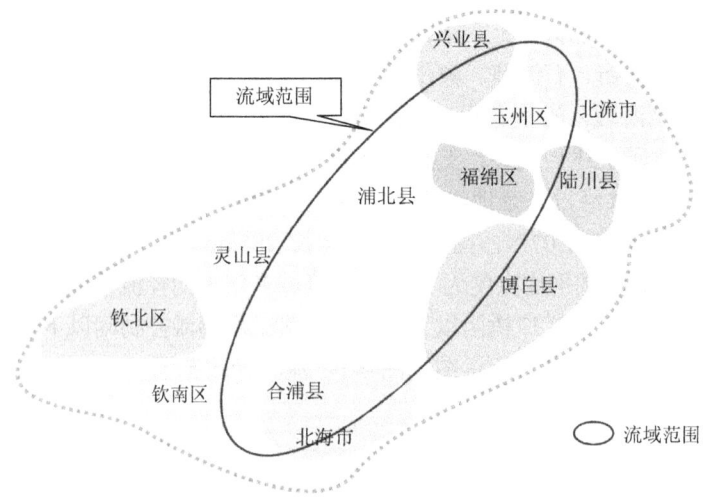

图 4-2 南流江流域范围示意图

南流江流域地势从东北向西南倾斜，西部、北部为山脉，东部为丘陵山区，南部为沿海冲积平原，沿海多滩涂，干流纵向穿行在六万大山山脉与丘陵山区之间，各支流发育其中。流域中上游有六万大山和大容山山脉，海拔最高点分别为1118m 和 1257m。山脉走向基本与河流平行，地势为东北、西南和东部多高山，南部为丘陵，进入合浦以下为南流江下游冲积平原，地势平坦低洼，土地肥沃，雨量充沛，流域形状近似扇形，有利于地面径流的汇集。

流域内地质构造复杂。自源头至玉林盆地间属中、高山地形，向下有博白盆地、沙河盆地、合浦盆地，流入合浦盆地后形成冲积平原，地形开阔平缓，冲积阶地发育，河面较宽，河心洲及滩地较多，出露地层主要有奥陶系、志留系、泥盆系、白垩系、侏罗系、古近系-新近系以及第四系，还有多期岩浆岩、混合岩或变质岩等。流域属新华夏构造体系，为华南加里东褶皱系西南部，有北流深大断裂带贯穿其中。

南流江有支流 61 条，干、支流总长 1987.4km，河网密度为 0.215km/km²。流域面积大于 500km^2 的一级支流，左岸有丽江和合江（东平河），右岸有定川江（车陂江）马江和武利江，流域面积大于 100km^2 的一级支流有 13 条。流域内已建成大型水库 3 处，左岸有旺盛江水库，右岸有小江水库、洪潮江水库，中型水库有17 处。大、中型水库共控制流域面积 2158km^2，总库容为 23.3 亿 m^3。南流江及其主要支流河道特征见表 4-2。

表 4-2　南流江及其主要支流河道特征表

河流名称	流域面积/km^2	河道长度/km	平均坡降/‰	形状系数
南流江	9232	285	0.35	0.114
罗望江	367	39.8	6.85	0.232
定川江	683	59.0	1.17	0.196
丽江	537	61.0	1.22	0.144
沙田河	213	39.8	3.12	0.135
绿珠江	350	43.9	5.13	0.182
鸦山江	241	41.8	2.79	0.138
合江	581	51.2	1.04	0.222
马江	905	86.7	1.24	0.120
张黄江	424	52.4	1.16	0.154
武利江	1223	127	0.69	0.076
洪潮江	472	45.9	0.68	0.224

南流江流域属南亚热带向热带过渡的季风气候区，气候温和，热量充足，夏季受热带海洋气候和季风环流影响，锋面、低涡和热带气旋活动频繁，具有典型的亚热带季风气候特征。年降水量季节分布不均，多集中在 4～9 月，占全年降水量的 82.7%。年均降水量为 1712mm，年均蒸发量为 1067mm。

南流江流域多年平均水资源总量为 74.54 亿 m^3，多年径流深为 816mm，多年平均径流系数为 0.49。南流江多年平均年净产水量为 73.49 亿 m^3，河道生态需水量为 11 亿 m^3，汛期难以控制洪水总量为 33.4 亿 m^3，多年平均可利用水量为 29.09 亿 m^3，可利用率为 39.5%。地下水资源量基本上属于与地表水资源的重复计算量，仅北海市有平原区浅层地下水资源量 1.05 亿 m^3。

南流江流域的土壤类型自南而北依次为砖红壤、赤红壤、红壤以及黄壤。流域地处亚热带常绿阔叶林雨林区，主要地带植被为亚热带常绿人工阔叶林和山地灌丛植被。由于长期以来人为活动的影响，现有植被以次生人工林和草本植物为主。作物品种以水稻、玉米为主；经济作物有甘蔗、花生、剑麻、豆角等。经济果木有荔枝、龙眼、柑、芭蕉、杧果、八角、玉桂等。

南流江流域户籍人口约 500 万，常住人口共 414.09 万，非农业人口在总户籍人口的比例不到 20%。其中，玉林市规划范围内人口最多，占流域范围内总人口近 80%；钦州市和北海市流域范围内的人口较少，各占约 10%的比例。

南流江流域畜禽养殖业发达，尤其生猪养殖，是广西重要的生猪养殖区，陆川县和博白县更是国家生猪调出大县。随着生猪养殖规模的不断扩大，养殖生猪的农户数量也增加，生猪养殖是南流江流域农村居民增收的重要途径。2013 年，玉林市南流江流域各县（市、区）养殖业产值超过 100 亿元，占全市农业总产值的比例超过 20%，生猪养殖场点共计 10943 家，生猪养殖量 707 万头，广泛分布在玉林市南流江流域 53 个镇（乡、街道）内。

总体而言，虽然流域的工业对经济增长的贡献率有明显提高，但总体工业水平仍为欠发达，流域经济结构上农业生产仍为主要成分，三次产业结构的比例为 17∶50∶33。流域居民收入较广西乃至全国水平仍普遍偏低，人均 GDP 为 22795 元，约为全国人均 GDP 的 50%。

4.2　区域地理位置

4.2.1　行政区范围

南流江北海流域只属南流江流域的一部分，位于南流江中下游（图 4-3）。南流江北海流域流经北海市合浦县境内，不涉及北海市的其他区县。南流江北海流域位于合浦县的西部，合浦县范围内南流江干流和主要支流自北向南依次流经曲樟乡、常乐镇、石康镇、石湾镇、廉州镇、星岛湖镇、沙岗镇和党江镇 8 个乡镇（表 4-3）。

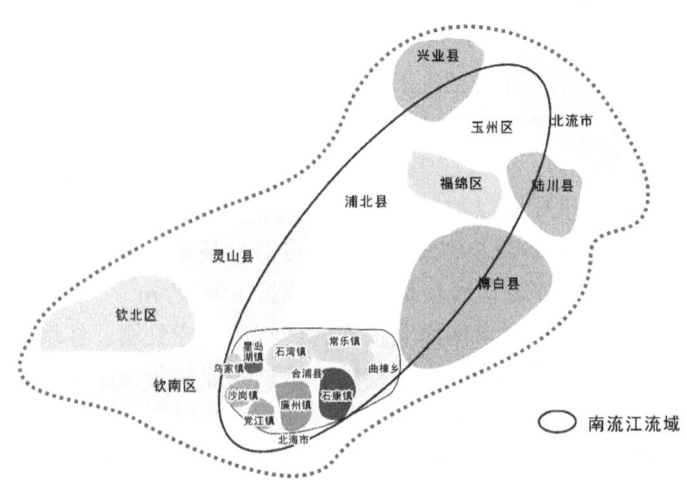

图 4-3　南流江北海流域位置示意图

表 4-3　南流江北海流域范围

流域范围	县	乡镇（按流经顺序）
南流江 北海流域	合浦县	曲樟乡
		常乐镇
		石康镇
		石湾镇
		廉州镇
		星岛湖镇
		沙岗镇
		党江镇

曲樟乡位于合浦县东北部，辖区总面积 137km²，现辖 11 个村民委员会。乡人民政府驻地曲木距合浦县城 62km，离北海市区 78km。曲樟乡位于合浦、浦北、博白三县交界的汇合处，距 325 国道 9km，离 209 国道 17km。

常乐镇位于合浦县北面，与浦北县接壤。离县城 32km，距北海市 60km，209 国道合（浦）灵（山）公路横贯全境，交通、通信十分便利。常乐镇总面积 258km²，常乐镇设 24 个村（社区）委员会，有 289 个自然村，村民小组 532 个。

石康镇位于合浦县东北部，距县城 19km，沈海高速、325 国道、208 省道穿镇而过，全镇面积约 191km²，辖 26 个村（社区）委员会。

石湾镇位于南流江下游、合浦县城正北 11km，全镇总面积 227km²，辖 17 个村（社区）委员会。

廉州镇是合浦县城所在地，是合浦政治、经济和文化的中心，是我国古代"海上丝绸之路"的始发港和繁荣的商埠。辖区 470km²，15 万人口，60155 亩（1 亩≈666.7m²）土地，为全县第一大镇。全镇现辖 16 个社区、16 个行政村，以及合浦工业园区和国营珠光农场。

星岛湖镇地处南流江畔，南流江一级支流洪潮江贯穿全镇，位于灵山县、钦南区和合浦县三县区交汇处，距合浦县城 9km，距北海市 37km。星岛湖全镇面积约 188km²，辖 9 个村（社区）委员会。

沙岗镇位于南流江下游，地处合浦县城西北，依山傍海。合西公路、大西南主动脉钦北铁路贯穿境内。全镇面积约 107km²，辖 16 个村（社区）委员会。

党江镇位于南流江的下游及入海口，位于合浦县城西 8km，区域面积为 81.5km²，下辖 18 个村（社区）委员会。

南流江北海流域各行政乡镇位置见图 4-4，各乡镇村（社区）委员会见表 4-4。

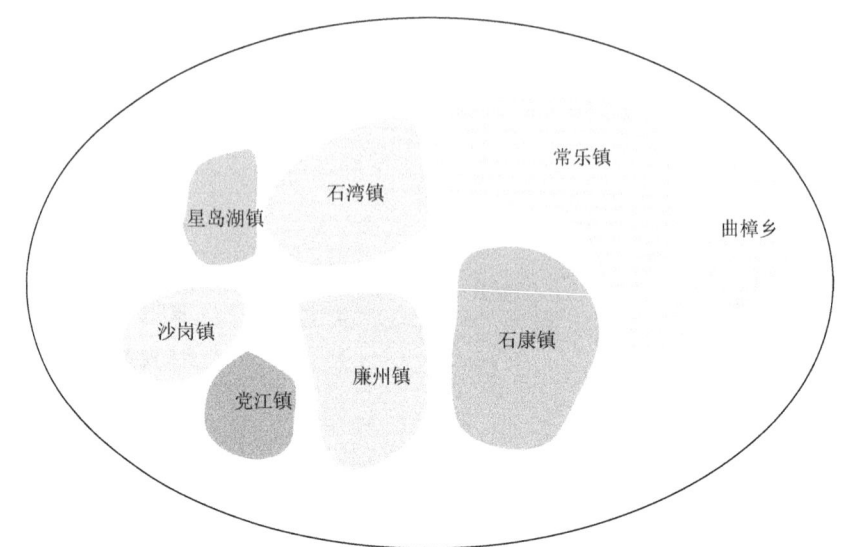

图 4-4　南流江北海流域各行政乡镇位置图

表 4-4　南流江北海流域各乡镇村（社区）委员会表

县	乡镇	行政村
合浦县 （南流江北海流域）	常乐镇	陂山村、北城村、常乐街社区、车板村、大冲村、大教村、低坡村、多蕉村、皇后村、火星村、京竹村、李家村、连丰村、莲北村、莲南村、平心村、平洋村、石城村、天堂社区、西城村、象古村、阳月村、中直村、竹山村（24 个）
	石康镇	沙芹村、新塘村、天堂村、顺塔村、十字村、瓜山村、白沙江村、松树园村、大崇村、大庄江村、东冲村、细廉陂村、夏佳塘村、豹狸村、多葛村、鲤鱼村、红碑城村、水车村、太平村、筏埠村、大湾村、耀康村、大龙村、康乐区社区、十字社区、石康街社区（26 个）
	石湾镇	沙朗村、东江村、周江村、垌心村、汉马村、汉水村、大田村、七里村、清水村、红锦村、张屋村、桥头村、兵岳村、大浪村、石湾村、新安村、永康社区（17 个）
	廉州镇	中山路社区、康乐社区、阜民南社区、上新社区、南珠社区、还珠社区、廉南社区、车路塘社区、平田社区、廉东社区、冲口社区、泮塘社区、总江口社区、乾江街社区、珠光社区、合浦工业园区社区、大岭村、青山村、清江村、廉北村、堂排村、大江村、马江村、廉西村、乾江村、禁山村、杨家山村、中站村、播龙村、马安村、烟楼村、五四村（32 个）
	星岛湖镇	总江村、坭江村、洋江村、上洋社区、下洋村、珊瑚村、柯江村、采木村、洪潮村（9 个）
	曲樟乡	高豪村、井山村、李家水村、南城村、曲木村、山心村、亚山村、早禾村、樟木村、璋嘉村、中城村（11 个）
	沙岗镇	北域村、大山村、裴屋寮村、浦江村、七星村、三东村、沙岗村、沙岗街社区、双文村、双孖村、太平岭村、田寮村、西独村、下屯村、贤子山村、云江村（16 个）
	党江镇	大框村、党江街社区、党屋村、更楼村、海山村、九坡村、蓝星村、流星村、螺江村、马头村、木案村、南域村、企坎村、沙冲村、西山村、新阳村、亚桥村、渔江村（18 个）

4.2.2　汇水区范围

　　北海市南流江南域监测断面和亚桥监测断面位于南流江下游入海口附近，也是南流江的入海监测断面，因此南域和亚桥断面以上的汇水区基本覆盖了除一级支流马江（小江）之外整个南流江的汇水范围，面积约为 9000km²。钦州市浦北县和玉林市博白县内的马江（小江）汇入小江水库后跨越南流江进入合浦水库，经湖海运河后流入合浦县以东、北海市海城区、银海区后入海，不汇入南域和亚桥断面。同时，在石康镇南部的七里江主要在石湾镇的周江口附近汇入周江，经西门江入海。南流江下游干流南岸和东岸在石湾镇以及廉州镇均建有完好的水泥防洪堤坝，堤坝以南、以东没有支流再汇入南流江干流，主要是清水江的灌溉水渠，最后从合浦县下游汇入西门江入海。同样，南流江下游干流在星岛湖镇建有完好的标准防洪水泥堤坝。因此，星岛湖西部的白沙江支流向南流至南流江附近时，顺着南流江干流堤坝外向西南流至沙岗镇白沙岭附近，再汇入南流江入海，汇入处在距离南域控制断面下游约 3km。

　　由于总江口的分渠灌溉工程，南流江在总江口闸坝处有两支分流，一支向东分流入合浦县城下游西门江，另一支向南沿着干流往党江。经现场实地勘察和询问，党江圩虽然紧挨着南流江亚桥断面，但有防洪堤坝阻隔，且党江圩的镇区汇入位于亚桥断面下游约 1.3km 的南流江东入海支流，没有汇入亚桥断面以上。此外，沙岗镇与乌家镇虽在南流江北海流域范围内，但由于河流汇入点位于两考核断面以下，因此不将两乡镇划入本次研究汇水区范围内。

　　因此，北海市南流江南域和亚桥控制断面以上的北海市辖区汇水区范围为北面以北海市合浦县界为界，东北面以合浦水库分水岭为界，东南面以七里江分水岭、石湾镇-廉州镇南流江干流防洪堤坝为界，南面以总江口-党江圩、亚桥-南域断面之间的灌溉渠和防洪堤为界，西面以白沙江分水岭为界等组成的封闭区域。南流江南域、亚桥控制断面以上北海市辖区内的汇水区范围示意图见图 4-5。

　　按照此汇水区范围，南流江南域、亚桥控制断面在北海市辖区内的汇水区范围主要包括合浦县曲樟乡的西部、几乎常乐镇全镇、石康镇的北部、石湾镇的大部分、星岛湖镇的东部、廉州镇的西北小部分、党江镇的北部小部分，沙岗镇只有河堤内属于汇水区范围内。南流江南域、亚桥控制断面以上北海市辖区内的汇水区范围涉及行政村情况见表 4-5。

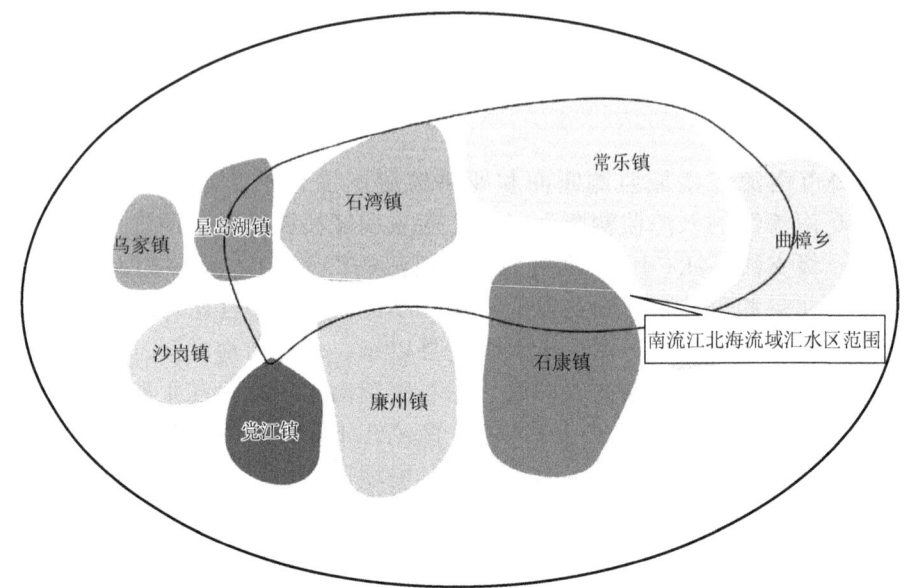

图 4-5　南流江南域、亚桥控制断面以上北海市辖区内的汇水区范围示意图

表 4-5　南流江南域、亚桥控制断面以上北海市辖区内的汇水区范围涉及行政村情况

县	乡镇	行政村（南流江北海流域）
合浦县 （南流江北海 流域）	常乐镇	陂山村、北城村、常乐街社区、车板村、大冲村、大教村、低坡村、多蕉村、皇后村、火星村、京竹村、李家村、连丰村、莲北村、莲南村、平心村、平洋村、石城村、天堂社区、西城村、象古村、阳月村、中直村、竹山村（24 个）
	石康镇	鲤鱼村、大湾村、大庄江村、松树园村、十字村、沙芹村、耀康村、细廉陂村、多葛村、东冲村、筏埠村、大崇村、大龙村、瓜山村、豹狸村、白沙江村、水车村、顺塔村、太平村、夏佳塘村、红碑城村、十字社区、天堂村、石康街社区、新塘村、康乐区社区（26 个）
	石湾镇	垌心村、汉马村、汉水村、大田村、清水村、红锦村、张屋村、桥头村、兵岳村、石湾村、永康社区（11 个）
	星岛湖镇	总江村、坭江村、洋江村、上洋社区、柯江村、洪潮村（6 个）
	曲樟乡	李家水村、亚山村、早禾村、中城村（4 个）

注：廉州镇、党江镇和沙岗镇所涉村落少，不纳入本表的统计。

4.2.3　控制单元划分

　　汇水区范围内的较大支流主要有武利江和洪潮江，主要位于南流江的右侧，左侧较大的支流有鸭麻江，其他支流均较小，主要均为一级支流。北海市南流江汇水区范围内的乡镇均位于南流江两侧，除了武利江和洪潮江这两个大的支流外，其他小的一级支流均主要流经同一个乡镇行政区汇入南流江干流。同时,考虑乡镇以下再细分控制单元难以落实责任主体的问题,划分控制单元时,主要考虑两个原则:一是汇水区域原则,主要考虑南流江干流、一级支流和部分二级支流;二是行政区边界原则,本次研究所基于的行政区边界为乡镇行政区边界。

采用上述原则,结合汇水区范围内涉及的各乡镇范围,充分考虑乡镇行政区的完整性,南流江北海流域共划分 5 个控制单元,由南流江中游至下游依次为:曲樟乡、常乐镇、石康镇、石湾镇、星岛湖镇的全部乡镇的范围,见图 4-5。南流江下游筑有完整河堤,廉州镇、党江镇和沙岗镇绝大部分属于其他入海流域,属南流江南域、亚桥控制断面汇水部分的区域很小,汇入控制断面的行政区面积、人口很少,考虑乡镇行政区的完整性,这三个镇不作为流域计算的控制单元。

在 5 个控制单元中,考虑汇水面积、地形地貌及人口经济等因素,曲樟乡因位于汇水上游,且山地森林地貌人口少,汇入南流江的面积较小,不作为重点控制区域,本次研究将常乐镇、石湾镇、石康镇和星岛湖镇 4 个乡镇作为重点控制区域,见图 4-6。

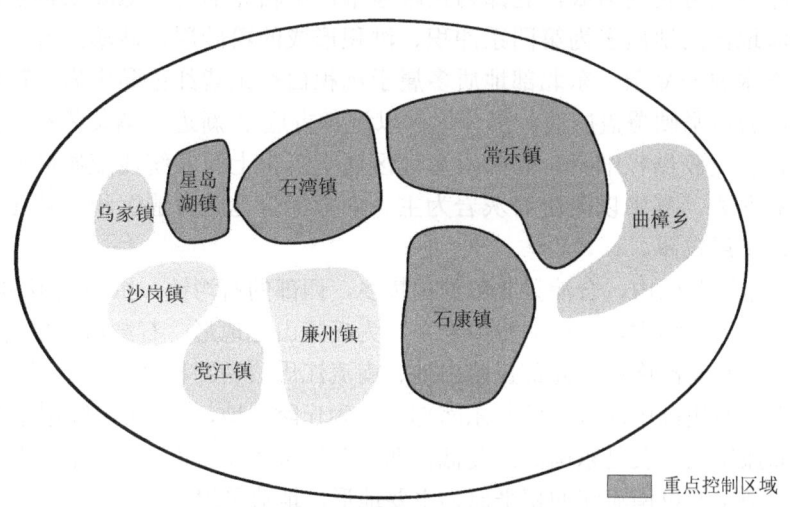

图 4-6　南流江北海流域控制单元及重点控制区域示意图

本次研究重点工作范围以重点控制区域的 4 个镇为主,污染源的排放量、分配量、削减量等主要以控制单元为主,任务措施及重点工程涉及所有的汇水区范围,以及对控制断面有一定影响涉及其他行政范围的流域。洪潮江水库和合浦水库涉及跨市级行政区且已纳入良好湖泊清单,因此本次研究控制单元不包括这两个水库。

4.3　自　然　概　况

4.3.1　地形地貌

北海市位于南流江流域下游,流经北海市合浦县西部。合浦县位于南华准地台的南端,第四系松散沉积层覆盖面占全县面积的 67%。出露的老地层以古生界较发育,中生界仅见上白垩统陆相地层,岩浆岩主要有花岗岩和玄武岩。早古生代时期,县境处于拗陷沉积状态。志留纪末期由于广西运动影响,县境东部形成北东向的线形褶皱构造。晚古生代初,东部升起成陆,之后海水时浸时退。古生代晚期由于东吴运动影响,县境全部升起成陆。中生代及新生代早期,由于印支运动、燕山运动、喜马拉雅运动影响,形成白沙、合浦、南康三个盆地,至新生代晚期各盆地相继隆起,在东部新圩发生基性火山喷溢。至全新世中后期(约距今 3000 年),形成海陆分布现状。

合浦县地势北高南低,北部为丘陵地带,南临北部湾,地质结构复杂。西南部沿海地区的地质多为第四系冲积、洪积形成的粉砂层、砂壤土等,沉积物多,地下水成分复杂。东北部地质多属于沉积白垩纪紫红色黏土岩、砂岩、钙质胶结,岩质坚硬覆盖层薄,部分地区以沉积古近纪-新近纪橘黄色黏土、黏土岩为主,泥质胶结极细密。东部沿海地区属于沉积上泥盆统浅变质硅质石灰岩和泥质石灰岩,其中以泥质石灰岩为主。中部部分地区普遍沉积高岭土矿,广泛分布,矿层较厚。

在汇水区范围内,合浦县北部的曲樟乡,西部的石湾镇、星岛湖镇和沙岗镇主要以丘陵山地为主,其中曲樟乡全乡均为丘陵山地地形,石湾镇、星岛湖镇和沙岗镇主要是北高南低、北部丘陵山地、南流江周边为冲积平原的地形。常乐镇主要是东西两边高中间低,西北东南部地区为丘陵山地,东北西南为南流江冲积平原。石康镇则主要是东南高西北低,西北部地区主要是南流江冲积平原。廉州镇、党江镇主要以南流江冲积平原为主要地形,地势平坦。

4.3.2　水系特征[①]

南流江干流到达浦北县境内即中下游段。进入浦北县境与博白县境交界处有支流马江(小江)从右岸汇入,马江下游建有小江水库紧依南流江。南流江在合浦县东北部的曲樟乡早禾村北折而西行,始成为合浦、浦北两县界河。其后出入

---

① 资料来源:北海市水利局《北海市水功能区划》(2012 年 6 月)。

两县边界间，以上河段沿岸为低丘或狭窄冲积平原。至合浦县常乐镇平心村以西沿岸平原渐广，至常乐圩，有南流江重要控制站常乐水文站，该站建于 1952 年。

从常乐向西流约 4.5km，右岸有车板江汇入，左岸有鸭麻江流入，再下行约 7km 有武利江从右岸汇入。武利江口至石湾圩，沿途左岸有二步水汇入。从石康镇顺塔村逶迤西流 8km 后，至多葛村周江口再分周江南流入海。

自周江口以下，南流江主流逶迤西流 6km 至石湾圩，再南流 2.5km 至山刁坡分为南北两支。北支西转南流 6km、南支南转西流 7km 并至清水，合流后，向西再流 1km 余至公鹅滩，再经公鹅滩控制闸分一支西北流 2km 入洪潮江。主流南流 5km 至总江桥闸，再西南流 3km 至泥江进入南流江三角洲。泥江口分一支向西南流 2km 至党江圩，再分南东、南西水道。南西水道向西南流约 8.5km，由木案牛角框与渔江独屋坪之间出海。南东水道向南流约 10km，在渔江三敦与沙冲针鱼墩间出海。干流自泥江口西行 1km，于右岸会合洪潮江后向西南流 8km 至沙岗镇七星岛，沿岛的西北流 4km，由七星岛芭荒框与西场鲨港江口汇流出海。在七星岛北端的另外一支，沿岛东南流约 5km，再从岛南端的党江镇木案西端大燕子出海。

南流江三角洲沿海原先汊道甚多，将党江木案、渔江、沙冲、马头、企坎等地分割成岛。从 20 世纪 50 年代起，经多次并岛成陆，已将入海水道整理成为洪潮江、南东水道、南西水道、周江 4 条。其他汊道已筑堤截断，近期南流江与周江的连接河道也已经堵塞，只有 3 条入海水道。

除了南流江干流之外，汇入南流江北海境内流域面积大于 30km² 的主要河流有 12 条（其中北海境内流域面积大于 50km² 的河流有 8 条），境内南流江流域面积为 1645.34km²。其中，武利江是南流江在北海市境内水量最大的支流，其发源于钦州市，流经石湾镇东北部和常乐镇西北部，并沿着常乐镇与石康镇镇界汇入南流江。洪潮江是境内流域面积最大的河流，发源于钦州市，汇入洪潮江水库后经洪潮江在星岛湖镇附近汇入南流江。南流江流域北海境内各主要河流基本情况见表 4-6。

表 4-6 南流江流域北海境内各主要河流基本情况

水资源四级区	河流名称	流域面积/km²		河流长度/km		坡降/‰	多年平均流量/(m³/s)	多年平均径流量/亿 m³
		总计	境内	总计	境内			
南流江	南流江	9232.2	601.7（干）	285	100.4	0.35	233	73.48
	武利江	1223.1	59	126.87	13	0.69	31.0	9.78
	洪潮江	472.25	303	45.94	20.9	0.68	11.5	3.63
	鸭麻江	95.75	95.75	20.89	20.89	1.31	3.15	0.99

续表

水资源四级区	河流名称	流域面积/km²		河流长度/km		坡降/‰	多年平均流量/(m³/s)	多年平均径流量/亿 m³
		总计	境内	总计	境内			
南流江	车板江	82.21	32	21.94	9.7	1.53	2.70	0.85
	桥头江	55.6	55.6	19.21	19.21	1.81	1.38	0.43
	七里江	56.04	56.04	28.61	28.61	0.78	1.84	0.58
	周江(西门江)	110	110	43.1	43.1	0.40	2.78	0.87
	白沙江	52.8	52.8	24.5	24.5	1.04	1.31	0.41
	张屋评河	47.3	47.3	24.5	24.5	1.04	1.17	0.37
	九玉塘江	42.5	42.5	19.96	19.96	0.83	1.05	0.33
	二步水	35.5	35.5	13.54	13.54	2.69	0.88	0.28
	鲎港江	154.15	154.15	32.1	32.1	0.61	5.06	1.60

4.3.3　水文气象气候[①]

区域所属的合浦县属亚热带海洋性季风气候，日照较强，热量充足，雨量充沛，夏热冬暖，无霜期长；气候受季风环流控制，雨热同季；冬干夏湿，夏无酷暑，冬无严寒，盛行风向有明显的季节性转换；在沿海乡镇还有昼夜交替的海陆风出现。由于各季节雨热不均以及濒临北部湾，主要气象灾害有台风、暴雨、干旱、低温阴雨及霜冻、冰雹、雷电和龙卷风等，较为常见的有台风、暴雨、干旱、低温阴雨和雷电灾害。

1. 气温

合浦县属亚热带海洋性季风气候，气候温和，雨量充沛，多年平均气温为22.6℃，极端最高温度为37.1℃，极端最低温度为2℃，年平均日照时数为2009h，年平均太阳总辐射为111kcal/cm²。合浦气象站各月平均气温统计值见表4-7。

表 4-7　合浦气象站各月平均气温统计值　　　　（单位：℃）

项目	1月	2月	3月	4月	5月	6月	7月	8月	9月	10月	11月	12月	全年
平均	14.3	15.0	18.7	23.1	26.9	28.2	28.8	28.2	27.2	24.4	20.2	16.4	22.6
最高	28.5	28.9	31.1	34.3	35.8	35.6	36.6	37.1	37.1	33.6	31.4	28.8	37.1
最低	2.0	2.5	3.5	9.2	15.0	19.2	20.2	21.4	16.2	12.0	6.4	2.0	2.0

_____

① 资料来源：北海市气象局和北海市水利局统计资料。

2. 降水

合浦县地处北部湾北岸，北回归线以南，属亚热带季风气候区，全年日照充足，气候温和，冬无严寒，夏无酷暑。由于濒临北部湾海域，受暖气环流的影响，夏季盛行南风，常受热带气旋侵袭，水汽来源丰富。加之受地形地貌的影响，气流抬升，水汽凝结成雨，故雨量充沛，多年平均降水量为 1689.8mm。合浦县各观测站多年月平均降水量统计见表 4-8。

表 4-8　合浦县各观测站多年月平均降水量统计　（单位：mm）

站名	1月	2月	3月	4月	5月	6月	7月	8月	9月	10月	11月	12月	全年
常乐	35.5	50.7	62.3	119.7	169.2	272.3	323.6	360.2	171.0	72.5	44.5	22.1	1703.6
合浦	31.9	46.1	56.5	95.7	153.8	278.5	350.5	370.4	169.3	68.7	37.6	21.3	1680.3

3. 蒸发

常乐水文站位于 109°25′E，21°50′N，1953 年以来有蒸发资料。常乐水文站多年月平均蒸发量统计（E601 型蒸发器）见表 4-9。

表 4-9　常乐水文站多年月平均蒸发量统计　（单位：mm）

站名	1月	2月	3月	4月	5月	6月	7月	8月	9月	10月	11月	12月	全年
常乐	66.2	55.5	62.4	80.0	111.3	106.2	115.6	112.4	116.0	117.3	91.2	81.6	1115.7

4. 径流

合浦县雨量充沛，江河径流主要由降水形成，因此水量也非常丰富。由于区域内降水量年内分配不均匀及年际变化较大，径流量的年内分配及年际变化都有较大差异，径流量最集中的 6~9 月，占全年径流量的 60%以上，汛期（4~9 月）径流量占全年径流量的 80%左右，10 月至次年 3 月为枯水期，枯水期径流量仅占全年径流量的 20%左右，常乐水文站多年平均径流量年内分配统计见表 4-10。

表 4-10　常乐水文站多年平均径流量年内分配统计　（单位：亿 m³）

站名	1月	2月	3月	4月	5月	6月	7月	8月	9月	10月	11月	12月	全年	连续4个月最大
常乐	1.389	1.314	1.697	3.767	5.207	7.654	8.593	9.426	5.581	3.111	2.078	1.523	51.34	31.254

5. 热带气旋

合浦县属亚热带海洋性季风气候，多数热带气旋沿湛江在珠江口登陆后西行影响合浦县境内。据统计，影响合浦县的热带气旋平均每年 4 次，其中台风平均每年 2.5 次，影响较大的每 3 年 1 次。

6. 泥沙

合浦县境内只有常乐水文站有泥沙观测资料，根据常乐水文站实测资料分析，常乐水文站多年平均含沙量为 0.181kg/m³（1957～2007 年），历年最大断面平均含沙量为 2.59kg/m³，出现在 1982 年；多年平均输沙量为 99.0 万 t；多年平均输沙模数为 150.2t/km²（1957～2007 年）。根据各时期泥沙资料分析，南流江泥沙变化趋势是含沙量逐年减少。常乐水文站各时期泥沙特征统计见表 4-11。

表 4-11　常乐水文站各时期泥沙特征统计

项目	20 世纪 50 年代	20 世纪 60 年代	20 世纪 70 年代	20 世纪 80 年代	20 世纪 90 年代	2000～2007 年	多年平均
含沙量/(kg/m³)	0.214	0.210	0.200	0.206	0.155	0.101	0.181
输沙量/万 t	120	109	119	108	81.4	56.5	99.0
输沙模数/(t/km²)	181	166	180	166	123	85.1	150.2

7. 暴雨洪水

合浦县是暴雨洪水多发区，热带气旋又是主要的灾害性天气之一，以 6～9 月出现最多。由热带气旋带来的暴雨过程一般持续 1～2d，此类暴雨过程一般降水强度大、范围广，常常使各江河同时出现较大洪水，洪水一般出现在 6～9 月。洪水峰高量大，以单式峰为主，历时 3～5d。其他天气系统造成的降水影响有时也达 7d 左右，此类降水常会造成复式洪水，影响时段长。

合浦县辖区内河流汛期为 4～9 月，10 月至次年 3 月为非汛期。年最大洪峰流量和最大洪量出现时间多发生在 7～8 月，最早的洪水出现在 1 月，最晚的洪水出现在 11 月。

新中国成立以来，平均每年有四次热带气旋过程影响合浦辖区，由热带气旋引发的风暴潮，最大增水可达 1.7～2.3m。

8. 干旱

有历史记载以来，合浦县的水、旱灾害频繁出现，交替发生，比较严重的干旱灾害有 48 次（摘自广西水旱灾害编委会编制出版的《广西水旱灾害及减灾对策》）。1949 年以来的 70 多年间，合浦县出现了几次有代表性的旱灾，如 1957～1958 年、1963 年、1977 年、1989 年、1992 年、2000 年、2004 年、2005 年等。

1963 年的旱情是新中国成立以来最大的旱灾，灾情与灾害损失也是最大的。据旱情普查资料，1963 年的干旱属于连续干旱类型，有的地区受旱时间跨越春、夏、秋三个季节，造成了比较严重的后果。2004 年夏季后期到 2005 年春，合浦县也遭受了多年不遇的连续干旱，江河湖库水位较低，水量偏少，灾情损失大，直接影响了经济社会的发展，也给人民群众的生活带来极大的不便。

9. 水资源

合浦县年平均自然降水总量为 49 亿多 m^3，年平均地表水径流深为 900mm，年平均地表径流量为 27.3 亿 m^3，保证率 75%、90%的地表年径流量分别为 21.84 亿 m^3、17.98 亿 m^3。据水文地质普查，全县地下水年天然资源总量为 12.26 亿 m^3。全县地下水储量在保证率 50%时为 10.186 亿 m^3；县境 23 条主要河流年平均径流总量为 90.866 亿 m^3，其中县外流入径流量为 72.39 亿 m^3，县内年径流量为 18.476 亿 m^3。由于地势平缓，河流比降较缓，多数河流流量较小，水能蕴藏量不大。大部分陆地水能资源为已建水利工程的坝后水头和渠道跌水所获得。

4.3.4　土壤特征及矿产

区域的土壤分山地土壤和耕地土壤，海拔较高的山地为黄壤，土层较薄。海拔较低的低山、丘陵多为山地红壤，土层深厚。岗地土壤多属石灰土、赤红壤、紫色土。平原、台地和缓丘谷地主要以水稻土为主。坡地土壤主要是砖红壤，适宜种植甘蔗、花生、黄豆、木薯等作物。林地则以成土母岩花岗岩、砂页岩为主，间有砂岩、粉砂岩、石英二长岩、砾岩等发育而成的赤红壤和紫色土。

流域范围内土地肥沃，自然资源丰富，四季适宜农作物生长，为农业生产提供良好的基础条件。粮食作物以水稻为主，玉米、红薯、大豆次之；经济作物主要有甘蔗、花生、蚕桑、芝麻、烤烟、黄红麻及亚热带水果（如龙眼、荔枝、香蕉、菠萝、柑橙等），是广西糖、油、麻、蚕茧的主要生产基地之一。

区域矿产资源较为丰富，已探明和已开发的优势矿产有高岭土、玻璃石英砂、砂矿等。合浦高岭土、地热勘查规划区位于合浦县城至常乐镇一带，属十字路高岭土矿外围，大片出露花岗岩，风化后形成风化壳型高岭土矿床，找矿前景好。本区域有地热异常分布，可望找到地下热水，已列入自治区勘查项目。南流江砂矿资源丰富，近年来河沙开采较多。

4.3.5　旅游资源

区域主要的旅游景区有省级旅游度假区南国星岛湖、曲樟田园风景带等景区。

省级旅游度假区南国星岛湖：位于合浦县城西北方向 23km 的洪潮江下游，因有 1026 个大小岛屿星罗棋布于其中而得名。星岛湖气候宜人，冬暖夏凉，湖内山清水秀，岛上树木苍翠。泛舟湖上，烟波浩渺，湖光山色，美不胜收，登高远眺，青山如簪，绿水如缎。度假区中的"水浒城"共分东西两大景区，东景区建有聚义厅、梁山泊一二三关、断金亭、跑马道、后寨、文殊院；西景区建有涌金门、苏杭水街、宝塔等。

曲樟田园风景带：位于北海、钦州、玉林三市的交界处，是桂南地区三市三县的连接点，地处大廉山腹地，自然资源、旅游资源十分丰富。六湖水库两岸山峦叠翠，青山绿水，景色宜人。此外，区域内还有灵隐寺、陈铭枢故居、曲木客家土围楼等文物古迹。

4.4　社会经济概况

4.4.1　行政区划与人口分布[①]

南流江北海流域位于合浦县的西部，流域内主要为农村地区，城镇化水平较低，区域的主要行政区包括曲樟乡、常乐镇、石康镇、石湾镇和星岛湖镇 5 个乡镇。5 个乡镇的总人口为 274358 人，占合浦县总人口的 25.6%，主要以农业人口为主，农业人口占 89.7%，非农业人口只占了 10.3%。2015 年，南流江北海流域各乡镇人口分布及分类统计见表 4-12。

表 4-12　南流江北海流域各乡镇人口分布及分类统计（单位：人）

县	乡镇	总人口	非农业人口	农业人口
北海市合浦县 （南流江北海流域）	常乐镇	87143	9610	77533
	石康镇	79539	13335	66204
	石湾镇	51507	3423	48084
	星岛湖镇	28404	1059	27345
	曲樟乡	27765	924	26841
合计		274358	28351	246007

① 资料来源：2016 年北海市和合浦县统计年鉴。

常乐镇行政村总数为 24 个, 石康镇行政村总数为 26 个, 石湾镇行政村总数为 17 个, 星岛湖镇行政村总数为 9 个, 曲樟乡行政村总数为 11 个。其中, 汇水区范围内的行政村, 常乐镇有 24 个, 石康镇有 26 个, 石湾镇有 11 个, 星岛湖镇有 6 个, 曲樟乡有 4 个。汇水区范围人口最多的乡镇为常乐镇, 人口最少的乡镇为曲樟乡。常乐镇人口最多的行政村为常乐街社区, 石康镇人口最多的行政村为大龙村, 石湾镇人口最多的行政村为垌心村, 星岛湖镇人口最多的行政村为洋江村, 曲樟乡人口最多的行政村为亚山村。农业人口最多的是常乐镇, 非农业人口最多的是石康镇。南流江北海流域各乡镇行政村人口状况具体见表 4-13。

表 4-13　南流江北海流域各乡镇行政村人口状况　　（单位：人）

乡镇	行政村	人口	行政村	人口
常乐镇	多蕉村	2555	平心村	3883
	京竹村	2285	石城村	6705
	中直村	3303	莲北村	5319
	低坡村	3960	莲南村	5784
	连丰村	1781	西城村	2955
	陂山村	3671	大教村	3589
	车板村	2118	北城村	2763
	皇后村	3823	平洋村	2538
	李家村	3072	大冲村	3816
	阳月村	3051	象古村	2910
	火星村	5256	常乐街社区	7750
	竹山村	3396	天堂社区	860
石康镇	鲤鱼村	2389	大湾村	2654
	大庄江村	2596	松树园村	2652
	十字村	3300	沙芹村	2559
	耀康村	3218	细廉陂村	1607
	多葛村	1940	东冲村	2480
	筏埠村	3029	大崇村	4129
	大龙村	4532	瓜山村	2178
	豹狸村	3986	白沙江村	2091
	水车村	3840	顺塔村	2715
	太平村	4203	夏佳塘村	1913
	红碑城村	3594	十字社区	881
	天堂村	2442	石康街社区	496
	新塘村	3353	康乐区社区	2833

续表

乡镇	行政村	人口	行政村	人口
石湾镇	兵岳村	3109	汉水村	2714
	垌心村	3617	汉马村	2062
	大田村	1563	清水村	3610
	张屋村	2043	石湾村	1717
	桥头村	3433	红锦村	2334
	永康社区	2092		
星岛湖镇	总江村	3721	上洋社区	1516
	垈江村	1540	柯江村	1865
	洋江村	3750	洪潮村	2853
曲樟乡	早禾村	2743	李家水村	1300
	亚山村	3631	中城村	2672

南流江北海流域范围内人口密度最高的是石康镇，为 4.17 人/hm²，人口密度最低的是星岛湖镇，为 1.51 人/hm²，常乐镇、石湾镇和曲樟乡的人口密度分别为 3.37 人/hm²、2.26 人/hm² 和 2.18 人/hm²。

4.4.2　产业类型与分布

区域位于合浦县西北部的农村地区，区域经济主要以农业种植和养殖业为主，工业很少，没有工业园区和工业聚集区，因此没有形成较为集中的产业发展。目前流域基本仍处于工业化初级阶段，生产体系较低端，高附加值产业发展缓慢，第三产业中生产型服务业发展滞后。区域工业基础比较薄弱，现状工业企业以矿产开采、建材加工、农产品加工、林产品加工为主，其他工业很少，具体产业主要为淀粉厂、茧丝厂、高岭土厂、采砂场、砖厂和木片厂，均为较传统型工业，大多规模小、生产力水平落后。

2015 年，区域纳入环保统计的工业企业共有 9 家，其中砖厂 1 家，高岭土厂 2 家，木薯淀粉 3 家，木薯酒精厂 1 家，茧丝厂 1 家，食品厂 1 家。这 9 家企业中，除 1 家砖厂外，有 2 家属于采矿业，6 家属于农产品加工业。区域内 5 家企业分布在常乐镇，石康镇、星岛湖镇分别分布 2 家，石湾镇、曲樟乡没有规模工业的分布，具体工业企业见表 4-14。

表 4-14　2015 年南汇水区范围内纳入环境统计的工业企业

序号	填报单位详细名称	所在乡镇	行业类别名称	主要原辅材料	主要产品	主要产品生产量
1	合浦县常乐茧丝贸易有限公司		缫丝加工	蚕茧	生丝	287t
2	广西合浦常乐恒源酒业有限公司		酒精制造	鲜木薯	木薯酒精	946.6t
3	北海高岭科技有限公司	常乐镇	黏土及其他土砂石开采	高岭土原矿	高岭土深加工产品	18 万 t
4	合浦县常鑫淀粉有限公司		淀粉及淀粉制品制造	木薯	木薯淀粉	3000t
5	合浦县食品公司常乐购销站		牲畜屠宰	生猪	鲜猪肉	2000t
6	兖矿北海高岭土有限公司	石康镇	黏土及其他土砂石开采	高岭土	陶瓷土	175127t
7	石康七里砖厂		黏土砖瓦及建筑砌块制造	黏土	烧结普通砖	1000 万块
8	广西合浦双洋淀粉有限公司	星岛湖镇	淀粉及淀粉制品制造	木薯	淀粉	5920t
9	合浦县海洋淀粉有限公司		淀粉及淀粉制品制造	鲜木薯	木薯淀粉	7800t

注：资料来源于北海市和合浦县环境统计数据。

除了上述行业外，合浦县地处南流江下游，南流江在合浦县境内江宽水缓，每年南流江水流带来大量的泥沙，形成大量泥沙淤积，河道砂石资源比较丰富，因此区域内河道采砂业比较活跃。近年来，随着经济社会的发展和建筑市场的不断扩大，对河砂的需求量日渐增大，经营活动有一定的利润空间，涌进采砂行业的人急剧增加，河道采砂活动也随之增加。近年来，南流江北海境内采砂许可开采总量为 102 万 m³，年实际开采砂量约为 123 万 m³，开采砂量较大的联盛、南湾等砂场，主要集中在合浦县石湾河段。目前合浦县开采的河段主要销往本县、北海、钦州、防城港、南宁等地。

合浦县畜禽养殖产业发展迅速，南流江区域是畜禽养殖的重要分布区。生猪养殖是合浦县主导的畜牧业产业。2015 年末，合浦县生猪存栏 67.65 万头，其中能繁母猪 6.47 万头，待育肥猪 25.5 万头，仔猪 21.21 万头。发展年出栏 500 头以上规模化养猪场 85 个，年出栏 50～499 头的规模养猪专业户有 437 户，连续实施标准化建设猪场达 68 个。养牛业也取得发展。全县牛存栏 10.1 万头，其中能繁母牛 37652 头，杂交奶水牛存栏 13560 头，杂交黄牛 12313 头。发展规模奶水牛繁殖示范场 3 个（其中廉州 2 个，常乐 1 个），规模杂交黄牛示范场 1 个，发展规模奶牛专业户 235 户，发展牛奶加工企业 2 个（东园奶酪加工 1 个，南国乳品加工 1 个），全县存栏奶牛 3850 头，年产鲜奶 630t。家禽业稳步发展。其中鸡存栏 678 万羽（其中种鸡 250 万羽，放坡三黄肉鸡 428 万羽），发展 10000 羽以上的规模养鸡场 45 个；种鹅存栏 7 万羽，发展规模养鹅示范基地 3 个（其中鸿雁朗德鹅种鹅场 2 个，广西合浦狮头鹅农牧有限公司 1 个），规模养鹅户 313 户；鸭存栏 288.73 万羽（其中种蛋鸭 65 万羽，肉鸭 223.73 万羽），发展规模养鸭场 9 个，规模海鸭蛋专业户 203 户，禽蛋产量 14795t（其中海鸭蛋 1685t，孵化鸭蛋 3800t，鲜鸡蛋 3769t，孵化鸡蛋 5341t，鹅蛋 200t）[①]。

　　本书研究区域位于南流江下游冲积平原，该区土地肥沃，建设了多个大中型灌区，农业发达。农业粮食生产以水稻、玉米为主，糖蔗、花生、红麻、木薯等经济作物量大质优，是广西糖、油、麻主要生产基地。果蔬产品久负盛名。合浦县内盛产龙眼、荔枝、菠萝、香蕉、柑橘、豇豆、四季豆、茄子、绿叶菜等近百种果蔬农产品。豇豆、荔枝、龙眼、香蕉等已成为本地特色产业，产品销往全国，也成为本县农民增收亮点。2015 年，粮食种植面积完成 120.65 万亩，总产量 38.94 万 t；主要经济作物 145.85 万亩，总产量 335.1 万 t；水果 22.31 万亩，总产量 11.48 万 t。2014 年，合浦县荣获"全区粮食生产先进县"。[②]

　　合浦县除了南流江干流沿岸外，丘陵林地较多，其中分布有钦廉林场、石康林场、石湾林场等多个林场，林业在该区域近年发展较快。2015 年，合浦县林业产值 40 亿元，比 2014 年增加 8.8 亿元，其中林业加工业总产值为 26.8 亿元，林下经济 16.7 万元。

4.4.3　经济指标[③]

　　合浦县 2015 年实现生产总值 202.15 亿元（表 4-15），增长 8.1%。其中，第一产业产值 78.70 亿元，第二产业产值 52.57 亿元，第三产业产值 70.88 亿元；财政收入 10.96 亿元，增长 7.02%；固定资产投资 183.33 亿元，增长 16.19%；城镇居民人均可支配收入 27041 元，增长 7.4%；农民人均纯收入 9698 元，增长 9.3%。2015 年，完成工业总产值 160.69 亿元，增长 8.28%，其中规模以上工业产值 141.69 亿元，增长 8.2%；实现农业总产值 127.68 亿元，增长 3.71%。

　　2015 年，合浦县三次产业结构的比例为 39∶26∶35，同期全国平均水平为 9.0∶40.5∶50.5。与全国平均水平相比，第一产业的比例相对较高，而第二产业、第三产业的比例相对较低。

　　2011 年以来，流域所在的合浦县经济一直保持良好发展势头，地区生产总值增速加快，财政收入、第二产业产值、农村居民人均收入等主要经济指标增速较

---

① 资料来源：2015 年合浦县畜牧站统计报表。
② 资料来源：2015 年合浦县统计年鉴。
③ 资料来源：2011～2016 年合浦县统计年鉴。

快。与 2011 年相比，2015 年合浦县地区生产总值增加了 516300 万元，增长了
34.3%；财政收入增加了 33830 万元，增长了 44.6%；城镇居民人均可支配收入和
农村居民人均收入分别增加了 9214 元和 3635 元，增长了 51.7% 和 60.0%。

表 4-15 合浦县 2011～2015 年经济发展概况表

年份	地区生产总值/万元	第一产业产值/万元	第二产业产值/万元	第三产业产值/万元	规模以上工业总产值/万元	财政收入/万元	城镇居民人均可支配收入/元	农村居民人均收入/元
2011	1505180.4	593579	459597.5	452003.9	782301	75790	17827	6063
2012	1645483	641470	497220	506793	1049287	87168	20676	7063
2013	1678697	704828	432961	540908	1247933	100338	22806	8066
2014	1869566	740524	536734	592308	1302718	102433	25178	8873
2015	2021479	786996	525724	708759	1416896	109620	27041	9698

4.5 土地利用现状

4.5.1 流域土地利用统计[①]

南流江北海流域沿岸主要涉及常乐镇、石康镇、石湾镇、星岛湖镇、曲
樟乡 5 个乡镇，土地总面积约 99171.27hm^2。其中，常乐镇土地面积最大，为
25843.18hm^2；石湾镇次之，面积为 22740.65hm^2；石康镇面积为 19066.18hm^2；
星岛湖镇面积为 18795.42hm^2；曲樟乡面积最小，为 12725.84hm^2。南流江北
海流域历年各乡镇土地利用面积详情见表 4-16。

表 4-16 南流江北海流域历年各乡镇土地利用面积详情（单位：hm^2）

乡镇	年份	总面积	耕地	园地	林地	草地	城镇村及工矿用地	交通运输用地	水域及水利设施用地	其他土地
常乐镇	2011	25843.18	8282.56	179.60	12335.36	452.76	1668.00	295.95	1963.57	665.38
	2012	25843.18	8282.56	179.60	12335.36	452.76	1668.00	295.95	1963.57	665.38
	2013	25843.18	8276.77	179.07	12315.67	452.09	1667.45	322.77	1963.25	666.14
	2014	25843.18	8270.85	178.93	12312.22	451.33	1675.88	323.43	1963.02	667.54
	变化量	0	−11.71	−0.67	−23.14	−1.43	7.88	27.48	−0.55	2.16

---

① 资料来源：由合浦县国土资源局提供。

续表

乡镇	年份	总面积	耕地	园地	林地	草地	城镇村及工矿用地	交通运输用地	水域及水利设施用地	其他土地
石康镇	2011	19066.18	9382.71	134.76	4501.90	481.01	2429.09	287.54	1506.55	342.62
	2012	19066.18	9382.71	134.76	4501.90	481.01	2429.09	287.54	1506.55	342.62
	2013	19066.18	9382.10	134.76	4500.33	480.75	2430.19	287.54	1506.55	343.94
	2014	19066.18	9377.74	134.7	4490.72	477.63	2443.81	289.37	1506.91	345.23
	变化量	0	−4.97	−0.06	−11.18	−3.38	14.72	1.83	0.36	2.61
石湾镇	2011	22740.65	7189.95	474.22	10766.30	380.10	1473.98	367.73	1669.09	419.28
	2012	22740.65	7189.95	474.22	10766.30	380.10	1473.98	367.73	1669.09	419.28
	2013	22740.65	7189.55	473.81	10762.29	380.10	1475.00	367.73	1669.08	423.09
	2014	22740.65	7186.25	473.69	10758.61	379.78	1478.62	372.31	1667.42	424.01
	变化量	0	−3.7	−0.53	−7.69	−0.32	4.64	4.58	−1.67	4.73
星岛湖镇	2011	18795.42	5964.37	233.24	7014.01	301.12	1134.16	302.28	3354.23	492.01
	2012	18795.42	5964.37	233.24	7014.01	301.12	1134.16	302.28	3354.23	492.01
	2013	18795.42	5960.08	233.24	7012.83	300.53	1134.23	305.85	3353.35	495.29
	2014	18795.42	5959.00	232.73	7010.75	300.16	1136.65	305.79	3353.19	497.15
	变化量	0	−5.37	−0.51	−3.26	−0.96	2.49	3.51	−1.04	5.14
曲樟乡	2011	12725.84	1635.91	279.76	9098.15	66.20	294.67	90.50	1097.99	162.66
	2012	12725.84	1635.91	279.76	9098.15	66.20	294.67	90.50	1097.99	162.66
	2013	12725.84	1625.93	275.56	9058.29	66.05	293.86	146.29	1097.91	161.92
	2014	12725.84	1625.34	274.82	9057.72	66.04	294.84	147.29	1097.81	161.98
	变化量	0	−10.57	−4.94	−40.43	−0.16	0.17	56.79	−0.18	−0.68

注: 其他土地主要包括沼泽地、沙地、裸地、荒地、设施农用地、田坎等未利用土地。

流域范围内各乡镇土地利用类型均以耕地、林地为主, 以耕地为主的水田、水浇地、旱地, 主要用于种植水稻、玉米、甘蔗、木薯及蔬菜等农作物, 林地主要为人工林地。其中, 石康镇耕地占比最高, 约为49%, 曲樟乡耕地占比最小, 约为13%; 曲樟乡林地占比最高, 约为71%, 石康镇林地占比最小, 约为24%; 石康镇城镇村及工矿用地、交通运输用地占比最高, 约为14%, 曲樟乡城镇村及工矿用地、交通运输用地占比最低, 约为3%。流域土地利用以农用地为主。南流江北海流域各乡镇土地利用现状详见图4-7。

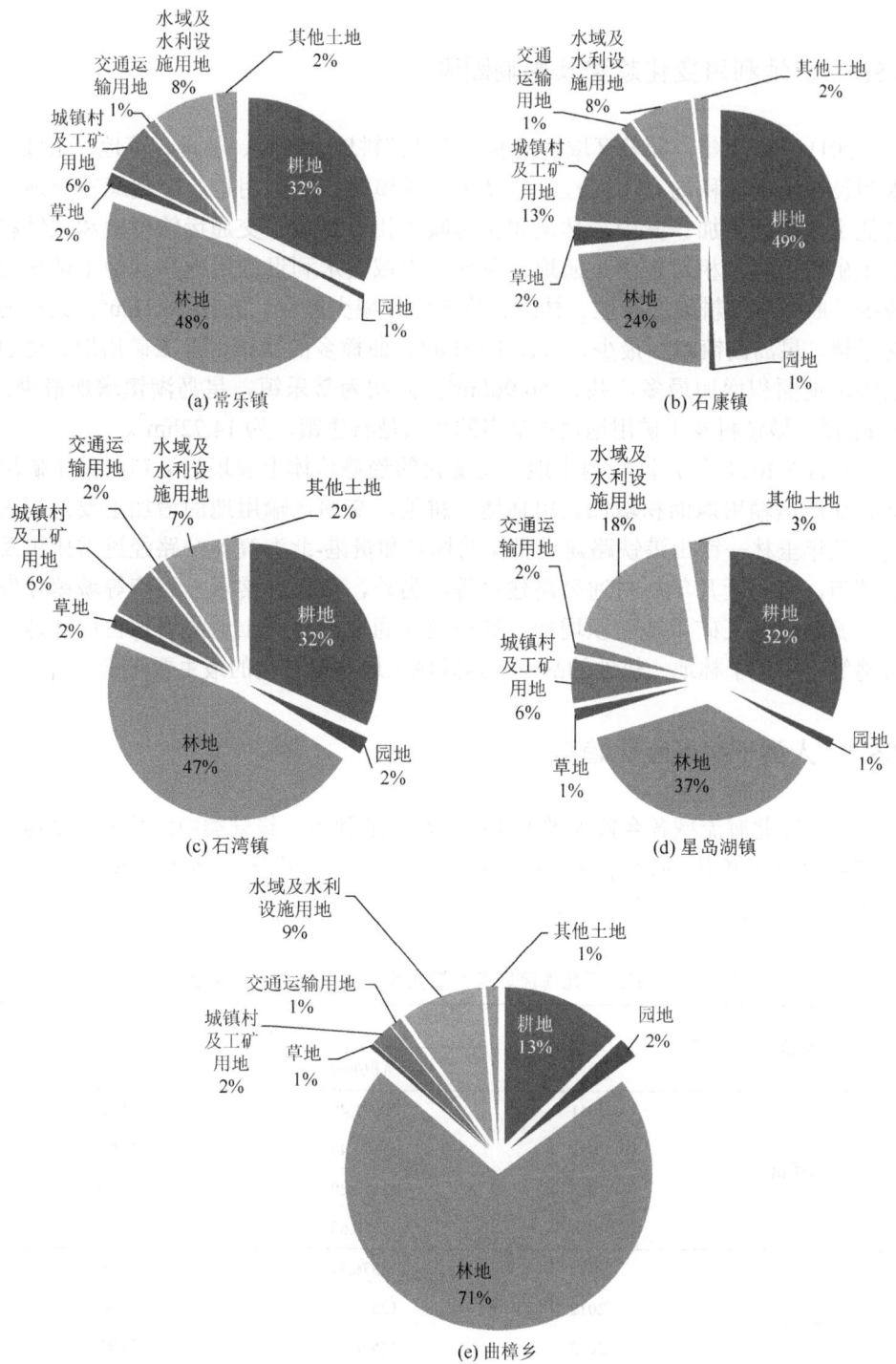

图 4-7　南流江北海流域各乡镇土地利用现状

4.5.2　土地利用变化趋势及影响因素

　　2011~2014 年，随着区域的发展，各乡镇耕地、园地、林地、草地、水域及水利设施用地面积均有不同程度的减少，城镇村及工矿用地、交通运输用地和其他土地有所增加。其中，林地和耕地减少相对较多，交通运输用地和城镇村及工矿用地增加相对较多，园地、草地、水域及水利设施用地和其他土地变化较少。曲樟乡的耕地、园地、林地、草地面积减少最多，共计 56.1hm^2，其次为常乐镇，星岛湖镇减少最少，共计 10.1hm^2。曲樟乡的城镇村及工矿用地、交通运输用地面积增加最多，共计 56.96hm^2，其次为常乐镇，星岛湖镇增加最少，仅 6hm^2。城镇村及工矿用地增加最多的乡镇是石康镇，为 14.72hm^2。

　　2011~2014 年，区域内土地利用变化的趋势总体上表现为城镇村及工矿用地、交通运输用地面积增加占用林地、耕地，交通运输用地的增加主要是因为最近几年玉林—铁山港铁路建设贯穿曲樟乡和贵港-北海高速公路经过常乐镇及石湾镇，以及近几年村村通公路建设等。另外，石康、常乐、石湾等城镇化发展，城镇村及工矿用地面积增加。城镇及交通发展所需土地的增加占用林地、耕地等也引起了林地、耕地的减少，是区域土地利用变化的最主要因素。

4.5.3　人类干扰区变化趋势

　　南流江北海流域各乡镇人类干扰区（在土地利用一级分类中，林地、草地、水域及水利设施用地以外的所有类别合计为人类干扰区）所占面积和比例见表 4-17，各乡镇人类干扰区变化量见图 4-8。

表 4-17　南流江北海流域各乡镇人类干扰区所占面积和比例

乡镇	年份	人类干扰区	
		面积/hm^2	占比/%
常乐镇	2011	11091.49	42.92
	2012	11091.49	42.92
	2013	11112.20	43.00
	2014	11116.63	43.02
石康镇	2011	12576.72	65.96
	2012	12576.72	65.96
	2013	12578.53	65.97
	2014	12590.85	66.04

续表

乡镇	年份	人类干扰区	
		面积/hm²	占比/%
石湾镇	2011	9925.16	43.65
	2012	9925.16	43.65
	2013	9929.18	43.66
	2014	9934.88	43.69
星岛湖镇	2011	8126.06	43.23
	2012	8126.06	43.23
	2013	8128.69	43.25
	2014	8131.32	43.26
曲樟乡	2011	2463.50	19.36
	2012	2463.50	19.36
	2013	2503.56	19.67
	2014	2504.27	19.68

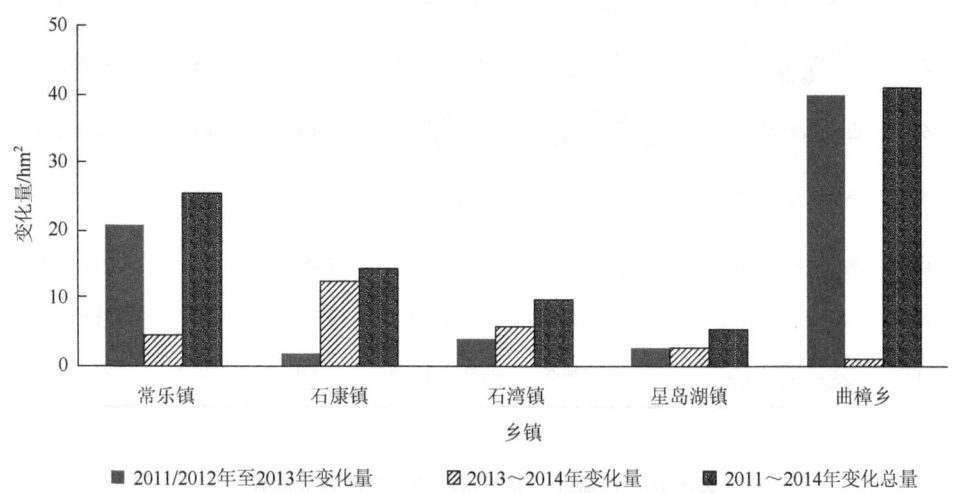

图 4-8　南流江北海流域各乡镇人类干扰区变化量

　　由表 4-17 和图 4-8 得出，各乡镇中人类干扰区面积占比最大的为石康镇，占比最小的为曲樟乡。2011～2014 年人类干扰区变化量最大的为曲樟乡，最小的为星岛湖镇。这主要也是曲樟乡玉林—铁山港铁路建设占用林地和耕地所导致的。

4.6 重要生态区划

4.6.1 水功能区划

根据《北海市水功能区划报告》（2012 年），行政区域内按水质保护目标共划分一级功能区 11 个，二级功能区 10 个，具体功能区见表 4-18 和表 4-19。

表 4-18 南流江合浦段水功能一级区划情况表

| 序号 | 功能区名称 | 范围 | | | 水质目标（2020 年） | 功能排序 |
		起始断面	终止断面	长度/km		
1	南流江浦北-合浦开发利用区	小江入南流江口	入海口	103.4	III	饮用、农业用水
2	洪潮江灵山-钦州-合浦保留区	洪潮江河源	灵山、钦南区、合浦交界处	22.8	II	饮用
3	洪潮江水库合浦开发利用区	灵山、钦南区、合浦交界	洪潮江水库坝首	8.7	II	饮用
4	洪潮江合浦保留区	洪潮江水库坝首	入南流江口	14.5	III	饮用
5	武利江浦北-合浦保留区	浦北县三合镇	入南流江口	13.3	III	农业用水
6	白沙江沙岗保留区	乌家镇岭顶村垌尾屯	沙岗镇北域闸	24.9	III	农业用水
7	桥头江石湾保留区	石湾镇大田村	石湾镇桥头村	19.21	III	农业用水
8	鸭麻江常乐保留区	曲樟乡李家水村	常乐镇莲南村	20.89	III	农业用水
9	石康水库开发利用区	水库库尾	石康水库坝首	5.2	III	农业用水
10	旺盛江-六湖水库博白-合浦开发利用区	小江电站尾水	湖海运河渠首	43.0	II	农业用水

表 4-19 南流江合浦段水功能二级区划情况表

| 序号 | 功能区名称 | 范围 | | | 功能排序 | 水质目标 |
		起始断面	终止断面	河流长度/km		
1	南流江浦北、合浦过渡区	亚山渡	钟屋村	15		III
2	南流江常乐饮用、渔业用水区	钟屋村	多蕉村	16	饮用、渔业	III
3	南流江石康渔业、农业用水区	多蕉村	石湾镇大桥	24	渔业、农业	III

续表

序号	功能区名称	范围			功能排序	水质目标
		起始断面	终止断面	河流长度/km		
4	南流江合浦饮用、渔业用水区	石湾镇大桥	总江桥闸	18	饮用、渔业	III
5	南流江党江渔业、农业用水区	总江桥闸	入海口	15	渔业、农业	III
6	洪潮江水库饮用、景观用水区	钦州、合浦交界	洪潮江水库坝首	8.7	饮用	III
7	石康水库农业用水区	石康水库库尾	石康水库坝首	5.2	农业	III
8	旺盛江-六湖水库博白-合浦农业用水区	小江电站尾水	湖海运河渠首	38.0	农业	III

注：资料来源于北海市水利局《北海市水功能区划报告》（2012 年）。

4.6.2 饮用水水源保护区[①]

目前，流域内经广西壮族自治区人民政府和原广西壮族自治区环境保护厅批复的城市（县）饮用水水源保护区有南流江总江口饮用水水源保护区、洪潮江水库饮用水水源保护区和湖海运河东岭段饮用水水源保护区。另外，还有 3 个乡镇集中饮用水水源地。饮用水水源保护区具体如下。

1. 南流江总江口饮用水水源保护区

南流江总江口饮用水水源保护区分为一级保护区和二级保护区。

1）一级保护区

水域范围：水域长度为该水源地取水口上游 2000m 至取水口下游 100m 的南流江水域，以及该水域支流（取水口上游 300m 左岸处）从其汇入口上游 200m（挡潮坝处）的水域。水域宽度为 5 年一遇洪水淹没的区域（有防洪堤部分以防洪堤为界）。

陆域范围：一级保护区水域河段沿河两岸各纵深 50m 陆域，总面积为 0.64km^2。

2）二级保护区

水域范围：水域长度为从一级保护区南流江上游边界向上游延伸 12500m（南北高速公路南流江桥上游 300m 处）和从一级保护区南流江下游边界向下游延伸 100m（总江桥闸）的水域。水域宽度为一级保护区水域向外 10 年一遇洪水所能淹没的区域（有防洪堤部分以防洪堤为界）。

---

① 资料来源：北海市水利局《北海市水功能区划报告》（2012 年）。

陆域范围：一、二级保护区水域河段沿河两岸各纵深 500m 的陆域和河段内全部江心岛（一级保护区陆域除外），总面积为 25.05km^2。

2. 洪潮江水库饮用水水源保护区

洪潮江水库饮用水水源保护区分为一级保护区和二级保护区。

1）一级保护区

水域范围：从规划取水口（滚水坝坝首）向洪潮江水库主库区上延 6540m 的水域范围（包括北干渠输水走廊）。

陆域范围：一级保护区水域外周边第一重山山脊线经内的汇水区域，总面积为 3.57km^2。

2）二级保护区

水域范围：洪潮江水库主库区坝首沿主航道向上延伸 7100m（合浦县与钦州市交界处）除一级保护区外的水域。

陆域范围：洪潮江水库一、二级保护区水域径向距离为 3000m 的汇水区域。其中，北面至合浦县与钦州市交界处，南面为水库正常水位线以上 1000m 范围内的陆域，东南面为一级保护区陆域外 1000m 的区域，总面积为 111.84km^2。

3. 湖海运河东岭段饮用水水源保护区

湖海运河东岭段饮用水水源保护区分为一级保护区和二级保护区。

1）一级保护区

水域范围：湖海运河东岭控制闸以上 750m 范围内的水域。

陆域范围：一级保护区水域正常水位线以上 200m 的陆域，总面积为 0.87km^2。

2）二级保护区

水域范围：水域长度为一级保护区上游边界向上游延伸 4100m（蚂蝗塘电站分支处），水域宽度为 10 年一遇洪水所能淹没的区域。

陆域范围：一级保护区水域周边不小于 500m 的汇水区（不含一级保护区陆域），湖海运河二级保护区水域河段沿河两岸不小于 500m 的汇水区，总面积为 9.01km^2。

4. 合浦县石康镇、沙岗镇、常乐镇 3 个乡镇现用集中式饮用水水源保护区

合浦县石康镇、沙岗镇、常乐镇 3 个乡镇有 3 个现用集中式饮用水水源地，《合浦县乡镇集中式饮用水水源保护区划定方案》共划定了 3 个饮用水水源保护区。

1）十字湖海运河饮用水水源保护区（石康镇）

（1）一级保护区。

水域范围：为湖海运河十字取水口上游 1000m，下游 1000m（十字水利枢纽）运河堤岸正常水位线所包围的水域，水域面积为 0.034km^2。

陆域范围：由一级保护区水域边界沿岸纵深 50m 的汇水区范围，陆域面积为 0.124km²。

（2）二级保护区。

水域范围：一级保护区上游边界向上游延伸至湖海运河东岭控制闸（约 8km），水域宽度为 10 年一遇洪水所能淹没的区域，水域面积为 0.601km²。

陆域范围：一级保护区水域周边不小于 500m 的汇水区（不含一级保护区陆域），二级保护区水域边界沿岸纵深 500m 的汇水区范围，陆域面积为 9.400km²。

2）沙岗镇水厂饮用水水源保护区

一级保护区：以两口取水井中心连线向北 100m，向南 100m，西井中心向西 100m，东井向东 100m 处所围成的长方形（长 242m，宽 200m），面积为 0.0484km²。

3）常乐镇水厂饮用水水源保护区

一级保护区：以取水井为中心，以 50m 为半径围成的圆形区域，一级保护区面积为 0.00785km²，包括常乐镇水厂、湖海运河东岭段、十字湖海运河、南流江总江口、洪潮江水库、沙岗镇水厂 6 个饮用水水源保护区。

5. 13 个合浦县农村集中式饮用水水源地

南流江北海流域各农村集中式饮用水水源地情况具体见表 4-20。

表 4-20　南流江北海流域各农村集中式饮用水水源地情况

序号	水源地编号	名称	所属乡镇	地下水类型
1	4#	皇后村供水工程水源地		孔隙水承压水
2	5#	中直村供水工程水源地		深层地下水
3	6#	北城村供水工程水源地	常乐镇	深层地下水
4	7#	大教村供水工程水源地		孔隙水承压水
5	8#	钦廉林场天堂分场供水工程水源地		深层地下水
6	21#	豹狸村供水工程水源地	石康镇	孔隙水承压水
7	28#	珊瑚村供水工程水源地		孔隙水承压水
8	29#	上洋村供水工程水源地		孔隙水承压水
9	30#	洪潮村供水工程水源地	星岛湖镇	孔隙水承压水
10	31#	柯江村供水工程水源地		孔隙水承压水
11	32#	采木村供水工程水源地		基岩裂隙水潜水
12	33#	李家水村供水工程水源地	曲樟乡	构造裂隙水潜水
13	34#	早禾村供水工程水源地		构造裂隙水潜水

4.6.3　大中型农业灌溉区^①

流域内有大型灌区 2 个，即合浦水库灌区和洪潮江水库灌区；中型灌区 3 个，分别为总江桥闸灌区、张黄江水闸灌区和武利江泵站灌区。各灌区的主要规划情况如下。

合浦水库灌区位于广西南部，灌区范围包括北海市（铁山港区、银海区、海城区）及其辖县合浦县、钦州市的浦北县、玉林市的博白县及 5 个国营农场。合浦水库灌区是广西最大的灌区，灌区面积为 2470km²，原设计灌溉面积为 210 万亩，2000 年重新规范灌溉面积 70.1 万亩，共有长 24.5km 的总干渠 1 条，主要干渠 20 条，全长 419.7km；一般干渠（分干）16 条，全长 120.9km；引水流量 1m³/s 以上的支渠 25 条，全长 228.6km；其余小于 1m³/s 的支渠总长 735.8km。灌溉保证率按 85%设计，多年平均灌溉需水量为 6.052 亿 m³。

洪潮江水库灌区位于广西合浦县城西北部，灌区范围包括合浦县的西场镇、沙岗镇、乌家镇、石湾镇、石康镇和星岛湖镇。灌区渠系有总干渠 1 条，长 3.885km；主要干渠 3 条，总长 63.25km；支渠 58 条，总长 287.97km。2000 年重新规范灌溉面积 30.4 万亩，灌溉保证率按 85%设计，多年平均灌溉需水量为 2.47 亿 m³。

总江桥闸灌区位于合浦县城西部，始建于 1964 年，为拦截南流江取水，灌溉廉州、党江、沙岗、星岛湖等乡镇，原规划灌溉面积 11.3 万亩，1983 年核实灌溉面积 8 万亩。灌区干渠总长 55.4km，主要支渠长 66.7km，灌溉保证率按 85%设计，设计最大引水流量为 36m³/s，正常引水流量为 28m³/s，多年平均灌溉需水量为 6500 万 m³。

---

① 资料来源：北海市水利局《北海市水利志》（2009 年）和北海市水利局更新资料。

第5章 南流江水资源与污染排放

5.1 水文现状调查

5.1.1 就近水文站水文实测特征

南流江流域内水文站和水位站相对较少,主要有横江、博白、合江、常乐、文利、总江口等。其中,横江、博白、合江和常乐为水文站。常乐水文站和总江口水文站位于合浦县内,是亚桥和南域上游最近的水文站。

常乐水文站设于 1952 年,位于合浦县常乐镇,控制流域面积 6645km²,控制干流河长 244km,占南流江流域面积的 72.5%,实测最大流量为 4860m³/s,发生于 1967 年 8 月 6 日,调查最大流量为 8470m³/s,发生于 1914 年。根据南流江流域水文站日流量数据,常乐水文站 90%保证率年径流量和多年平均流量分别为 28.47 亿 m³ 和 51.34 亿 m³。常乐站多年平均月径流量及年径流量频率统计计算结果分别见表 5-1 和表 5-2[①]。

表 5-1 常乐站多年平均月径流量结果表(1954~2013 年)(单位:亿 m³)

站名	1月	2月	3月	4月	5月	6月	7月	8月	9月	10月	11月	12月	年
常乐	1.389	1.314	1.697	3.767	5.207	7.654	8.593	9.426	5.581	3.111	2.078	1.523	51.34

表 5-2 常乐站年径流量频率统计计算结果表

站名	面积/km²	多年平均径流量/亿 m³			不同频率年径流量/亿 m³				
					20%	50%	75%	90%	95%
常乐	6645	51.34	0.36	1.0	66.45	50.21	38.32	28.47	22.93

5.1.2 控制断面水文特征计算

常乐站是最靠近亚桥和南域断面以上的流量站,监测项目齐全,流量观测资料质量好,测验项目有水位、流量、泥沙、输沙率、水温、降水、蒸发、岸温及

---

① 资料来源:北海市水文统计数据。

水质等。通过分析常乐站的年径流系列，采用面积比拟缩放法推求亚桥和南域断面的径流系列。

根据南流江流域水文站日流量数据，南流江流域水文站90%保证率月均流量和多年平均流量见表5-3。

表5-3 南流江流域水文站设计流量

类别	横江	博白	常乐	合江
流域面积/km²	1597	2805	6645	554
90%保证率月均流量/(m³/s)	9.22	12.55	28.74	6.16
多年平均流量/(m³/s)	39.46	69.35	157.15	18.63

注：资料来源于水文站统计资料。

南流江流域水文站90%保证率月均流量和多年平均流量与流域面积的关系见图5-1。从图中来看，南流江流域水文站的设计流量与流域面积具有明显的线性响应关系。

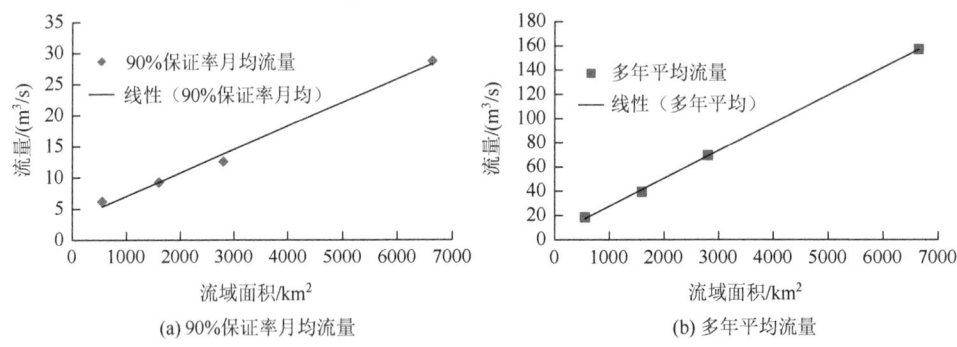

(a) 90%保证率月均流量 (b) 多年平均流量

图5-1 南流江流域水文站设计流量与流域面积的关系

常乐水文站往下，在亚桥和南域断面两支流分开前的断面流域面积为8230km²。在此之后，南流江分成亚桥、南域两个支流，分流后，亚桥区间流域面积为350km²，南域面积为382km²，同时洪潮江（面积472km²）流入南域断面。根据水文比测资料，两支径流占分流前总径流比例在汛期为7∶3，非汛期为6∶4。根据南流江流域水文站设计流量与流域面积之间的关系，计算亚桥和南域流量，流域内90%保证率月均流量为43.9m³/s，多年平均流量为219.2m³/s，计算结果见表5-4。

表 5-4　南流江流域控制断面产流量统计

断面名称	90%保证率月均流量/(m³/s)	多年平均流量/(m³/s)
亚桥断面	25.3	138.2
南域断面	18.6	81.0
合计	43.9	219.2

5.2　水资源现状调查

5.2.1　水资源时空分布特征

由于南流江流域面积较小,合浦县内河川径流年内分布规律与降水量分布规律基本一致,由于降水量分布的不均匀性及年际间变化较大,径流量的年内分配及年际变化都有较大差异,丰枯变化明显,汛期为 4～9 月,枯水期为 10 月至次年 3 月。汛期水量占全年来水量的 80%以上,7～9 月主汛期约占年径流量的 50%,降水的不均匀性容易形成洪涝灾害。而在非汛期又因降水少和用水量大,造成用水紧张,其特点表现为春旱、夏涝、秋旱,丰枯交替发生等。

5.2.2　水资源量计算

采用面积比拟缩放法用常乐站断面资料推求控制断面的多年逐月平均径流资料系列、年径流量频率系列及多年平均汛期难以控制的洪水量,计算结果见表 5-5～表 5-7。

表 5-5　控制断面以上多年逐月平均径流量结果表（1954～2013 年）(单位:亿 m³)

站名	1 月	2 月	3 月	4 月	5 月	6 月	7 月	8 月	9 月	10 月	11 月	12 月	年
南域亚桥	1.87	1.77	2.28	5.08	7.02	10.32	11.59	12.71	7.53	4.20	2.80	2.05	69.22

表 5-6　控制断面年径流量频率计算结果表

站名	面积/km²	不同频率年径流量/亿 m³				
		20%	50%	75%	90%	95%
常乐	6645	66.45	50.21	38.32	28.47	22.93
南域亚桥	8962	89.62	67.73	51.68	38.39	30.928

表 5-7　控制断面多年平均汛期难以控制的洪水量计算结果表

河流	计算测站	控制面积/km²	多年平均天然径流量/亿 m³	汛期难以控制洪水量/亿 m³
南流江	南域亚桥	8962	69.22	46.16

5.2.3　水利工程现状[①]

南流江是合浦县境内最大河流，境内流域面积为 1157km²，武利江是南流江在合浦县境内最大的支流。南流江流域水利工程众多，合浦县境内主要有大型水闸 4 座、大型水库 3 座、中型水库 2 座、小型水库 6 座，主要水利工程情况见表 5-8。

表 5-8　南流江流域合浦县境内主要水利工程情况表

序号	工程名称	乡镇	流域面积/km²	总库容/万 m³	有效库容/万 m³	设计灌溉面积/万亩	有效灌溉面积/万亩	建成时间
1	总江桥闸	廉州	7786					1965 年
2	洪潮江控制闸	石湾	6592					1985 年
3	武利江水闸	常乐	1198.6			1.03	目前已坏失修	1971 年 3 月
4	张黄江水闸	浦北泉水	397			2.76	目前已坏失修	1971 年 6 月
5	小江水库	浦北石冲	919.8	109000	48600			1960 年 4 月
6	洪潮江水库	星岛湖	400	70300	29300			1965 年
7	旺盛江水库	浦北石埇	133	15000	4630			1960 年 4 月
8	清水江水库	廉州	52.0	7120	3706			
9	石康水库	石康	21.0	1230	740			1959 年 12 月
10	大白水水库	石湾	9.51	284				
11	廉东水库	廉州	5.4	366	231			1958 年 4 月
12	风门岭水库	廉州	1.59	130	83			1957 年 10 月
13	李家水库	常乐	4.5	354	157			1958 年 6 月
14	黄沙窝水库	常乐	2.19	99.35	56.08			
15	车板下山水库	常乐	1.35	22	13.3			1975 年 12 月
16	佛子山水库	常乐	0.4	20	19			1960 年 7 月

① 资料来源：北海市水利局 2016 年水利工程统计材料。

1. 重点灌溉供水工程概况

亚桥和南域断面以上灌溉供水工程主要有总江桥闸、洪潮江控制闸、武利江水闸、张黄江水闸。

(1) 总江桥闸：位于广西北海市合浦县廉州镇总江口，在南流江干流廉西干渠上。总江桥闸于 1964 年 12 月动工建设，1965 年 8 月建成投入运行，1996 年对溢流堰、支承墩和闸墩进行修补，对二级消力池、海漫加固和下游两岸护坡维修加固等。水闸枢纽建筑物主要由拦河坝、公路桥、工作桥、水电站和东西干渠控制闸、船闸组成，其中公路桥、工作桥、行人桥、岸墙等建筑均采用装配式混凝土预制构件。闸坝全长 232.1m，共设 28 孔闸门。启闭机组采用 3t 电动手摇两用卷扬机启闭；水闸设计按 50 年一遇洪水设计，相应洪峰流量为 4180m^3/s，相应上游水位为 7.78m；200 年一遇洪水校核，相应洪峰流量为 5025m^3/s，相应上游水位为 8.72m；总江桥闸灌区干渠总长 55.4km，主要支渠长 66.7km。设计最大引水流量为 36.0m^3/s。其中，东进水闸引水流量为 31.49m^3/s，西进水闸引水流量为 4.51m^3/s；正常引水流量为 28m^3/s，其中，东进水闸引水流量为 24.24m^3/s，西进水闸引水流量为 3.76m^3/s。

(2) 洪潮江控制闸：洪潮江控制闸是与总江桥闸联合运用的配套工程，位于总江桥闸上游 5km 处的合浦县石湾镇境内，所在河流为南流江干流洪潮江分支，距合浦县城 12km，距北海市 40km，是一座以灌溉为主，兼顾排洪、供水、航运的大型水闸工程。该水闸工程灌溉西场、沙岗、星岛湖和石湾 4 个乡镇，受益面积达 96.2km^2。工程设计灌溉面积 10 万亩，保护人口 1.8 万，保护耕地面积 11.3 万亩。工程于 1982 年 2 月动工兴建，1985 年 6 月建成。闸址以上流域面积原设计为 6592km^2。水闸原设计标准为 50 年一遇，校核标准为 200 年一遇，相应洪峰流量分别为 1100m^3/s 和 1750m^3/s。其中，设计标准 50 年一遇，上游水位为 7.54m（珠基），下游水位为 6.7m（珠基）；校核标准 200 年一遇，上游水位为 7.9m（珠基），下游水位为 6.9m（珠基），正常蓄水位为 4.8m（珠基）。2013 年 8 月 5 日，洪潮江控制闸 3～9 号闸和对应交通桥也相继崩塌，闸门和启闭机组被洪水冲走。相继造成该闸 9～13 号闸门所对应位置的消力池及消力坎被冲毁，长为 45m，深为 5.5m。通过抢险加固工程后，拆除该闸，在原来基础上新建一条挡水坝。

(3) 武利江水闸：位于北海市合浦县石康镇与常乐镇交界处豹狸村附近，在南流江一级支流武利江下游，是一座以灌溉为主兼顾发电和航运的大（Ⅱ）型水闸工程。该水闸工程灌溉石康、常乐两个乡镇 6 个村委，受益面积达 85.2km^2。工程设计灌溉面积 1.03 万亩，历史最大实灌面积 1.07 万亩，保护人口共 0.6 万人，保护耕地面积 1.3 万亩。工程于 1970 年 10 月动工兴建，1971 年 3 月建成。闸址以上流域面积原设计为 1198.6km²。拦河坝全长 150m，为开敞式溢流堰，坝体为浆砌石包砂卵石结构，溢流面为干砌石外包 C15 砼，面流消能。闸体包括 2 个水轮泵站引水闸和 1 个电站引水闸，共 13 孔闸，每孔净宽 3.0m，闸门为钢结构平板闸门，门高 2.5m，堰顶高程为 14.37m，最大坝高 2.8m，堰顶宽 5.0m。

（4）张黄江水闸：位于浦北县泉水镇平阳村附近，河流为南流江支流张黄江，是一座以灌溉、防洪为主，兼顾交通的大（Ⅱ）型水闸工程。该水闸工程受益于常乐和石康两个乡镇，设计灌溉面积 2.76 万亩，有效灌溉面积 2.15 万亩，保护人口 1.6 万，保护耕地面积 2.9 万亩。工程于 1970 年 10 月动工兴建，1971 年 6 月建成。闸址以上流域面积为 397km²。拦河闸坝全长 108.2m，为自动倒闸门式的折线型溢流堰，堰顶高程为 20.39m，最大坝高 2.3m，堰顶宽 2.2m。堰体结构为 C15 砼，溢流面为 C15 砼，面流消能。闸体包括 25 个自动倒闸和 1 个冲砂闸。自动倒闸每孔净宽 4.0m，门高 2.0m，闸门为钢结构平板闸门；冲砂闸孔净宽 6.0m，门高 2.0m，闸门为钢结构平板闸门。水闸左岸设有平阳江干渠，渠首设控制闸门，设计引水流量为 0.5m³/s，底板高程为 20.59m，闸门宽 1.5m，高 2.0m，钢筋砼闸门，螺杆式启闭；右岸设有张黄江干渠，渠首设控制闸门，设计引水流量为 4.0m³/s，底板高程为 20.59m，闸门宽 2.0m，高 2.0m，钢筋砼闸门，螺杆式启闭。

2. 重点蓄水工程概况

合浦县境内南流江流域蓄水工程主要大型水库有合浦水库（小江、旺盛江）、洪潮江水库共两座。其中，合浦水库主要通过湖海运河等为北海市供水，未汇入亚桥和南域断面。

合浦水库是目前南流江流域规模最大的水利工程，于 1958 年 10 月动工兴建，1960 年 4 月基本建成运行，包括小江水库和旺盛江水库，总流域面积为 1052.8km²，总库容为 12.40 亿 m³，有效库容为 5.32 亿 m³，死库容为 2.203 亿 m³，是一个以灌溉为主，兼顾供水、发电的综合利用水利骨干工程，水库设计灌溉面积为 70.1 万亩。合浦水库以小江水库为主库，通过南流江大渡槽输水，连接旺盛江-六湖水库。其中，小江水库坝址位于马江下游靠南流江口附近，坝址流域面积为 919.8km²，水库多年平均降水量 1720mm，多年平均净来水量为 7.32 亿 m³，有效库容为 4.86 亿 m³，属多年调节大型水库。旺盛江水库、六湖水库是连接中小型水库群的大（Ⅱ）型水库，主要作为小江水库的输水走廊，多年平均净来水量为 0.9694 亿 m³。合浦水库灌区的其他供水水源工程还有闸口、清水江、石康和牛尾岭 4 座中型水库，分布在灌区内的闸利江、清水江、南流江石康镇河段、三合河等河流上，总流域面积为 152km²，有效库容为 0.5841 亿 m³。合浦水库与其周边的中小型水库和塘坝组成庞大的长藤结瓜灌溉工程，以小江水库为龙头，相互补充余缺水量，成为北海市可靠的供水水源。

　　洪潮江水库位于南流江支流洪潮江上，水库流域面积为 400km², 多年平均径流量为 3.65 亿 m³, 有效库容为 3.0 亿 m³, 是一座以灌溉为主，兼顾发电、旅游、城镇供水等多年调节大型水库。洪潮江灌区的其他水源工程还有小（I）型水库 1 座、小型引水工程 6 座。洪潮江水库建成于 1965 年，灌区设计灌溉面积为 30.4 万亩，涉及合浦县 5 个乡。

　　3. 人饮供水工程现状

　　南流江合浦段沿江乡镇常乐镇、石康镇将地下水和合浦水库作为供水水源，石湾镇将洪潮江水库水作为供水水源，需从南流江总江桥闸附近取水或引水取水的人饮供水工程有合浦县城自来水厂、党江街社区供水工程、星岛湖镇供水工程。

　　（1）合浦县城自来水厂：于 2003 年建成并向合浦县城供水，管理单位为广西合浦华泽水务经营有限公司，取水口在总江桥闸上游 200m 左岸，设计供水能力为 10 万 m³/d, 供水人口约 10 万，目前取水量为 320 万 m³/a、0.877 万 m³/d。

　　（2）党江街社区供水工程：位于合浦县城西南侧 8km 的党江镇，取水口位于总江桥闸东干渠（九坡干渠）下游约 3km 铁路桥下，109°8′26″E, 21°39′38″N, 设计供水能力为 5600m³/d, 原设计供水人口 4.6 万，2006 年扩网后增至 6.5 万人，主要解决党江镇新阳、海山、南域、西山、流星、企坎、蓝星、沙冲、马头等村的饮水问题，现状年实际取水量为 179 万 m³/a、4904m³/d。

　　（3）星岛湖镇供水工程：位于总江桥闸东进闸下游 20m 左岸，从总江桥闸东干渠取水，设计日取水量为 4000m³/d。

5.2.4　区域供水平衡调查

　　1. 可供水资源量

　　根据 5.2.2 节断面水资源量的计算结果，亚桥南域断面多年平均地表水资源量为 69.22 亿 m³, 扣除汛期难以控制的洪水量 46.16 亿 m³, 实际可利用水资源量为 23.06 亿 m³。

　　2. 现状供水量

　　1）居民和工业需水量

　　南流江合浦段沿江乡镇常乐镇、石康镇将地下水和合浦水库作为供水水源，石湾镇将洪潮江水库作为供水水源，合浦县城由自来水厂供水，因此不再具体统计各类人口、牲畜的用水量，直接以三大供水工程的设计供水能力作为居民生活的需水量。沿江的工业生产没有直接将南流江水作为工业用水水源，不做统计。控制断面以上南流江沿岸生活需水量统计见表 5-9。

表 5-9　控制断面以上南流江沿岸生活需水量统计

工程名称	日取水量/(m³/d)	年取水量/(万 m³/a)	合计/(万 m³/a)
合浦县城自来水厂	100000	3650	
党江街社区供水工程	5600	204.4	4000.4
星岛湖镇供水工程	4000	146	

2）农业灌溉用水量

北海市农田灌溉水利用系数实际值为 0.472。采用常乐站的降水量及蒸发量实测统计结果，多年平均降水量为 1704.7mm，多年平均年蒸发量为 1116.2mm。用水定额根据《2014 年广西水资源公报》，合浦县农业灌溉用水定额为 1225m³/亩、养殖用水定额 696m³/亩。根据区域农业经济发展规划，取复种、复养殖指数 1.8。根据以上分析，控制断面以上合浦南流江区域农业用水量计算结果见表 5-10。

表 5-10　控制断面以上合浦南流江区域农业用水量计算结果

灌溉区域	灌溉面积/万亩		用水定额/（m³/亩）	复种、复养殖指数	灌溉水利用系数	用水量/万 m³	合计/万 m³
	农业	养殖					
总江桥闸灌区	2.07		1225	1.8	0.472	9670	21561
		4.48	696	1.8	0.472	11891	

3）河道内生态环境用水量

河道内需水包括生态需水、航运用水及保护中下游河道水质的环境用水。重点考虑维持生态需水和保护中下游河道水质的环境用水，采用蒙大拿（Tennant）法，将多年平均可利用径流量的 15%作为河道水生生物生存的水量。采用以上总江桥闸断面径流量的计算结果，控制断面以下河段生态环境需水量计算结果见表 5-11。

表 5-11　控制断面以下河段生态环境需水量计算结果

河流名称	断面	控制面积/km²	多年平均可利用径流量/亿 m³	生态环境需水量	
				水量/亿 m³	百分比/%
南流江	亚桥南域	8357	23.08	3.46	15

4）水量平衡分析

根据以上计算结果，现状水平年在现状用水条件下，水量剩余量达 13.46 亿 m³，详见表 5-12。

表 5-12 控制断面供需水量平衡分析表　（单位：亿 m³）

断面名称	可供水量	需水量			剩余量
		居民生活、工业生产及牲畜需水量	生态环境需水量	毛灌需水量	
亚桥南域	23.08	4.00	3.46	2.16	13.46

5）区域现状水资源开发利用程度

断面多年平均地表水资源量为 69.24 亿 m³，此外，可利用资源量为 23.08 亿 m³。断面以上供水量为 8.46 亿 m³，年地表水资源开发利用率对应于多年平均可利用水资源量为 36.6%，对应于平均径流量为 12.2%。保留河道内生态需水量后，断面余水量为 13.46 亿 m³，对应于多年平均可利用水资源量为 58.3%。

总体上分析，研究区域位于南流江下游，水资源丰沛，同时在地形地貌的影响下，研究区域山林多耕地少，城镇化率和工业化率较低，水资源开发利用率不高。

5.3　点源污染调查

5.3.1　工业污染源

1. 基本情况调查

南流江北海流域工业污染源调查主要以 2015 年环境统计数据以及合浦县生态环境局提供的实测数据或在线监控数据为基础，最终对部分与实际情况有较大差异的污染源引用实测数据进行修正。经调查，流域范围内共有规模以上工业企业污染源 6 家（广西合浦常乐恒源酒业有限公司目前已停产，合浦县食品公司常乐购销站已计入屠宰场污染源内，石康七里砖厂主要污染物为大气污染，因此这 3 家企业不计入工业污染源范围内）。其中，常乐镇有企业 3 家，石康镇有企业 1 家，星岛湖镇有企业 2 家（石湾镇、曲樟乡无规模以上工业企业）。南流江北海流域沿岸主要工业企业基本情况见表 5-13。

工业污染源主要调查指标为工业企业废水排放量，工业废水中的化学需氧量、氨氮、总氮和总磷的排放浓度及排放量。调查结果表明，流域范围内工业污染源排放主要为高岭土开采行业。其调查结果见表 5-14。

表 5-13　南流江北海流域沿岸主要工业企业基本情况

所属县	所属镇	企业名称	行业类别	工业总产值/万元	主要产品及年产量/(t/a)	用水量/(t/a)	废水处理设施	入河方式及去向	受纳水体
合浦县	常乐镇	合浦县常鑫淀粉有限公司	淀粉及淀粉制品制造	745.6	木薯淀粉 3000	24000	有	直接进入江河湖、库等水环境	南流江（干流）
		合浦县常乐茧丝贸易有限公司	缫丝加工	7602	生丝 287	17180	有	直接进入江河湖、库等水环境	南流江（干流）
		北海高岭科技有限公司	黏土及其他土砂石开采	7000	高岭土深加工产品 180000	750000	有	直接进入江河湖、库等水环境	南流江（干流）
	石康镇	兖矿北海高岭土有限公司	黏土及其他土砂石开采	3512	陶瓷土 175127	931629	有	直接进入江河湖、库等水环境	石康南干渠（南流江支流）
	星岛湖镇	广西合浦双洋淀粉有限公司	淀粉及淀粉制品制造	1805.6	淀粉 5920	46800	有	直接进入江河湖、库等水环境	南流江（干流）
		合浦县海洋淀粉有限公司		2328	木薯淀粉 7800	55400	有	直接进入江河湖、库等水环境	南流江（干流）

表 5-14　南流江北海流域主要工业企业污染物排放量

所属县	所属镇	企业名称	废水排放/(万 t/a)	排放量/(t/a)			
				化学需氧量	氨氮	总氮	总磷
合浦县	常乐镇	合浦县常鑫淀粉有限公司	2.40	1.13	0.21	0.29	0.02
		合浦县常乐茧丝贸易有限公司	1.43	1.69	0.01	0.03	0.01
		北海高岭科技有限公司	56.00	7.28	0.08	0.39	0
		小计	59.83	10.1	0.3	0.71	0.03
	石康镇	兖矿北海高岭土有限公司	22.26	7.12	0.04	0.04	0.02
		小计	22.26	7.12	0.04	0.04	0.02
	星岛湖镇	广西合浦双洋淀粉有限公司	4.59	1.84	0.12	0.20	0.04
		合浦县海洋淀粉有限公司	5.54	3.67	0.39	0.44	0.04
		小计	10.13	5.51	0.51	0.64	0.08
		合计	92.22	22.73	0.85	1.39	0.13

2. 屠宰场污染源调查

另外，据调查，各乡镇均建有屠宰场，根据合浦县生态环境局、合浦县水产畜牧兽医局提供的资料（表5-15），同时将屠宰场排放量计入在内。

表 5-15 南流江北海流域各乡镇 2015 年生猪屠宰情况

所属县	所属镇	生猪屠宰情况/(头/a)
合浦县	常乐镇	22474
	石康镇	14751
	石湾镇	9747
	星岛湖镇	9432
	曲樟乡	346
	合计	56750

　　屠宰场采用行业产排系数计算。根据畜禽屠宰行业排污系数及南流江北海流域各乡镇屠宰场污染物排放情况可计算各乡镇屠宰场排放量。畜禽屠宰行业排污系数见表 5-16，结果见表 5-17。

表 5-16 畜禽屠宰行业排污系数①

污水量/(L/头)	化学需氧量/(g/头)	氨氮/(g/头)	总氮/(g/头)	总磷/(g/头)
0.525	59	9	15	2.8

表 5-17 南流江北海流域各乡镇屠宰场污染物排放情况

所属县	所属镇	污水量/t	污染物排放量/(t/a)			
			化学需氧量	氨氮	总氮	总磷
合浦县	常乐镇	12607.91	24.56	1.08	2.20	0.09
	石康镇	8275.31	16.12	0.71	1.45	0.06
	石湾镇	5468.07	10.65	0.47	0.96	0.04
	星岛湖镇	5291.35	10.31	0.45	0.92	0.04
	曲樟乡	194.11	0.38	0.02	0.03	0.00
	合计	31836.75	62.02	2.73	5.56	0.23

3. 工业调查结果统计

　　2015 年，南流江北海流域工业企业废水排放量为 95.41 万 t，化学需氧量、氨氮、总氮及总磷的排放量分别为 84.75t、3.58t、6.95t 及 0.36t。南流江北海流域的主要污染行业为高岭土开采、淀粉制造、砂石开采、酒精制造、缫丝加工及屠宰

---

① 排污系数取自《第一次全国污染源普查 畜禽养殖业源产排污系数手册》。

等行业，南流江北海流域各乡镇主要工业污染物排放情况和占比见表 5-18 和图 5-2。其中，常乐镇的工业污染物排放量最大，曲樟乡排放量很小，可忽略不计。

表 5-18 南流江北海流域各乡镇主要工业污染物排放情况（2015 年）

区县	所属镇	污水产生量/万 t	污染物排放量/t			
			化学需氧量	氨氮	总氮	总磷
合浦县	常乐镇	61.09	34.66	1.38	2.91	0.12
	石康镇	23.09	23.24	0.75	1.49	0.08
	石湾镇	0.55	10.65	0.47	0.96	0.04
	星岛湖镇	10.66	15.82	0.96	1.56	0.12
	曲樟乡	0.02	0.38	0.02	0.03	0
	合计	95.41	84.75	3.58	6.95	0.36

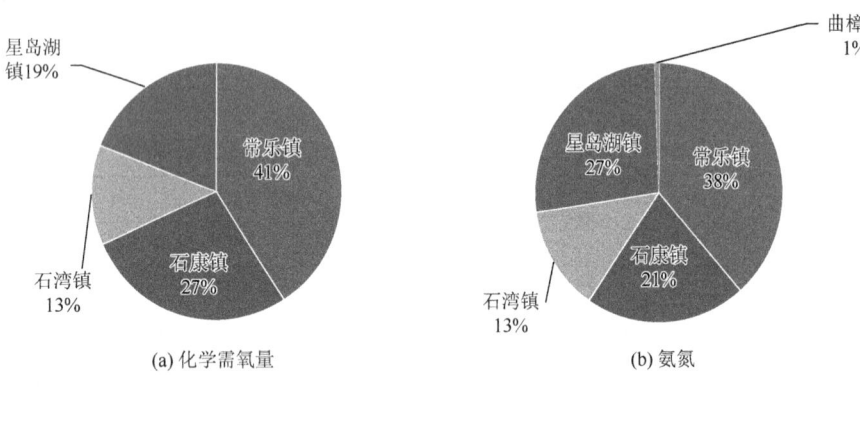

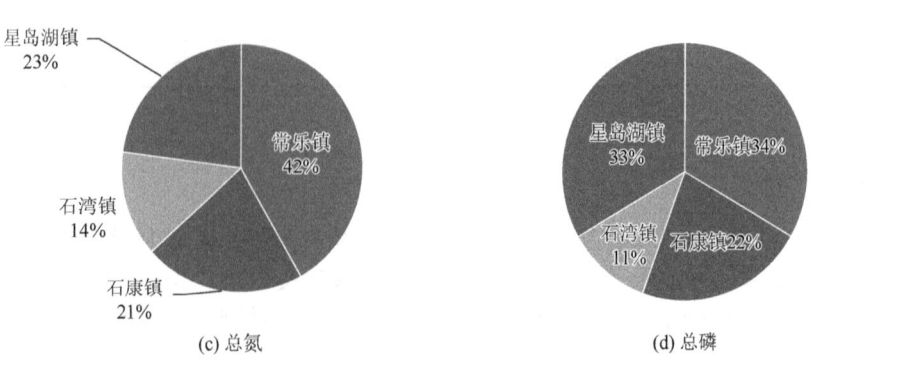

图 5-2 南流江北海流域各乡镇主要工业污染物排放情况

5.3.2 城镇生活污染源

1. 基本情况调查

南流江北海流域生活污染源的调查范围主要是合浦县 5 个乡镇（常乐镇、石康镇、石湾镇、星岛湖镇、曲樟乡），主要调查城镇人口数量，城镇人口数量以统计局提供资料为依据。

2015 年，南流江北海流域城镇总人口约 28351 人。其中，石康镇、常乐镇的城镇人口最多，约占整个研究区域总城镇人口的 81%。调查结果见表 5-19。

表 5-19 南流江北海流域各乡镇城镇人口 （单位：人）

所属县	所属镇	城镇人口
合浦县	常乐镇	9610
	石康镇	13335
	石湾镇	3423
	星岛湖镇	1059
	曲樟乡	924
	合计	28351

2. 计算方法

根据城镇人口数量和污水排放系数可计算城镇生活污水排放量。生活污染物排放量采用人均综合产污系数法计算，按照《第一次全国污染源普查 城镇生活源产排污系数手册》中的相关系数进行核算，具体产排污系数见表 5-20。

表 5-20 城镇生活源产排污系数

城市	产污系数					排污系数					
	污水产生量/[L/(人·a)]	化学需氧量/[g/(人·a)]	氨氮/[g/(人·a)]	总氮/[g/(人·a)]	总磷/[g/(人·a)]	建筑物排污系统	污水排放量/[L/(人·a)]	化学需氧量/[g/(人·a)]	氨氮/[g/(人·a)]	总氮/[g/(人·a)]	总磷/[g/(人·a)]
北海市	175	73	9.1	12.9	1.05	直排	175	73	9.1	12.9	1.05
						化粪池	175	58	8.8	11.0	0.89

注：北海市属二区 2 类城市。

具体计算公式如下。

（1）城镇生活污染物产生量计算公式：

$$W_{产生} = N \times C \times 365 \times 10^{-3}$$

式中，$W_{产生}$为生活污染物产生量，kg/a；N为常住人口，人；C为生活污染物产生系数，g/(人·d)，按《第一次全国污染源普查　城镇生活源产排污系数手册》的相关系数取值（表 5-20）。

（2）城镇生活污染源排放量计算公式：

$$W_{排放} = W_{产生} \times (1-\alpha) \times \beta = W_{产生} \times (1-\alpha) \times (P/C)$$

式中，$W_{排放}$为生活污染物的排放量，kg/a；α为生活污水处理率，数据来源于当地环境统计数据；β为生活污染物排放率（如直排，则排放率为 1；如使用化粪池，排放率按《第一次全国污染源普查　城镇生活源产排污系数手册》的排污系数及产污系数进行核算）；P为生活污染物排放系数，g/(人·d)，按《第一次全国污染源普查　城镇生活源产排污系数手册》的相关系数取值（表 5-20）；$W_{产生}$、C与上式相同。

用上述方法来计算流域范围内县（区）、乡镇中的城镇人口数以及污水和污染物（化学需氧量、氨氮、总磷、总氮）排放量。

3. 调查结果

流域范围内城镇生活污水产生量约为 181.08 万 t/a，污水中的化学需氧量、氨氮、总氮、总磷的排放量分别为 600.18t/a、91.06t/a、113.82t/a、9.20t/a，详见表 5-21。其中，由于石康镇城镇人口最多，因此相对应地，该镇城镇生活污染物排放量最大。具体见图 5-3。

表 5-21　南流江北海流域各乡镇城镇生活污染物排放情况

县	所属镇	城镇人口/人	生活污水产生量/(万 t/a)	污染物排放量/(t/a)			
				化学需氧量	氨氮	总氮	总磷
合浦县	常乐镇	9610	61.38	203.44	30.87	38.58	3.12
	石康镇	13335	85.18	282.30	42.83	53.54	4.33
	石湾镇	3423	21.86	72.46	10.99	13.74	1.11
	星岛湖镇	1059	6.76	22.42	3.40	4.25	0.34
	曲樟乡	924	5.90	19.56	2.97	3.71	0.30
	合计	28351	181.08	600.18	91.06	113.82	9.20

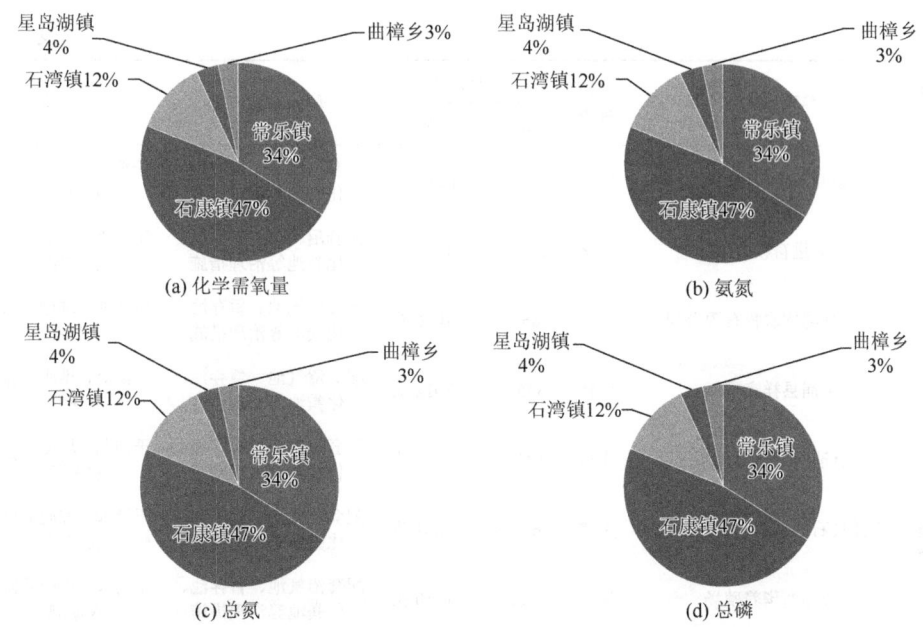

图 5-3　南流江北海流域各乡镇城镇生活污染物排放情况占比

5.3.3　规模化畜禽养殖污染源

1. 基本情况调查

根据合浦县水产畜牧兽医局 2015 年的统计数据，南流江北海流域规模化畜禽养殖种类以生猪和肉鸡为主。2015 年，养殖畜禽猪年存栏量约为 39512 头，年出栏量约为 39881 头；肉鸡年存栏量约为 150000 只，年出栏量约为 120000 只。南流江北海流域 2015 年畜禽规模化养殖场情况见表 5-22。

表 5-22　南流江北海流域 2015 年畜禽规模化养殖场情况

区域	养殖场名称	养殖种类	养殖数量		环保设施情况	干粪去向
			出栏	存栏		
常乐镇	合浦宏华养殖场	生猪	420 头	1204 头	配套沼气池、暂存池、化粪池等治理措施	干清粪，堆肥后做农家肥
	合浦县常乐镇忠直炎振养殖场	生猪	215 头	1020 头	配套沼气池、暂存池、化粪池等治理措施	干清粪，堆肥后做农家肥
	合浦县银兵养猪场	生猪	56 头	962 头	配套沼气池、暂存池、化粪池等治理措施	干清粪，堆肥后做农家肥
	广西合浦润艺宝农牧有限公司	生猪	560 头	962 头	配套沼气池、暂存池、化粪池等治理措施	干清粪，堆肥后做农家肥

续表

区域	养殖场名称	养殖种类	养殖数量		环保设施情况	干粪去向
			出栏	存栏		
石康镇	广西建邦农业股份有限公司	生猪	11628 头	12959 头	配套沼气池、暂存池、化粪池等治理措施	干清粪，堆肥后做农家肥
	广西大进畜牧有限公司	生猪	2195 头	1134 头	配套沼气池、暂存池、化粪池等治理措施	干清粪，堆肥后做农家肥
	合浦县鸿钦农牧有限公司	生猪	860 头	1066 头	配套沼气池、暂存池、化粪池等治理措施	干清粪，堆肥后做农家肥
	合浦县祥鑫猪场	生猪	3350 头	3012 头	配套沼气池、暂存池、化粪池等治理措施	干清粪，堆肥后做农家肥
	合浦县湖海养殖场	生猪	1230 头	1135 头	配套沼气池、暂存池、化粪池等治理措施	干清粪，堆肥后做农家肥
	合浦县石康镇泰德盛养殖场	生猪	652 头	1251 头	配套沼气池、暂存池、化粪池等治理措施	干清粪，堆肥后做农家肥
	合浦丽华养殖场	生猪	1082 头	1250 头	配套沼气池、暂存池、化粪池等治理措施	干清粪，堆肥后做农家肥
	合浦石康镇国生养猪场	生猪	320 头	523 头	配套沼气池、暂存池、化粪池等治理措施	干清粪，堆肥后做农家肥
	合浦县石康镇华渝养猪场	生猪	560 头	518 头	配套沼气池、暂存池、化粪池等治理措施	干清粪，堆肥后做农家肥
	合浦县石康镇十字大龙猪场	生猪	1600 头	1489 头	配套沼气池、暂存池、化粪池等治理措施	干清粪，堆肥后做农家肥
	广西凤翔集团畜禽食品有限公司	鸡	50000 只	62500 只	配套暂存池、化粪池等治理措施	干清粪，堆肥后做农家肥
石湾镇	合浦县石湾镇刚强猪场	生猪	1059 头	560 头	配套沼气池、暂存池、化粪池等治理措施	干清粪，堆肥后做农家肥
	合浦源锋畜牧养殖场	生猪	1230 头	700 头	配套沼气池、暂存池、化粪池等治理措施	干清粪，堆肥后做农家肥
	合浦县石湾和晟养殖场	生猪	530 头	505 头	配套沼气池、暂存池、化粪池等治理措施	干清粪，堆肥后做农家肥
	合浦县石湾镇永发猪场	生猪	992 头	660 头	配套沼气池、暂存池、化粪池等治理措施	干清粪，堆肥后做农家肥
	合浦县远扬农牧有限公司	生猪	874 头	650 头	配套沼气池、暂存池、化粪池等治理措施	干清粪，堆肥后做农家肥
	合浦县全鑫农牧有限公司	生猪	950 头	550 头	配套沼气池、暂存池、化粪池等治理措施	干清粪，堆肥后做农家肥
	合浦县石湾镇横石岭养殖场	生猪	460 头	510 头	配套沼气池、暂存池、化粪池等治理措施	干清粪，堆肥后做农家肥
	合浦县浦乐牧业有限公司	生猪	980 头	540 头	配套沼气池、暂存池、化粪池等治理措施	干清粪，堆肥后做农家肥

续表

区域	养殖场名称	养殖种类	养殖数量		环保设施情况	干粪去向
			出栏	存栏		
石湾镇	合浦县畜牧良种场	生猪	4050 头	800 头	配套沼气池、暂存池、化粪池等治理措施	干清粪，堆肥后做农家肥
	合浦县石湾权丰养殖场	生猪	595 头	520 头	配套沼气池、暂存池、化粪池等治理措施	干清粪，堆肥后做农家肥
星岛湖镇	广西合浦县宜安饲料有限责任公司	生猪	610 头	1006 头	配套沼气池、暂存池、化粪池等治理措施	干清粪，堆肥后做农家肥
	合浦海丰农牧有限责任公司	生猪	368 头	1279 头	配套沼气池、暂存池、化粪池等治理措施	干清粪，堆肥后做农家肥
	合浦县龙华生猪养殖场	生猪	1050 头	850 头	配套沼气池、暂存池、化粪池等治理措施	干清粪，堆肥后做农家肥
	合浦县星岛湖合昌养猪场	生猪	1030 头	910 头	配套沼气池、暂存池、化粪池等治理措施	干清粪，堆肥后做农家肥
	广西凤翔集团畜禽食品有限公司	鸡	70000 只	87500 只	配套沼气池、暂存池、化粪池等治理措施	干清粪，堆肥后做农家肥
曲樟乡	合浦县老鱼陂养殖场	生猪	375 头	987 头	配套沼气池、暂存池、化粪池等治理措施	干清粪，堆肥后做农家肥

2. 计算方法

以乡镇为最小统计单元，按不同的动物种类、饲养阶段、产排污系数核算 2015 年流域内畜禽养殖业的化学需氧量、氨氮、总氮、总磷等污染物的产生量和排放量。

畜禽养殖业污染物的产生量计算公式如下：

$$W_{\text{产生}} = \sum_{i=1}^{m} \sum_{j=1}^{n} E_{sij} \times L_{sij} \times C_{sij} \times 10^{-3}$$

式中，i 为饲养阶段；j 为动物种类；E_{sij} 为某个饲养阶段的某种动物存栏量，头；L_{sij} 为某个饲养阶段的某种动物的生长周期，d；C_{sij} 为某个饲养阶段的某种动物产污系数，g/(头·d)，其数据来源于《第一次全国污染源普查　畜禽养殖业源产排污系数手册》。

畜禽养殖业污染物的排放量计算公式如下：

$$W_{\text{排放}} = \sum_{i=1}^{m} \sum_{j=1}^{n} E_{sij} \times L_{sij} \times P_{sij} \times 10^{-3}$$

式中，P_{sij} 为某个饲养阶段的某种动物排污系数，g/(头·d)，其数据来源于《第一

次全国污染源普查 畜禽养殖业源产排污系数手册》，具体见表 5-23。畜禽养殖相关数据来源于当地环境统计数据及当地统计部门的统计数据。

表 5-23 畜禽养殖场排污系数

养殖类型	动物种类	饲养阶段	参考体重/kg	单位	干清粪				水冲清粪			
					化学需氧量	氨氮	总氮	总磷	化学需氧量	氨氮	总氮	总磷
养殖场	生猪	保育	21	g/(头·d)	19.17	1.05	2.11	0.27	53.58	1.05	4.08	0.6
		育肥	71	g/(头·d)	47.09	3.89	5.56	0.43	166.97	3.89	10.3	1.28
		妊娠母猪	238	g/(头·d)	62.22	4.92	7.17	0.70	182.40	4.92	11.32	2.30
	牛	肉牛	431	g/(头·d)	141.15	0.91	26.21	2.02	931.2	0.91	34.9	3.91
	蛋鸡	育雏育成	1.3	g/(头·d)	0.59	0.015	0.03	0.02	4.78	0.081	0.27	0.08
		产蛋	1.8	g/(只·d)	0.17	0.005	0.01	0.005	4.47	0.09	0.3	0.07
	肉鸡	商品肉鸡	0.6	g/(只·d)	5.71	0.04	0.08	0.01	10.41	0.066	0.22	0.04

3. 调查结果

南流江北海流域各乡镇规模化畜禽养殖污染物排放情况见表 5-24 和表 5-25，各乡镇规模化养殖场污染物排放情况占比见图 5-4。统计结果表明，南流江北海流域规模化养殖污染物排放量约为：化学需氧量 622.73t/a，氨氮 38.42t/a，总氮 58.87t/a，总磷 5.20t/a。其中，石康镇规模化养殖污染物排放量最大，曲樟乡排放量最小，可忽略不计。具体见图 5-4。

表 5-24 南流江北海流域各乡镇规模化畜禽养殖污染物排放情况（单位：t/a）

所属县	所属镇	化学需氧量	氨氮	总氮	总磷
合浦县	常乐镇	26.46	1.97	3.05	0.29
	石康镇	347.73	22.90	34.80	3.07
	石湾镇	122.26	9.79	14.32	1.19
	星岛湖镇	119.33	3.24	5.90	0.57
	曲樟乡	6.95	0.52	0.80	0.08
	合计	622.73	38.42	58.87	5.20

表 5-25　南流江北海流域 2015 年畜禽规模化养殖场污染物排放情况（单位：t/a）

区域	养殖场名称	化学需氧量	氨氮	总氮	总磷
常乐镇	合浦宏华养殖场	8.16	0.61	0.94	0.09
	合浦县常乐镇忠直炎振养殖场	5.72	0.42	0.66	0.07
	合浦县银兵养猪场	4.15	0.29	0.47	0.05
	广西合浦润艺宝农牧有限公司	8.43	0.65	0.98	0.09
石康镇	广西建邦农业股份有限公司	148.11	11.57	17.24	1.51
	广西大进畜牧有限公司	22.94	1.84	2.69	0.22
	合浦县鸿钦农牧有限公司	11.37	0.88	1.32	0.12
	合浦县祥鑫猪场	39.91	3.14	4.66	0.40
	合浦县湖海养殖场	14.77	1.16	1.72	0.15
	合浦县石康镇泰德盛养殖场	10.31	0.79	1.19	0.11
	合浦丽华养殖场	13.95	1.09	1.62	0.14
	合浦石康镇国生养猪场	4.71	0.36	0.55	0.05
	合浦县石康镇华渝养猪场	6.73	0.53	0.78	0.07
	合浦县石康镇十字大龙猪场	19.26	1.51	2.25	0.19
	广西凤翔集团畜禽食品有限公司	55.67	0.02	0.78	0.10
石湾镇	合浦县石湾镇刚强猪场	11.12	0.89	1.30	0.11
	合浦源锋畜牧养殖场	13.10	1.05	1.53	0.13
	合浦县石湾和晟养殖场	6.42	0.50	0.75	0.06
	合浦县石湾镇永发猪场	10.93	0.87	1.28	0.11
	合浦县远扬农牧有限公司	9.89	0.78	1.16	0.10
	合浦县全鑫农牧有限公司	10.16	0.81	1.19	0.10
	合浦县石湾镇横石岭养殖场	5.85	0.46	0.68	0.06
	合浦县浦乐牧业有限公司	10.37	0.83	1.21	0.10
	合浦县畜牧良种场	37.39	3.05	4.40	0.35
	合浦县石湾权丰养殖场	7.03	0.55	0.82	0.07
星岛湖镇	广西合浦县宜安饲料有限责任公司	9.02	0.69	1.05	0.09
	合浦海丰农牧有限责任公司	8.01	0.60	0.92	0.09
	合浦县龙华生猪养殖场	12.15	0.96	1.42	0.12
	合浦县星岛湖合昌养猪场	12.21	0.96	1.42	0.12
	广西凤翔集团畜禽食品有限公司	77.94	0.03	1.09	0.14
曲樟乡	合浦县老鱼陂养殖场	6.95	0.52	0.80	0.08

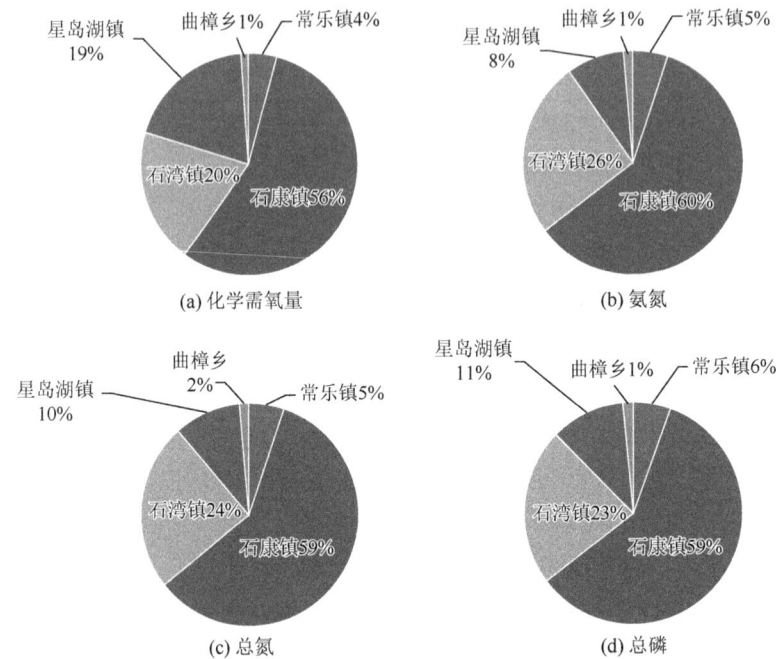

图 5-4　各乡镇规模化养殖场污染物排放情况占比

5.3.4　点源排放量汇总

综合上述统计，南流江北海流域点源化学需氧量总排放量为 1307.66t/a，氨氮总排放量为 133.06t/a，总氮总排放量为 179.64t/a，总磷总排放量为 14.76t/a，具体结果见表 5-26。其中，城镇生活污染源排放量最大，其次为规模化养殖污染源，工业污染源排放量相对最少。总体而言，南流江北海流域点源污染物排放以城镇生活排污与规模化养殖排污为主。具体见图 5-5。

表 5-26　南流江北海流域点源污染物排放量　　　　（单位：t/a）

污染源类型	化学需氧量	氨氮	总氮	总磷
工业污染源	84.75	3.58	6.95	0.36
城镇生活污染源	600.18	91.06	113.82	9.2
规模化养殖污染源	622.73	38.42	58.87	5.2
合计	1307.66	133.06	179.64	14.76

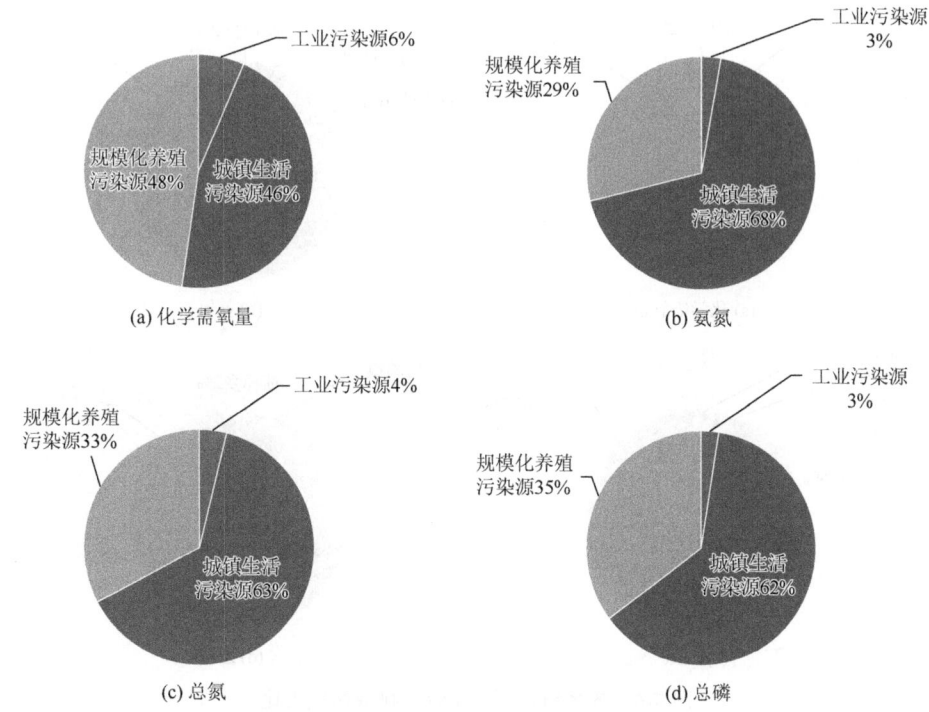

图 5-5 各点源污染源类型排放情况占比

从流域内各乡镇来看,石康镇点源污染物排放总量较大,其次是常乐镇、石湾镇、星岛湖镇、曲樟乡(表 5-27)。其中,常乐镇、曲樟乡以城镇生活污染源排放为主,分别占各自乡镇排放总量的 80%和 75%;星岛湖镇、石湾镇和石康镇以规模化养殖污染源排放为主,分别占各自乡镇排放量总量的 73%、57%和 50%。各乡镇点源污染物总排放情况占比见图 5-6。

表 5-27 南流江北海流域各乡镇点源污染物排放情况(单位:t/a)

所属县	所属镇	化学需氧量	氨氮	总氮	总磷
合浦县	常乐镇	264.56	34.22	44.54	3.53
	石康镇	653.27	66.48	89.83	7.48
	石湾镇	205.37	21.25	29.02	2.34
	星岛湖镇	157.57	7.6	11.71	1.03
	曲樟乡	26.89	3.51	4.54	0.38
合计		1307.66	133.06	179.64	14.76

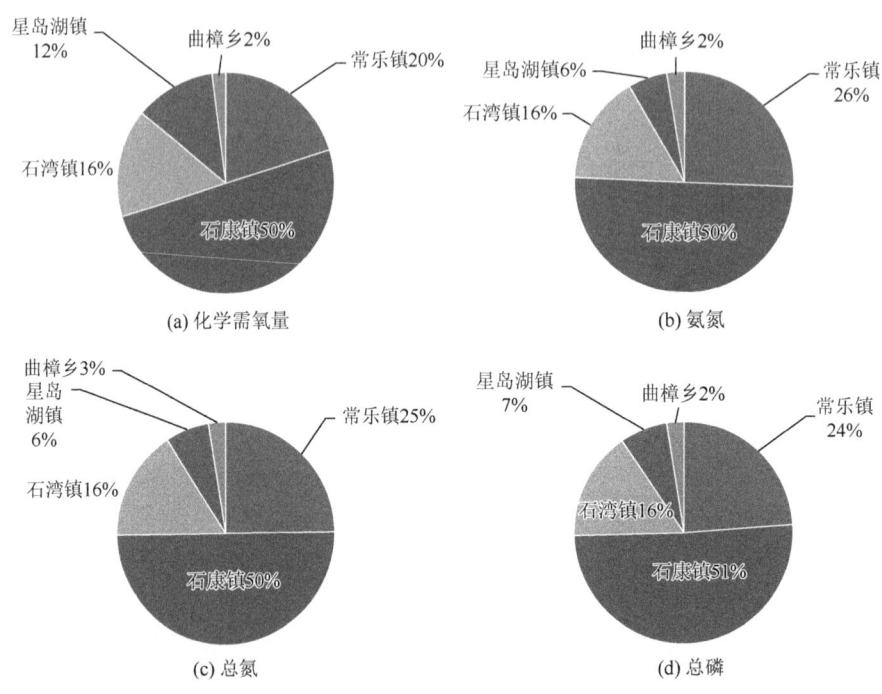

图 5-6　各乡镇点源污染物总排放情况占比

5.4　非点源污染调查

5.4.1　农村生活污染源

1. 基本情况调查

南流江北海流域生活污染源调查范围主要是合浦县 5 个乡镇（常乐镇、石康镇、石湾镇、星岛湖镇、曲樟乡），主要调查农村人口数量，农村人口数量以统计局提供资料为依据。

2015 年，南流江北海流域农村总人口约 246007 人，约为城镇人口的 8.7 倍。其中，石康镇、常乐镇农村人口最多，约占整个流域总农村人口的 58%。调查结果见表 5-28。

表 5-28　南流江北海流域各乡镇农村人口　　　　（单位：人）

所属县	所属镇	农村人口
合浦县	常乐镇	77533
	石康镇	66204

续表

所属县	所属镇	农村人口
合浦县	石湾镇	48084
	星岛湖镇	27345
	曲樟乡	26841
	合计	246007

2. 计算方式

参照《南流江-廉州湾陆海统筹水环境综合整治规划（2016～2030 年）》的农村人口数量和污水排放系数，可计算各乡镇农村生活污水排放量。农村生活污染物排放量采用人均综合产污系数法计算。2015 年南流江北海流域农村生活源排污系数见表 5-29。

表 5-29　2015 年南流江北海流域农村生活源排污系数

污水量/[L/(人·d)]	化学需氧量/[g/(人·d)]	氨氮/[g/(人·d)]	总氮/[g/(人·d)]	总磷/[g/(人·d)]
53.21	13.30	1.86	2.39	0.21

根据上述系数，计算出南流江北海流域各乡镇的农村生活污染负荷。

3. 调查结果

南流江北海流域各乡镇农村生活污染物排放情况见表 5-30。由此可以看出，南流江北海流域农村生活污水产生量为 477.79 万 t/a。生活污水主要污染物化学需氧量、氨氮、总氮和总磷的排放量分别为 1194.24t/a、167.01t/a、214.60t/a 和 18.86t/a。其中，常乐镇农村生活污染物排放量最大，曲樟乡排放量最小。具体见图 5-7。

表 5-30　南流江北海流域各乡镇农村生活污染物排放情况

县	所属镇	农村人口/人	生活污水产生量/(万 t/a)	污染物排放量/(t/a)			
				化学需氧量	氨氮	总氮	总磷
合浦县	常乐镇	77533	150.58	376.38	52.64	67.64	5.94
	石康镇	66204	128.58	321.39	44.95	57.75	5.07
	石湾镇	48084	93.39	233.42	32.64	41.95	3.69
	星岛湖镇	27345	53.11	132.75	18.56	23.85	2.10
	曲樟乡	26841	52.13	130.30	18.22	23.41	2.06
	合计	246007	477.79	1194.24	167.01	214.60	18.86

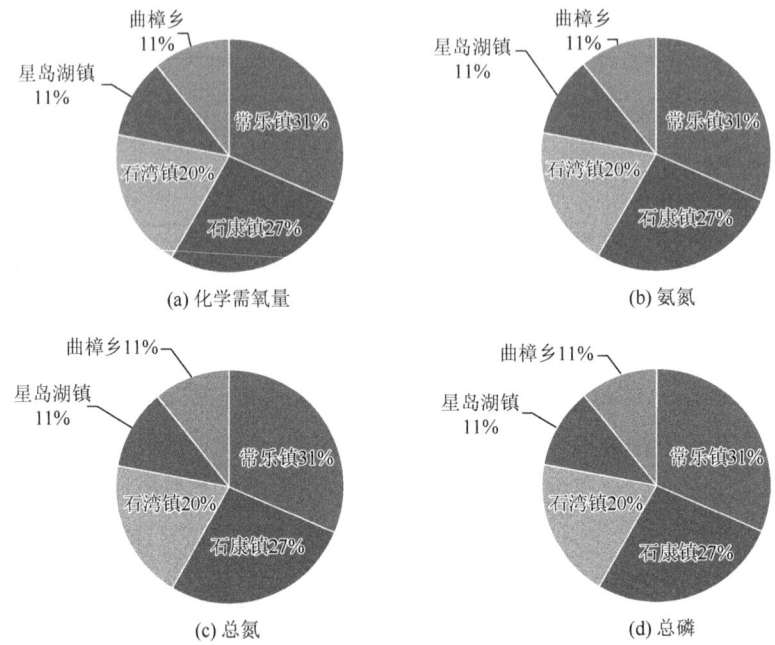

图 5-7　各乡镇农村生活污染物排放情况占比

5.4.2　散养式畜禽养殖污染源

1. 基本情况调查

根据合浦县水产畜牧兽医局 2015 年的统计数据,南流江北海流域散养式畜禽养殖种类以生猪和肉鸡为主。2015 年,养殖畜禽猪年存栏量约为 21.7351 万头,年出栏量约为 23.1556 万头;肉鸡年存栏量约为 235.95 万只,年出栏量约为 479.96 万只。南流江北海流域各乡镇散养式畜禽养殖业生产情况见表 5-31。

表 5-31　南流江北海流域各乡镇散养式畜禽养殖业生产情况

种类	出栏							存栏							
	猪/万头	牛/万头	山羊/万只	家禽/万只				牛/万头	猪/万头	其中	山羊/万只	家禽/万只			
				合计	鸡	鸭	鹅			母猪/万头		合计	鸡	鸭	鹅
常乐镇	6.2127	0.2885	0.0852	139.71	97.08	32.93	9.7	1.2803	5.7881	0.5362	0.0662	72.96	51.93	17.38	3.65
石康镇	7.0265	0.2717	0.0756	217.62	147.95	57.83	11.84	1.0844	6.3955	0.6945	0.0621	100.1	71.09	24.53	4.48
石湾镇	6.423	0.2355	0.116	199.72	147.78	44.59	7.35	0.9982	6.0108	0.6713	0.0987	90.42	70.78	17.22	2.42
星岛湖镇	2.5348	0.1253	1.046	142.18	76.18	47.16	18.84	0.4827	2.3048	0.2687	0.0766	67.64	37.59	23.6	6.45
曲樟乡	0.9586	0.0431	0.0576	19.54	10.97	7.52	1.05	0.2038	1.2359	0.1034	0.0986	8	4.56	3.17	0.27
合计	23.1556	0.9641	1.3804	718.77	479.96	190.03	48.78	4.0494	21.7351	2.2741	0.4022	339.12	235.95	85.90	17.27

2. 计算方法

根据《第一次全国污染源普查 畜禽养殖业源产排污系数手册》，散养式畜禽养殖污染物排污系数详见表 5-32。鉴于《第一次全国污染源普查 畜禽养殖业源产排污系数手册》中只有山羊、鸭、鹅的排污系数而无生猪排污系数，故根据《畜禽养殖业污染物排放标准》的折算比例，将羊折算成猪再进行产排污情况计算，换算比例为：3 只羊折算成 1 头猪，折算成之后仍按照羊的品种来计算生长周期。将 1 只鸭折算成 2 只肉鸡，1 只鹅折算成 4 只肉鸡进行污染物排放量计算，折成之后仍按照原有品种来计算生长周期。

表 5-32　散养式畜禽养殖污染物排污系数表

养殖类型	动物种类	饲养阶段	参考体重/kg	单位	干清粪				水冲清粪			
					化学需氧量	氨氮	总氮	总磷	化学需氧量	氨氮	总氮	总磷
养殖户	生猪	保育	21	g/(头·d)	23.41	2.09	2.63	0.4	112.24	2.09	5.9	1.81
		育肥	71	g/(头·d)	92.94	6.56	9.03	1.18	336.36	6.56	16.2	3.65
		妊娠母猪	238	g/(头·d)	50.22	8.37	10.03	0.74	419.88	8.37	17.39	5.20
	牛	肉牛	431	g/(头·d)	143.69	0.99	32.91	1.61	953.4	0.99	43.48	5.12
	蛋鸡	育雏育成	1.3	g/(只·d)	0.05	0	0	0	3.88	0.051	0.17	0.02
		产蛋	1.8	g/(只·d)	0.2	0.01	0.02	0.08	3.04	0.057	0.19	0.09
	肉鸡	商品肉鸡	0.6	g/(只·d)	1.68	0.01	0.06	0.04	8.31	0.081	0.27	0.04

畜禽养殖业污染物的排放量计算公式如下：

$$W_{排放} = \sum_{i=1}^{m} \sum_{j=1}^{n} E_{sij} \times L_{sij} \times P_{sij} \times 10^{-3}$$

式中，i 为饲养阶段；j 为动物种类；E_{sij} 为某个饲养阶段的某种动物存/出栏量，头；L_{sij} 为某个饲养阶段的某种动物的生长周期，d；P_{sij} 为某个饲养阶段的某种动物排污系数，g/(头·d)。

3. 调查结果

南流江北海流域散养式畜禽养殖污染物排放量见表 5-33。由此可以看出，南流江北海流域农村散养式畜禽养殖污染物化学需氧量排放量为 12314.78t/a，氨氮的排放量为 207.49t/a，总氮的排放量为 779.23t/a，总磷的排放量为 161.65t/a，具体见表 5-33。其中，常乐镇、石康镇、石湾镇散养式畜禽养殖污染物排放较大，曲樟乡排放较小。具体见图 5-8。

表 5-33　南流江北海流域散养式畜禽养殖污染物排放量（单位：t/a）

所属县	所属镇	化学需氧量	氨氮	总氮	总磷
合浦县	常乐镇	3042.62	50.05	214.81	40.69
	石康镇	3400.31	58.12	210.91	44.45
	石湾镇	3555.93	61.70	212.76	44.72
	星岛湖镇	1730.32	27.38	99.74	24.39
	曲樟乡	585.60	10.24	41.01	7.40
	合计	12314.78	207.49	779.23	161.65

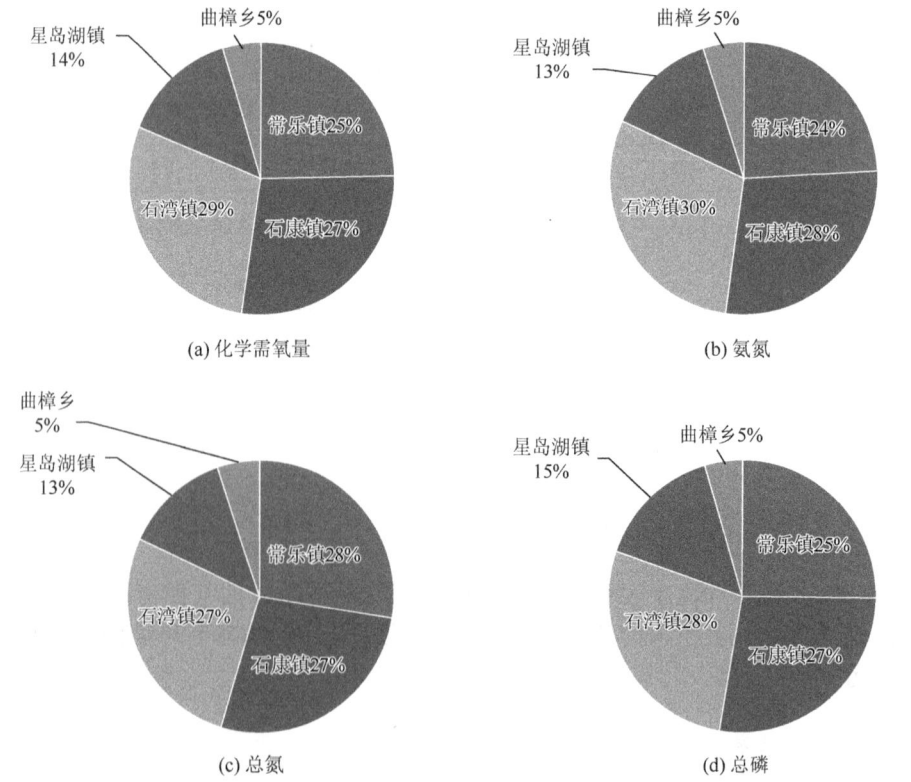

(a) 化学需氧量　　　(b) 氨氮

(c) 总氮　　　(d) 总磷

图 5-8　各乡镇散养式畜禽养殖污染物排放情况占比

5.4.3 种植业污染源

1. 基本情况调查

根据合浦县自然资源局的统计数据，南流江北海流域各乡镇种植业面积见表 5-34。流域内各乡镇种植业以水田、旱地为主。

表 5-34 南流江北海流域各乡镇种植业面积

| 区域 | 所属乡镇 | 面积/hm² | | |
		水田	旱地	园地
合浦县	常乐镇	4884.96	3271.89	178.93
	石康镇	6011.27	3307.19	134.7
	石湾镇	5171.38	2007.89	473.69
	星岛湖镇	2183.12	3775.88	232.73
	曲樟乡	1267.96	354.09	274.82
	合计	19518.69	12716.94	1294.87

2. 计算方法

以乡镇为最小统计单元，按不同的土地利用方式及其肥料流失系数核算种植业化学需氧量、氨氮、总氮和总磷的排污量。

种植业污染物的产生量计算公式为

$$W_{产生} = \sum_{i=1}^{n} A_{fi} \times C_{fi}$$

式中，i 为土地利用方式；A_{fi} 为某土地利用方式的土地面积，亩；C_{fi} 为某土地利用方式肥料流失系数，kg/亩，具体见表 5-35。

表 5-35 研究区不同土地利用方式肥料流失系数（单位：kg/亩）

分区	土地利用方式	化学需氧量	氨氮	总氮	总磷
南方山地丘陵区	旱地	1.496	0.048	0.565	0.052
	水田	1.314	0.124	1.003	0.045
	园地	1.496	0.231	0.491	0.234

3. 调查结果

南流江北海流域种植业污染物排放量见表 5-36。由此可以看出，种植业生产污染源化学需氧量排放量为 699.13t/a，氨氮的排放量为 49.96t/a，总氮的排放量为 410.97t/a，总磷的排放量为 27.65t/a。石康镇种植业污染物排放量相对最大，曲樟乡排放量最小。具体见图 5-9。

表 5-36　南流江北海流域种植业污染物排放量　（单位：t/a）

区域	所属乡镇	化学需氧量	氨氮	总氮	总磷
合浦县	常乐镇	173.72	12.06	102.54	6.48
	石康镇	195.72	14.03	119.46	7.11
	石湾镇	157.61	12.71	98.31	6.72
	星岛湖镇	132.98	7.59	66.56	5.24
	曲樟乡	39.10	3.57	24.10	2.10
	合计	699.13	49.96	410.97	27.65

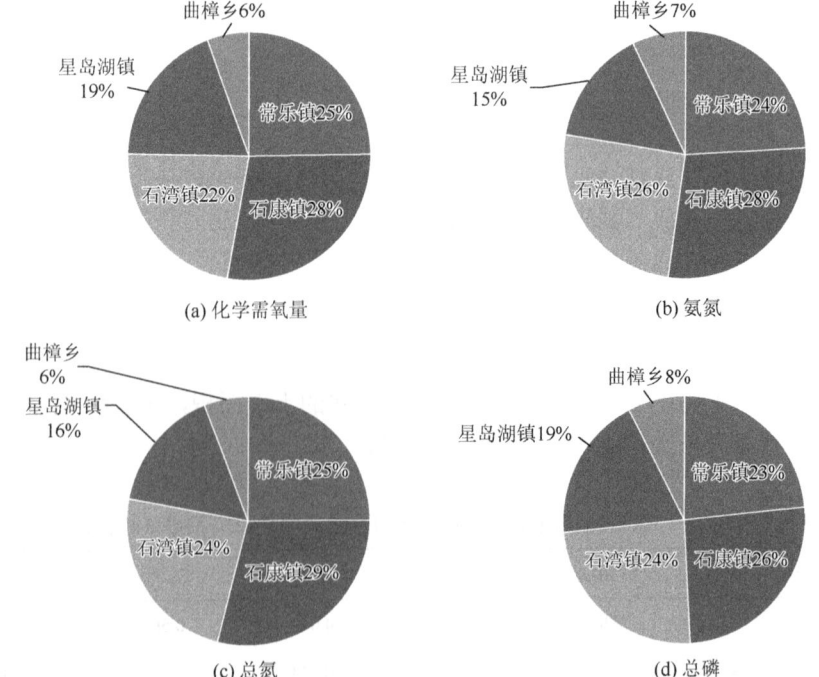

图 5-9　各乡镇种植业污染物排放情况占比

5.4.4 水产养殖污染源

1. 基本情况调查

经调查收集了合浦县水产畜牧兽医局统计数据，南流江北海流域各乡镇水产养殖面积见表 5-37。流域内水产养殖主要采用池塘养殖的模式，种类主要为四大家鱼（青鱼、草鱼、鲢鱼、鳙鱼）、罗非鱼等鱼类。

表 5-37　南流江北海流域各乡镇水产养殖面积

乡镇	淡水养殖面积/hm²					淡水养殖产量/(t/a)				
	合计	池塘	河沟	山塘水库	其他	合计	虾	鱼	蟹	其他
常乐镇	419	277	12	130	—	6907	—	6907	—	—
石康镇	485	268	2	215	—	8180	—	8180	—	—
石湾镇	288	260	16	12	—	6358	—	6358	—	—
星岛湖镇	411	320	6	85	—	5031	—	5031	—	—
曲樟乡	381	174	36	171	—	2564	—	2564	—	—
合计	1984	1299	72	613	—	29040	—	29040	—	—

2. 计算方式

以乡镇为最小统计单元，按不同的养殖品种、养殖模式、养殖投放量及养殖产量核算 2015 年流域内的水产养殖业的化学需氧量、氨氮、总氮、总磷等污染物的排放量。

水产养殖业污染物的排放量计算公式如下：

$$W_{排放} = \sum_{i=1}^{n}\sum_{j=1}^{n}(O_{mij} - I_{mij}) \times P_{mij} \times 10^{-3}$$

式中，i 为养殖品种；j 为养殖模式，分池塘养殖和网箱养殖，$j = 1, 2$；O_{mij} 为某种养殖模式的某种养殖品种的产量，kg/a；I_{mij} 为某种养殖模式的某种养殖品种的投放量，kg/a；P_{mij} 为某种养殖模式的某种养殖品种的污染物排放系数，g/kg。

相关数据来源于《第一次全国污染源普查 水产养殖业污染源产排污系数手册》，见表 5-38。

表 5-38　池塘淡水养殖鱼类污染物产排系数　　（单位：g/kg）

养殖品种	化学需氧量	氨氮	总氮	总磷
青鱼	7.839	—	0.527	0.097
草鱼	16.436	—	2.762	0.643
鲢鱼	10.254	—	1.357	0.235
鳙鱼	11.207	—	2.037	0.230
鲶鱼	47.596	—	3.768	0.271
罗非鱼	71.102	—	5.026	0.666
平均值	27.406	—	2.580	0.357

3. 调查结果

南流江北海流域各乡镇水产养殖污染物排放量见表 5-39，化学需氧量排放量为 795.87t/a，氨氮的排放量为 36.54t/a，总氮的排放量为 74.92t/a，总磷的排放量为 10.38t/a。其中，石康镇水产养殖污染物排放量最大，约占流域内总量的 28%，曲樟乡水产养殖污染物排放量最小，仅占流域内总量的 9%。具体见图 5-10。

表 5-39　南流江北海流域各乡镇水产养殖污染物排放量（单位：t/a）

所属县	所属镇	化学需氧量	氨氮	总氮	总磷
合浦县	常乐镇	189.29	8.69	17.82	2.47
	石康镇	224.18	10.29	21.10	2.92
	石湾镇	174.25	8.00	16.40	2.27
	星岛湖镇	137.88	6.33	12.98	1.80
	曲樟乡	70.27	3.23	6.62	0.92
	合计	795.87	36.54	74.92	10.38

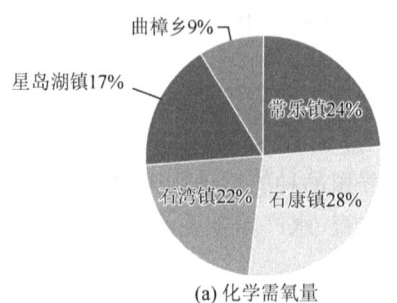

(a) 化学需氧量

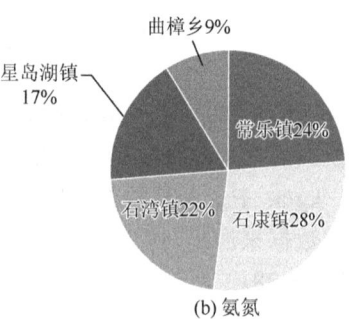

(b) 氨氮

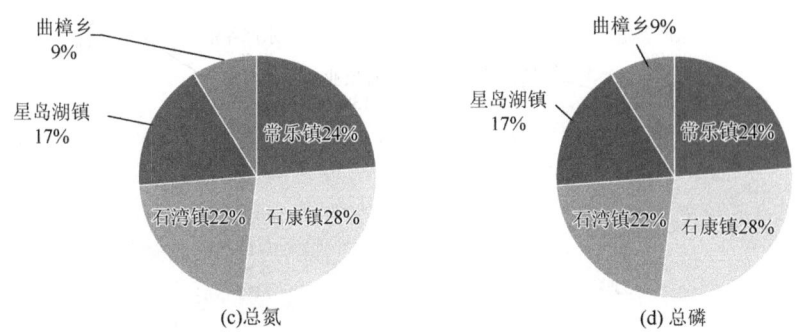

(c)总氮　　　　　　　　　　　　　　　　(d) 总磷

图 5-10　各乡镇水产养殖污染物排放情况占比

5.4.5　非点源排放量汇总

综合上述统计，南流江北海流域非点源污染物排放量主要为散养式畜禽养殖污染源。具体见表 5-40 和图 5-11。

表 5-40　南流江北海流域非点源污染物排放量　　（单位：t/a）

污染源类型	化学需氧量	氨氮	总氮	总磷
农村生活	1194.24	167.01	214.60	18.86
散养式畜禽养殖	12314.78	207.49	779.23	161.65
种植业	699.13	49.96	410.97	27.65
水产养殖	795.87	36.54	74.92	10.38

从流域内各乡镇来看，常乐镇、石康镇、石湾镇非点源污染物排放以散养式畜禽养殖为主。南流江流域非点源污染物排放量见表 5-41。流域内化学需氧量总排放量为 15004.04t/a，氨氮总排放量为 461.00t/a，总氮总排放量为 1479.72t/a，总磷总排放量为 218.54t/a。

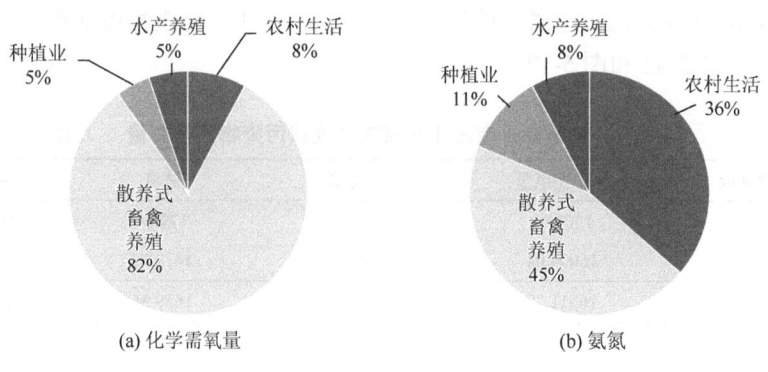

(a) 化学需氧量　　　　　　　　　　　　(b) 氨氮

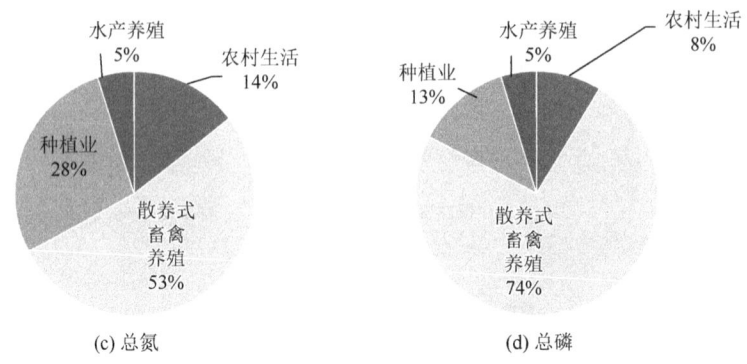

图 5-11　各非点源污染源类型总排放情况占比

表 5-41　南流江北海流域非点源污染物排放量 　（单位：t/a）

乡镇	化学需氧量	氨氮	总氮	总磷	合计
常乐镇	3782.02	123.44	402.81	55.58	4363.85
石康镇	4141.60	127.39	409.23	59.55	4737.77
石湾镇	4121.22	115.05	369.42	57.39	4663.08
星岛湖镇	2133.93	59.86	203.13	33.52	2430.44
曲樟乡	825.27	35.25	95.14	12.47	968.13
合计	15004.04	461.00	1479.72	218.54	71763.27

注：①本书涉及的统计数值由各原始数据不修约直接加和；
　　②污染物排放总量＝各乡镇污染量的总和或各不同类型污染源量的总和，因数值计算过程的修约差距，两者数值上可能有略微差别，后续章节计算南流江北海流域非点源污染物排放总量以本表合计为准。

5.5　现状污染负荷总量

5.5.1　流域污染负荷统计

南流江北海流域内化学需氧量排放总量为 16311.70t/a，氨氮排放量为 594.06t/a，总氮排放量 1659.36t/a，总磷排放量为 233.29t/a。其中，污染物以非点源排放量为主。具体见表 5-42 和图 5-12。

表 5-42　南流江北海流域现状污染物负荷总量 　（单位：t/a）

污染物总量	化学需氧量	氨氮	总氮	总磷
点源	1307.66	133.06	179.64	14.76
非点源	15004.04	461.00	1479.72	218.53
合计	16311.70	594.06	1659.36	233.29

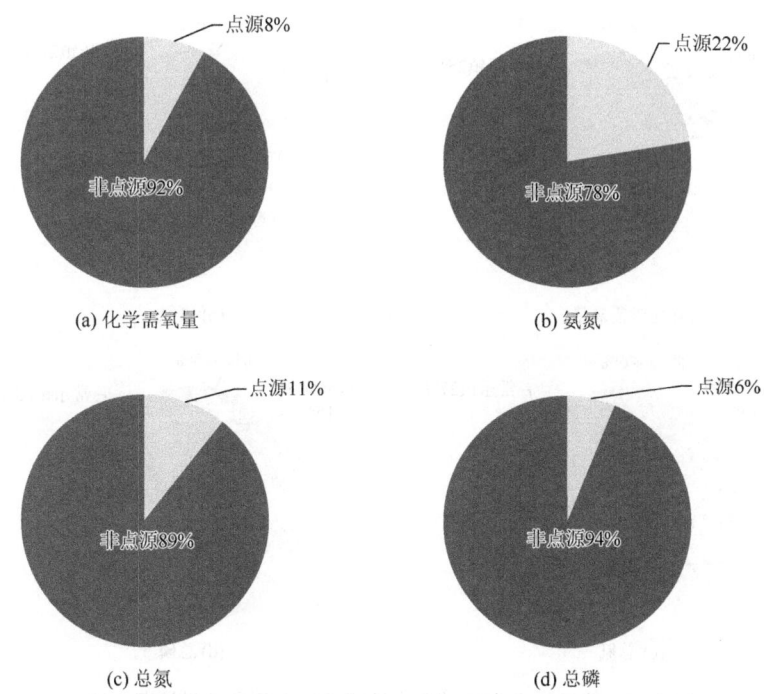

(a) 化学需氧量　　　　　　　　　　(b) 氨氮

(c) 总氮　　　　　　　　　　(d) 总磷

图 5-12　南流江北海流域现状污染物负荷量占比

从流域内各乡镇来看，常乐镇化学需氧量排放量为 4046.58t/a，氨氮排放量为 157.66t/a，总氮排放量为 447.35t/a，总磷排放量为 59.11t/a；石康镇化学需氧量排放量为 4794.87t/a，氨氮排放量为 193.87t/a，总氮排放量为 499.06t/a，总磷排放量为 67.03t/a；石湾镇化学需氧量排放量为 4326.59t/a，氨氮排放量为 136.30t/a，总氮排放量为 398.44t/a，总磷排放量为 59.73t/a；星岛湖镇化学需氧量排放量为 2291.49t/a，氨氮排放量为 67.46t/a，总氮排放量为 214.84t/a，总磷排放量为 34.55t/a；曲樟乡化学需氧量排放量为 852.15t/a，氨氮排放量为 38.77t/a，总氮排放量为 99.67t/a，总磷排放量为 12.88t/a。其中，石康镇现状排放量占比最大，其次为石湾镇、常乐镇、星岛湖镇，排放量占比最小的为曲樟乡。具体见表 5-43 和图 5-13。

表 5-43　各乡镇现状污染物负荷总量　　　　　　（单位：t/a）

乡镇	化学需氧量	氨氮	总氮	总磷
常乐镇	4046.58	157.66	447.35	59.11
石康镇	4794.87	193.87	499.06	67.03
石湾镇	4326.59	136.30	398.44	59.73
星岛湖镇	2291.49	67.46	214.84	34.55
曲樟乡	852.15	38.77	99.67	12.88

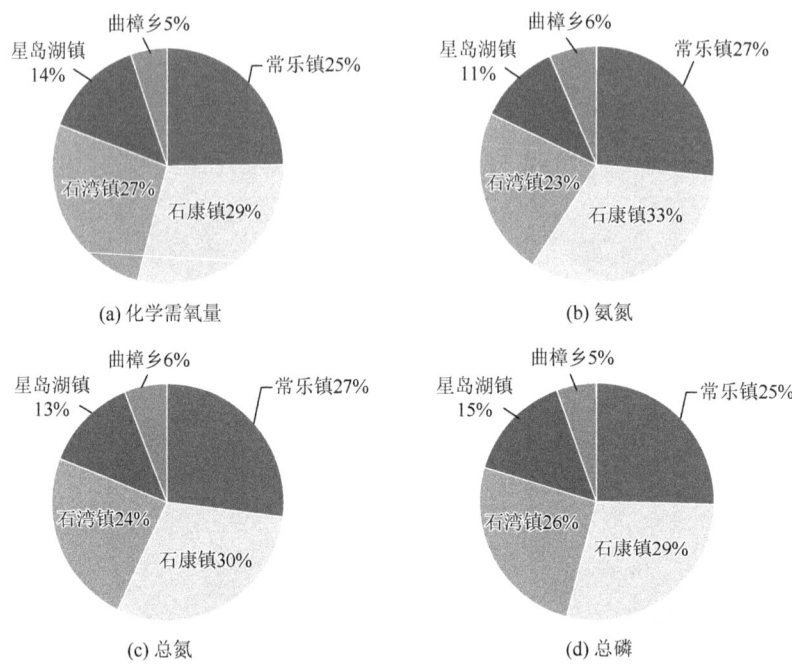

图 5-13　南流江北海流域各乡镇现状污染物负荷量情况占比

5.5.2　污染源入河量估算

经调查，南流江北海流域内污染源排放的相对位置均集中在南流江边，并且根据当地的自然条件，各乡村是依河而建，灌溉水网发达。因此，本书采用的各污染源入河系数均为 1.0，即现状污染总量为污染排放总量。

5.6　污染负荷预测①

5.6.1　污染源预测方法

根据研究区域内人口和经济社会发展的情况，对区域内 2020 年的污染物排放量进行预测。

经调查，流域内工业增加常乐恒源酒业公司技改项目，2015 年通过环评审批，北海市和合浦县"十三五"工业重点规划在工业园区等发展。该流域的农村地区未见有重点企业的发展规划，该区域内的其他重点企业无增产项目计划，因此工业只考虑增加恒源酒业公司技改项目。

_____

① 本节内容为 2016 年对 2020 年的预测结果，仅作为预测工作的实际案例展开。

人口增长率采用趋势法进行预测，根据合浦县近 10 年来人口增长情况，预计 2020 年流域的人口增长率为 0.7%，城镇化率的递增速率为 3%。畜禽养殖根据《合浦县畜禽规模养殖发展规划（2015～2020 年)》，猪肉年均增长 2%；禽肉年均增长 2.3%；牛肉和羊肉年均增长 5%。

流域内"十三五"期间人口增长率低于城镇化率，其中的相当部分来自于该区域内的农村人口，因此农村人口的增长与迁移出去的人口相互抵消；参照《北海市农业和农村经济发展"十三五"规划》，"十三五"期间农业化肥使用量争取实现零增长；同时合浦县的水产养殖"十三五"规划主要放在沿海及海域的养殖，未将该流域的淡水养殖作为重点增长点。因此，农村生活污水、农业面源、水产养殖等其他污染物排放量按保持不变进行预测。预测不考虑拟将采取的措施和工程。

5.6.2　2020 年排放量预测

工业企业增加常乐恒源酒业技改项目。根据环评及批复文件预测排放量为化学需氧量 31.67t、氨氮 3.17t、总氮 6.34t、总磷 0.32t。2020 年各乡镇工业企业污染物排放量预测见表 5-44。

表 5-44　2020 年各乡镇工业企业污染物排放量预测

序号	乡镇	化学需氧量/t	氨氮/t	总氮/t	总磷/t
1	常乐镇	41.77	3.47	7.05	0.35
2	石康镇	7.12	0.04	0.04	0.02
3	石湾镇	—	—	—	—
4	星岛湖镇	5.51	0.51	0.64	0.08
5	曲樟乡	—	—	—	—
	合计	54.40	4.02	7.73	0.45

根据流域内人口和城镇化率增长情况，计算了各乡镇城镇污水排放量。到 2020 年，各乡镇城镇生活污染物排放量预测见表 5-45。

表 5-45　2020 年各乡镇城镇生活污染物排放量预测

序号	乡镇	污水量/万 t	化学需氧量/t	氨氮/t	总氮/t	总磷/t
1	常乐镇	65.68	217.68	33.03	41.29	3.34
2	石康镇	91.14	302.06	45.83	57.29	4.63
3	石湾镇	23.39	77.54	11.76	14.71	1.19
4	星岛湖镇	7.24	23.99	3.64	4.55	0.37
5	曲樟乡	6.32	20.93	3.18	3.97	0.32
	合计	193.77	642.20	97.44	121.80	9.85

根据《合浦县畜禽规模养殖发展规划（2015～2020 年）》的增长速度，预测了流域内各乡镇规模化和散养养殖污染物排放量。到 2020 年，各乡镇规模化养殖污染物排放量预测见表 5-46，散养养殖污染物排放量预测见表 5-47。

表 5-46　　2020 年各乡镇规模化养殖污染物排放量预测

序号	乡镇	化学需氧量/t	氨氮/t	总氮/t	总磷/t
1	常乐镇	29.51	2.20	3.40	0.33
2	石康镇	387.70	25.53	38.81	3.42
3	石湾镇	136.32	10.92	15.97	1.33
4	星岛湖镇	133.05	3.61	6.58	0.63
5	曲樟乡	7.75	0.58	0.89	0.08
	合计	694.33	42.84	65.65	5.79

表 5-47　　2020 年流域范围内散养养殖污染物排放量预测

序号	乡镇	化学需氧量/t	氨氮/t	总氮/t	总磷/t
1	常乐镇	3964.68	68.80	237.22	49.86
2	石康镇	3392.37	55.80	239.50	45.37
3	石湾镇	3791.16	64.80	235.16	49.56
4	星岛湖镇	1929.22	30.52	111.21	27.20
5	曲樟乡	652.92	11.42	45.72	8.25
	合计	13730.35	231.34	868.81	180.24

农业面源污染物、农村生活污水、水产养殖污染物等其他污染物排放量按保持不变计算。到 2020 年，各乡镇点源污染物排放量预测见表 5-48，非点源污染物排放量预测见表 5-49，污染物排放总量预测见表 5-50。

表 5-48　　2020 年各乡镇点源染物排放量预测

序号	乡镇	化学需氧量/t	氨氮/t	总氮/t	总磷/t
1	常乐镇	313.53	39.78	53.93	4.11
2	石康镇	713.00	72.11	97.58	8.14
3	石湾镇	224.51	23.15	31.63	2.56
4	星岛湖镇	172.85	8.21	12.69	1.12
5	曲樟乡	29.06	3.78	4.90	0.41
	合计	1452.95	147.03	200.73	16.34

表 5-49　2020 年各乡镇非点源染物排放量预测

序号	乡镇	化学需氧量/t	氨氮/t	总氮/t	总磷/t
1	常乐镇	4704.07	142.18	425.22	64.75
2	石康镇	4133.65	125.07	437.81	60.48
3	石湾镇	4356.45	118.15	391.82	62.24
4	星岛湖镇	2332.83	63.00	214.60	36.33
5	曲樟乡	892.59	36.44	99.85	13.32
	合计	16419.59	484.84	1569.30	237.12

表 5-50　2020 年各乡镇染物排放总量预测

序号	乡镇	化学需氧量/t	氨氮/t	总氮/t	总磷/t
1	常乐镇	5017.60	181.96	479.15	68.86
2	石康镇	4846.66	197.18	535.39	68.61
3	石湾镇	4580.96	141.30	423.45	64.79
4	星岛湖镇	2505.68	71.22	227.30	37.44
5	曲樟乡	921.65	40.21	104.75	13.73
	合计	17872.55	631.87	1770.04	253.43

与 2015 年排放量相比，2020 年各项污染物排放量预测增加的比例为 10%左右。2020 年，各乡镇污染物预测量相对 2015 年现状量的增长比例具体见表 5-51。

表 5-51　2020 年各乡镇污染物预测量相对 2015 年现状量的增长比例

序号	乡镇	化学需氧量/%	氨氮/%	总氮/%	总磷/%
1	常乐镇	10.04	7.47	6.32	9.05
2	石康镇	9.23	6.13	6.45	8.43
3	石湾镇	9.83	6.46	6.77	8.95
4	星岛湖镇	9.35	5.57	5.79	8.37
5	曲樟乡	8.15	3.73	5.08	6.85
	合计	9.57	6.36	6.32	8.63

从表 5-51 来看，未来 5 年，化学需氧量增加比例相对较高，其次为总磷，总氮和氨氮的增长比例相对较低，增加比例最大的是常乐镇，最小的是曲樟乡，

化学需氧量和总磷的增长速率要明显快于氨氮、总氮。流域内化学需氧量、氨氮、总氮和总磷未来 5 年的总体增长比例预测为 9.57%、6.36%、6.32%和 8.63%，增长速率总体较慢。2020 年各乡镇各项污染物排放量相对 2015 年增长比例见图 5-14。

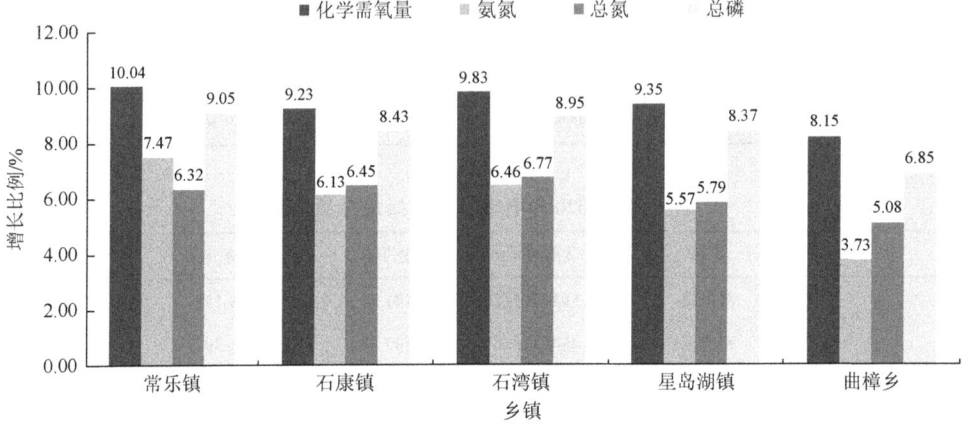

图 5-14　2020 年各乡镇各项污染物排放量相对 2015 年增长比例

第6章　南流江水环境现状评估

6.1　考核断面水质基本情况

南流江考核断面处于南流江的下游，分别位于党江亚桥和沙岗南域，距离入海口约 10km，水质目标为Ⅲ类，历年水质情况为Ⅲ～Ⅴ类，近 10 年内有一半年份处于超标状态，主要超标因子为 COD 和总磷。其中，水污染防治行动计划基准年 2014 年南域、亚桥断面均为Ⅳ类，超标因子为总磷。考核断面历年逐月水质情况中，4～10 月丰水期水质较差，尤其集中在 4～6 月。

南流江考核断面具体水质情况见表 6-1。

表 6-1　南流江考核断面具体水质情况

断面名称	经度	纬度	水质目标	2014 年水质	2014 年超标因子
南域	109.09933°E	21.68906°N	Ⅲ	Ⅳ	总磷
亚桥	109.11000°E	21.66000°N	Ⅲ	Ⅳ	总磷

6.2　丰水期调查与评价

6.2.1　监测点位布设

为了能较好地反映北海境内南流江的水质情况，对南流江上游至下游（考核断面）流域内大面积同时进行水质监测。在各个沿江乡镇排污汇入南流江的干流，以及一级支流汇入南流江前均设置断面，包括 9 个干流断面和 18 个支流断面，共设置 27 个河流水质监测断面，涵盖了北海南流江汇水区范围内所有的一级支流。详见表 6-2 和图 6-1。

表 6-2　2016 年河流监测断面点位

监测时间	序号	断面编号	断面名称	水系	经度	纬度	所属乡镇	备注
2016 年 5 月	1	Z02	钟屋	张黄江	109.45000°E	21.91000°N	常乐	
	2	Z07	武利江口	武利江	109.32528°E	21.81333°N	石康	汇入南流江前

监测时间	序号	断面编号	断面名称	水系	经度	纬度	所属乡镇	备注
2016年5月	3	Z06	水车坪	武利江	109.30083°E	21.90194°N	石湾	
	4	N05	江底	干流	109.31450°E	21.80670°N	石康	
	5	N08	南城	干流	109.09933°E	21.68906°N	沙岗	
	6	N09	亚桥	干流	109.11000°E	21.66000°N	党江	
	7	N03	朱屋	干流	109.42140°E	21.84210°N	常乐	
2016年6月	8	N01	新渡	干流	21.91472°E	109.5872°N	曲樟	
	9	Z01	亚山渡	亚山小河	21.89056°E	109.5272°N	曲樟	
	10	N02	下企壁	干流	21.88417°E	109.5025°N	常乐	
	11	Z03	李家	李家小河	21.87528°E	109.4217°N	常乐	
	12	Z04	滩头村	鸭麻江	21.82333°E	109.3964°N	常乐	
	13	Z05	水木地	车板江	21.83°E	109.3739°N	常乐	
	14	Z08	独屋	未名河	21.81083°E	109.365°N	石康	武利江汇入前
	15	N04	沙窝	干流	21.82506°E	109.3367°N	常乐	
	16	Z09	崩沙湾	小白沙江	21.80111°E	109.3422°N	石康	
	17	Z10	江边	石康水库支流	21.77475°E	109.3244°N	石康	连通石康水库，贯穿石康镇城区
	18	N06*	后背村	干流	21.7661°E	109.2746°N	石康	
	19	Z11	犁壁勤	桥头江	21.78158°E	109.2619°N	石湾	
	20	Z12	瓦窑头	白花塘溪	21.76749°E	109.2322°N	石湾	石湾镇排污支流
	21	Z13	古城	古城小溪	21.76833°E	109.2251°N	石湾	石湾镇排污支流
	22	Z14	大白水水库出口	大白水	21.73422°E	109.1501°N	石湾	大白水水库入南流江前
	23	N07*	帮江村	干流	21.7228°E	109.1697°N	石湾	
	24	Z15	洪潮江水库出口	洪潮江	21.795°E	109.1663°N	星岛湖	洪潮江水库出口
	25	Z16	洪潮江大桥	洪潮江	21.72992°E	109.1533°N	星岛湖	洪潮江入南流江前
	26	Z18	石水坡	上洋小河	21.73422°E	109.1501°N	星岛湖	
	27	Z19	岑屋	红岭江	21.70792°E	109.1331°N	星岛湖	

*N06 和 N07 两个断面同时监测水质和水系沉积物，其余只监测水质。

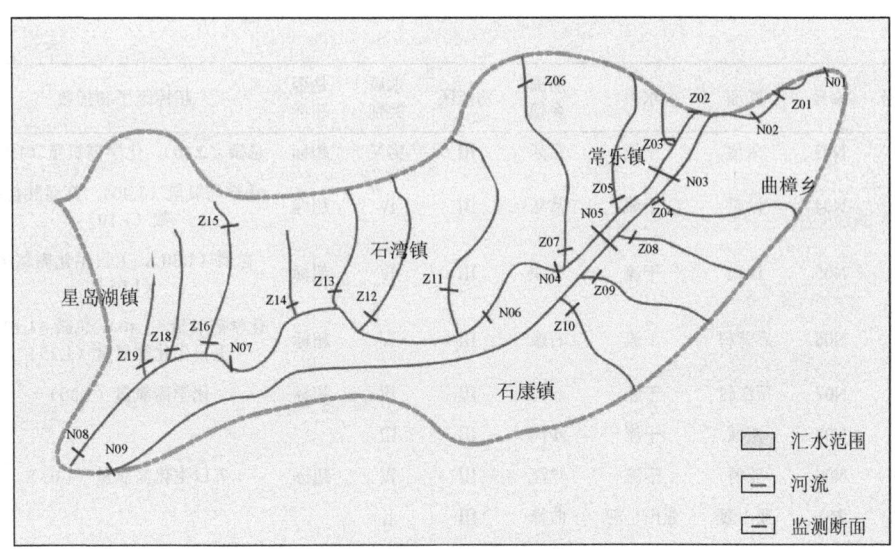

图 6-1 北海南流江监测点位图

6.2.2 监测时间和分析项目

考虑流域以面源污染为主，丰水期为水质最差时间，分别在丰水期 2016 年 5 月 10~20 日和 6 月 29~30 日进行了两次水质监测，即在各监测点/断面分别取样一次，同时在 N06 和 N07 两个断面增加监测水系沉积物，具体监测断面点位信息见表 6-2。

河流水质监测项目包括：水温、pH、化学需氧量、高锰酸盐指数、五日生化需氧量、总氮、总磷、氨氮等。

河流底泥监测项目包括：pH、总氮、总磷和有机质。

6.2.3 水质监测结果与分析

1. 总体评价

南流江流域现场监测水质状况见表 6-3。

表 6-3 南流江流域现场监测水质状况

序号	编号	断面	水系	所属乡镇	功能区	水质类别	是否超标	超标因子和指数
1	N01	新渡	干流	曲樟	III	IV	超标	化学需氧量（1.50），总磷（1.20）
2	N02	下企壁	干流	常乐	III	IV	超标	总磷（1.10）

序号	编号	断面	水系	所属乡镇	功能区	水质类别	是否超标	超标因子和指数
3	N03	朱屋	干流	常乐	Ⅲ	劣Ⅴ	超标	总磷（2.10），化学需氧量（1.10）
4	N04	沙窝	干流	常乐	Ⅲ	Ⅳ	超标	化学需氧量（1.40），高锰酸盐指数（1.10）
5	N05	江底	干流	石康	Ⅲ	Ⅳ	超标	总磷（1.30），五日生化需氧量（1.05）
6	N06	后背村	干流	石康	Ⅲ	Ⅳ	超标	化学需氧量（1.40），总磷（1.10），五日生化需氧量（1.25）
7	N07	帮江村	干流	石湾	Ⅲ	Ⅳ	超标	化学需氧量（1.30）
8	N08	南域	干流	沙岗	Ⅲ	Ⅲ		
9	N09	亚桥	干流	党江	Ⅲ	Ⅳ	超标	五日生化需氧量（1.05）
10	Z01	亚山渡	亚山小河	曲樟	Ⅲ	Ⅱ		
11	Z02	钟屋	张黄江	常乐	Ⅲ	Ⅳ	超标	五日生化需氧量（1.05）
12	Z03	李家	李家小河	常乐	Ⅲ	Ⅲ		
13	Z04	滩头村	鸭麻江	常乐	Ⅲ	Ⅴ	超标	化学需氧量（1.55）
14	Z05	水木地	车板江	常乐	Ⅲ	Ⅱ		
15	Z06	水车坪	武利江	石湾	Ⅲ	Ⅳ	超标	五日生化需氧量（1.03）
16	Z07	武利江口	武利江	石康	Ⅲ	Ⅲ		
17	Z08	独屋	未名河	石康	Ⅲ	Ⅳ	超标	化学需氧量（1.10）
18	Z09	崩沙湾	小白沙江	石康	Ⅲ	Ⅴ	超标	化学需氧量（1.90），高锰酸盐指数（1.50）
19	Z10	江边	石康水库支流	石康	Ⅲ	劣Ⅴ	超标	化学需氧量（2.40），总磷（1.65），氨氮（1.35），高锰酸盐指数（1.15）
20	Z11	犁壁勒	桥头江	石湾	Ⅲ	Ⅳ	超标	五日生化需氧量（1.28）
21	Z12	瓦窑头	白花塘溪	石湾	Ⅲ	Ⅳ	超标	五日生化需氧量（1.10），高锰酸盐指数（1.02）
22	Z13	古城	古城小溪	石湾	Ⅲ	劣Ⅴ	超标	氨氮（3.05），总磷（2.75），高锰酸盐指数（1.28），化学需氧量（1.20）
23	Z14	大白水水库出口	大白水	石湾	Ⅲ	Ⅳ	超标	化学需氧量（1.50）
24	Z15	洪潮江水库出口	洪潮江	星岛湖	Ⅲ	Ⅴ	超标	化学需氧量（1.70）
25	Z16	洪潮江大桥	洪潮江	星岛湖	Ⅲ	劣Ⅴ	超标	化学需氧量（2.70），高锰酸盐指数（1.82），五日生化需氧量（1.50）
26	Z18	石水坡	上洋小河	星岛湖	Ⅲ	Ⅲ		
27	Z19	岑屋	红岭江	星岛湖	Ⅲ	Ⅳ	超标	氨氮（1.06）

从表 6-3 来看，南流江北海流域水质超标较为严重，超标断面的比例达到 77.8%。超标的主要指标为氨氮、总磷、化学需氧量、高锰酸盐指数和五日生化需氧量，上述因子的最大超标指数（地点）为 3.05（石湾古城小溪）、2.75（石湾古城小溪）、2.70（洪潮江大桥）、1.82（洪潮江大桥）和 1.50（洪潮江大桥），氨氮、总磷和化学需氧量属严重超标。各类因子超标断面的比例见表 6-4。

表 6-4 南流江流域现场监测各类因子超标比例　　　（单位：%）

所有指标	化学需氧量	总磷	氨氮	五日生化需氧量	高锰酸盐指数
77.8	48.1	25.9	11.1	29.6	22.2

从表 6-4 来看，有约一半断面化学需氧量超标，有接近 1/3 断面的五日生化需氧量超标，有接近或达到 1/4 断面的总磷和高锰酸盐指数超标。因此，南流江北海流域化学需氧量为普遍性超标因子，主要污染因子为化学需氧量、五日生化需氧量、总磷和高锰酸盐指数。

南流江流域各类水质断面比例见表 6-5。两次监测共 27 个断面中，没有 I 类，II 类断面为 7.41%，III 类断面为 14.81%，IV 类、V 类和劣 V 类断面比例分别为 51.85%、11.11% 和 14.82%，即 3/4 以上的断面达不到 III 类水的要求。

表 6-5 南流江流域各类水质断面比例　　　（单位：%）

断面个数	I 类	II 类	III 类	IV 类	V 类	劣 V
27	0.00	7.41	14.81	51.85	11.11	14.82

根据《地表水环境质量评价办法》关于河流水质定性评价分级的要求（表 6-6），南流江北海流域定性评价为轻度污染。

表 6-6 河流、流域（水系）水质定性评价分级　　　（单位：%）

水质类别比例	水质状况	表征颜色
I ～III 类水质比例≥90%	优	蓝色
75%≤ I ～III 类水质比例<90%	良好	绿色
I ～III 类水质比例<75，且劣 V 类比例<20%	轻度污染	黄色
I ～III 类水质比例<75，且 20%≤劣 V 类比例<40%	中度污染	橙色
I ～III 类水质比例<75，且劣 V 类比例≥40%	重度污染	红色

2. 流域干流和支流水质情况

1）断面达标情况

在南流江干流设置了9个监测断面，其中有1个断面为劣Ⅴ类水质，出现在常乐镇；7个断面为Ⅳ类水质，只有下游考核断面之一南域断面为Ⅲ类水质，达到功能区标准。整个北海流域南流江干流从上游到下游基本均处于超标状态，说明该干流水质受北海上游水体影响严重。

在南流江流域中设置了18个支流监测断面，共涉及16条支流，其中2个断面为Ⅱ类水质，3个断面为Ⅲ类水质，7个断面为Ⅳ类水质，3个断面为Ⅴ类水质，3个断面为劣Ⅴ类。达标断面占比为27.8%，劣Ⅴ类断面占比16.7%。总体而言，流域上游支流达标断面较下游稍多，下游支流断面普遍超标。

南流江北海流域水质类别情况具体见图6-2。

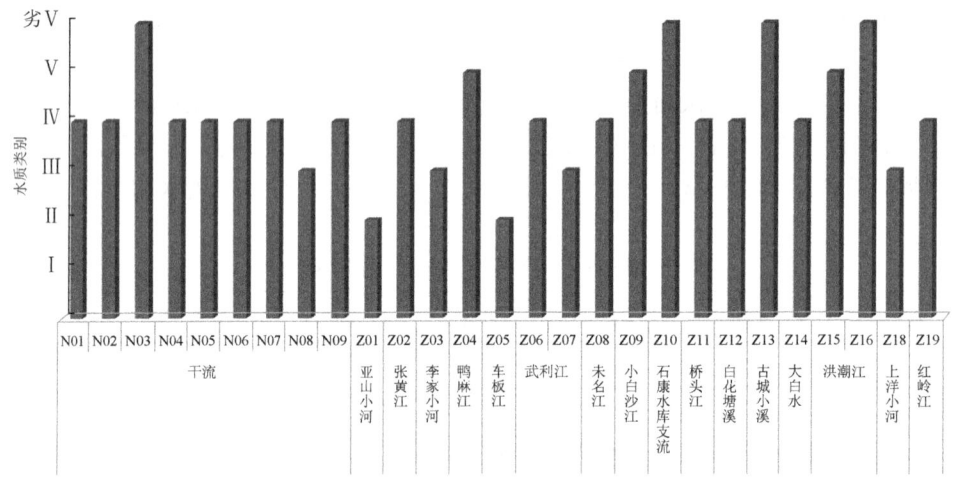

图 6-2　南流江北海流域水质类别情况

图中横轴数字为监测断面编号，下同

2）干流水质情况

在干流断面中，从上游至下游各断面水质情况具体见图6-3。

由图6-3可知，从北海南流江上游断面至下游断面，五日生化需氧量呈现逐步升高的趋势；高锰酸盐指数先下降，流经至石康镇和石湾镇上升，至下游断面下降；化学需氧量与高锰酸盐指数变化一致，先下降后在石康、石湾上升，至下游考核断面略有下降；总氮从上游至下游略逐步下降，总体变化较小；氨氮从上游至下游有显著下降的趋势；总磷总体变化较平缓，在常乐镇附近呈现最高值。

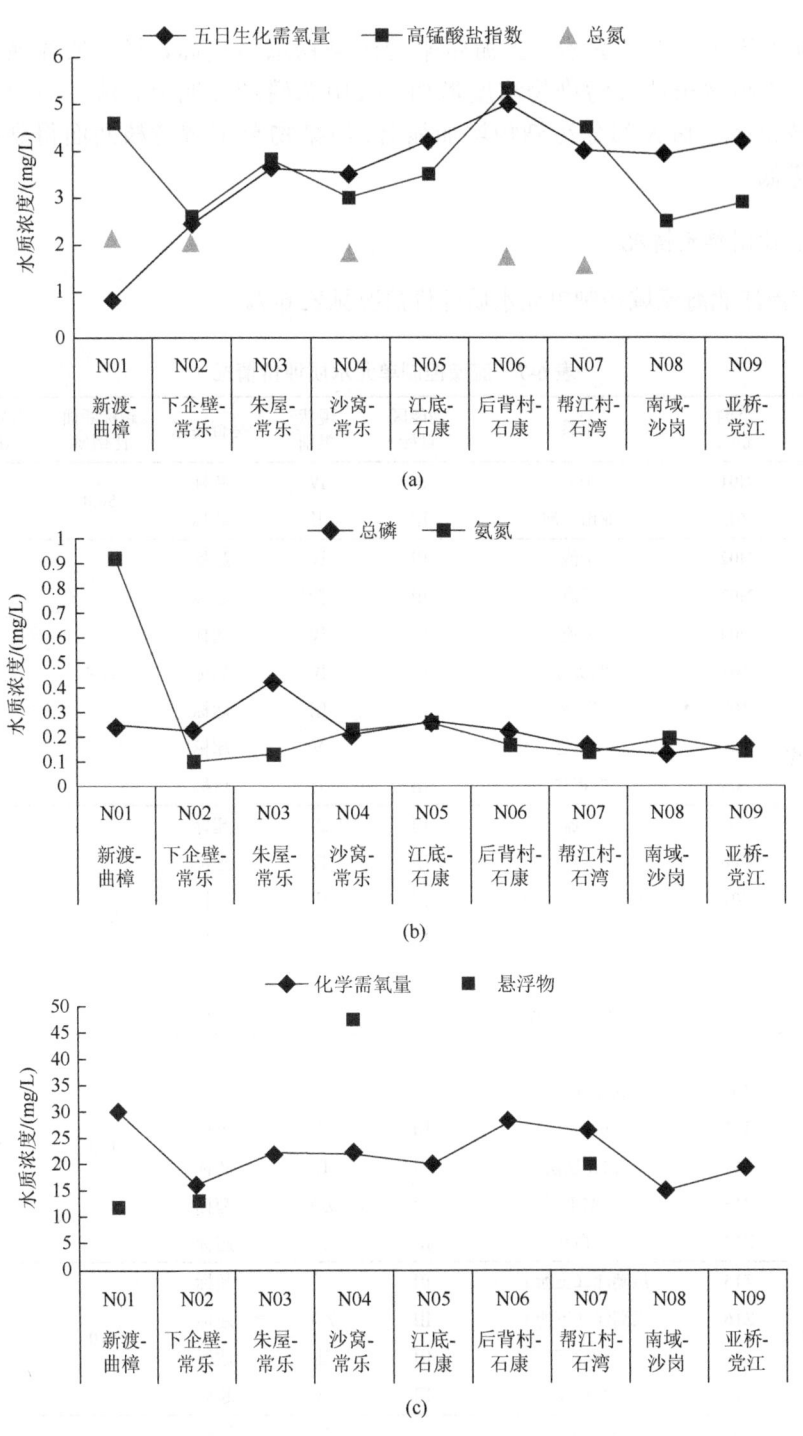

图 6-3　干流（上游至下游）各断面水质情况

　　从干流水质变化来看，上游带来的污染物总体较高，经一段流域降解后降低，流经常乐镇各污染物浓度增加，其中总磷增加明显，流经石康镇和石湾镇城镇区域后大部分污染物增加显著；污染物至下游考核断面得到降解后逐步降低。

3. 控制单元情况

　　南流江北海流域控制单元水质评价情况见表 6-7。

表 6-7　流域控制单元水质评价情况

所属乡镇	监测断面	水系	功能区目标	现状类别	是否超标	超标断面比例/%	劣Ⅴ类断面比例/%
曲樟	N01	干流	Ⅲ	Ⅳ	超标	50.0	0
	Z01	亚山小河	Ⅲ	Ⅱ	达标		
常乐	N02	干流	Ⅲ	Ⅳ	超标	71.4	14.3
	N03	干流	Ⅲ	劣Ⅴ	超标		
	N04	干流	Ⅲ	Ⅳ	超标		
	Z02	张黄江	Ⅲ	Ⅳ	超标		
	Z03	李家小河	Ⅲ	Ⅲ	达标		
	Z04	鸭麻江	Ⅲ	Ⅴ	超标		
	Z05	车板江	Ⅲ	Ⅱ	达标		
石康	N05	干流	Ⅲ	Ⅳ	超标	83.3	16.7
	N06	干流	Ⅲ	Ⅳ	超标		
	Z07	武利江（下游）	Ⅲ	Ⅲ	达标		
	Z08	未名河	Ⅲ	Ⅳ	超标		
	Z09	小白沙江	Ⅲ	Ⅴ	超标		
	Z10	石康水库支流	Ⅲ	劣Ⅴ	超标		
石湾	N07	干流	Ⅲ	Ⅴ	超标	100	16.7
	Z06	武利江（上游）	Ⅲ	Ⅳ	超标		
	Z11	桥头江	Ⅲ	Ⅳ	超标		
	Z12	白花塘溪	Ⅲ	Ⅳ	超标		
	Z13	古城小溪	Ⅲ	劣Ⅴ	超标		
	Z14	大白水	Ⅲ	Ⅳ	超标		
星岛湖	Z15	洪潮江（上游）	Ⅲ	Ⅴ	超标	75.0	25.0
	Z16	洪潮江（下游）	Ⅲ	劣Ⅴ	超标		
	Z18	上洋小河	Ⅲ	Ⅲ	达标		
	Z19	红岭江	Ⅲ	Ⅳ	超标		
考核断面	N08	干流（南域）	Ⅲ	Ⅲ	达标	50.0	0
	N09	干流（亚桥）	Ⅲ	Ⅳ	超标		

　　从表 6-7 和图 6-4 来看，整个流域的控制断面都存在不同程度的污染，除了上游曲樟乡控制单元无V类或劣V类水质断面外，常乐镇、石康镇、石湾镇、星岛湖镇控制单元都存在劣V类和V类水质断面，污染最严重的为石湾镇控制单元，100%的断面超标，劣V类水质断面占整个控制单元断面的 16.7%；石康镇控制单元 83.3%的断面超标，劣V类水质断面占整个控制单元断面的 16.7%；星岛湖镇控制单元 75.0%的断面超标，劣V类水质断面占整个控制单元断面的 25.0%；常乐镇控制单元 71.4%的断面超标，劣V类水质断面占整个控制单元断面的 14.3%。

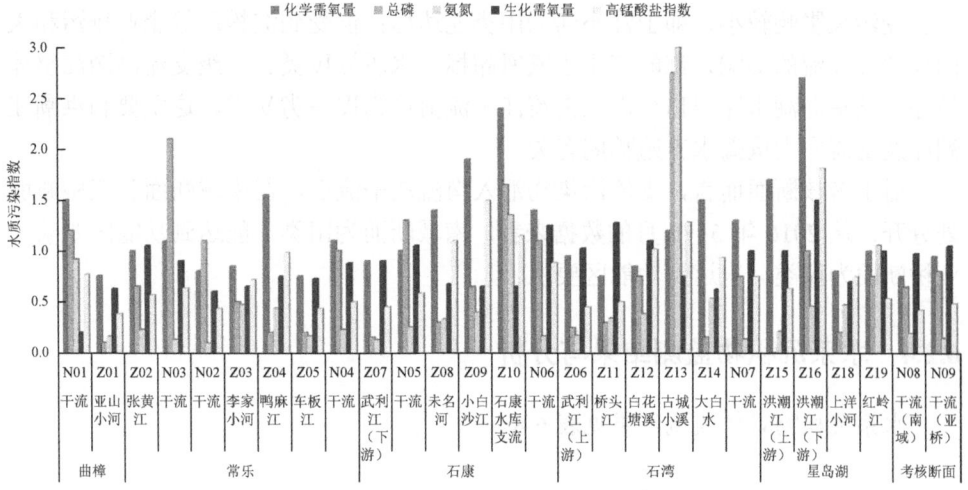

图 6-4　南流江北海流域水质污染指数情况

　　在曲樟乡控制单元中，支流水质较好，为Ⅱ类水质；干流水质较差，为Ⅳ类水质，污染因子主要为化学需氧量和总磷。由于曲樟乡流域范围内工业污染源和规模化养殖几乎没有，干流水质较差的主要原因为上游南流江污染物流入。

　　在常乐镇控制单元中，有一半的支流超标。其中，常乐镇南流江干流的西部支流水质较好，东部支流水质差，鸭麻江和张黄江分别为V类和Ⅳ类；干流 3 个断面水质均较差，其中在 N03 朱屋断面达到劣V类，主要是由于断面附近分散式养殖场较多，以及常乐镇 4 个工业排污口设置在断面附近；常乐镇下游干流 N04断面水质为Ⅳ类，说明较 N03 断面，污染物有所降解，但总体仍属超标状态。

　　在石湾镇控制单元中，由于石湾镇东南面乡村处于西门江流域范围，对南流江有影响的范围主要集中在石湾镇东北面，包括石湾镇城镇区域。流域范围中5 条支流的水质均较差，水质现状为Ⅳ～劣V类。其中，古城小溪为劣V类，主要是流经多个村庄，附近村民生活污水和畜禽散养废水、农田径流汇入，导致小溪超标严重。总体而言，石湾城镇沿江而设，东北有大面积林地和农田，石湾城镇生活污水的直接排入和种植业污染物的径流汇入，均对南流江污染物增加有较大贡献。

在石康镇控制单元中，总体水质较差，这与石康镇地理位置有关，石康镇和常乐镇一样，南流江均贯穿整个乡镇。石康镇城镇位于南流江边上，镇内有数个规模化养殖场。此外，石康镇地势平坦，农业发达，因此整个控制单元中水系污染主要来自城镇污水、畜禽养殖废水和农田径流污染物的排放。其中，贯穿石康城镇的 2 条支流中，石康水库支流为劣 V 类，小白沙江为 V 类，均超标严重。

在星岛湖镇控制单元中，由于星岛湖镇人口较少，分布较散，因此城镇边上河流受污染影响较小，即上洋小河为 III 类能达标；但受到淀粉厂等企业排污和大面积农田径流的影响，红岭江由于氨氮超标，水质为 IV 类。一级支流洪潮江整体较差，从星岛湖水库出口至汇入南流江干流前均为 IV～劣 V 类，这主要和洪潮江湖库及支流中大量圈水养殖鸭鹅有关。

对于考核断面而言，支流污染物汇入南流江干流后，在南域断面和亚桥断面处分开，从 2016 年 5～6 月的数据来看，南域断面为 III 类，能达到功能区要求，亚桥断面为 IV 类，未达到功能区要求。

6.2.4　水系沉积物监测结果与分析

水系沉积物具体监测结果见表 6-8。

表 6-8　水系沉积物具体监测结果

监测点位	pH	全氮/(mg/kg)	全磷/(mg/kg)	有机质/(mg/kg)	所属乡镇	水系位置
N06	7.35	850	546	8.1	石康	北海南流江中上游
N07	7.46	508	265	3.6	石湾	北海南流江中下游

由表 6-8 可知，北海南流江干流中游的沉积物中氮、磷含量较高，相对而言，石康干流中水系沉积物的全氮、全磷和有机质较石湾干流的水系沉积物要高，这与干流水质浓度 N06 比 N07 总体污染物浓度较高的趋势是一致的。这主要因为石康镇人口及污水排放量比石湾镇大，河流所接纳的污染物沉积在河流底泥中，底泥含量随着污染物累积排入而增加。

6.3　水环境状况变化趋势分析

6.3.1　主要河流监测断面

南流江北海流域共有 4 个水质监测断面，见表 6-9。

表 6-9　南流江流域水质监测断面及水功能区水质目标

断面所在行政区	断面名称	水功能区水质目标
北海市	江口大桥	III
	武利江（东边埇）	III
	南域	III
	亚桥	III

（1）江口大桥断面：位于常乐镇，水质类别目标为III类。该断面代表北海南流江较上游水质，每月上旬监测 1 次。数据来源为北海市生态环境局。

（2）武利江（东边埇）断面：位于常乐镇，水质类别目标为III类。该断面为国家重点流域控制单元考核断面，代表南流江一级支流武利江水质，每月上旬监测 1 次。数据来源为北海市生态环境局。

（3）南域断面和亚桥断面：分别位于沙岗镇和党江镇，为南流江干流分叉而成的 2 个干流，水质类别目标均为III类。此两个断面代表南流江下游入海前水质，其中亚桥断面为国家重点流域控制单元考核断面。数据来源为广西壮族自治区海洋环境监测中心站。

6.3.2　2005～2015 年平均水质状况

根据 2005～2015 年实测数据，南流江流域年均水质类别变化趋势见表 6-10。

表 6-10　南流江北海流域 2005～2015 年均水质类别

序号	站名	功能区	2005 年	2006 年	2007 年	2008 年	2009 年	2010 年	2011 年	2012 年	2013 年	2014 年	2015 年
1	江口大桥	III	II	III	II	II	II	III	III	III	III	IV（超）	IV（超）
2	武利江（东边埇）	III	II	III	II	II	II	III	III	III	III	II	II
3	南域	III	III	V（超）	IV（超）	III	III	III	III	IV（超）	III	IV（超）	III
4	亚桥	III	II	V（超）	IV（超）	III	III	III	III	IV（超）	III	IV（超）	IV（超）

注：类别括号中的"超"代表该类型超过了功能区的水质类别，下同。

从表 6-10 来看，2013 年以前，江口大桥和武利江（东边埇）2 个断面均能满足III类水的功能区水质目标，但南域断面和亚桥断面在 2006 年、2007 年和 2012 年均超标，水质类别为V类或IV类。2014 年和 2015 年，南流江流域水质恶化趋势十分明显，尤其是 2014 年，4 个断面中有 3 个断面（江口大桥、亚桥和南域）均为Ⅳ类，不能达到功能区水质目标；2015 年，江口大桥和亚桥不能达到功能区水质目标。

2005～2015 年，南流江北海流域年均水质主要超标指标和污染指数见表 6-11。从表 6-11 来看，南流江流域年均水质超标指标主要为总磷。2014 年，总磷最大污染指数为 1.42；2015 年，总磷最大污染指数分别为 1.39。从断面来看，2014 年和 2015 年，超标最为严重的断面均为江口大桥。

表 6-11　南流江北海流域 2005～2015 年年均水质主要超标指标和污染指数

年份	江口大桥	武利江（东边埇）	亚桥	南域
2005	—	—	—	—
2006	—	—	化学需氧量（1.53）	化学需氧量（1.68）
2007	—	—	化学需氧量（1.01）	化学需氧量（1.03）
2008	—	—	—	—
2009	—	—	—	—
2010	—	—	—	—
2011	—	—	—	—
2012	—	—	总磷（1.24）	总磷（1.20）
2013	—	—	—	—
2014	总磷（1.39）	—	总磷（1.42）	总磷（1.30）
2015	总磷（1.39）	—	总磷（1.19）	—

注：污染指数为水质浓度与功能区标准的比值，下同。

6.3.3　2011～2015 年逐月水质状况

2011 年起，江口大桥和武利江（东边埇）2 个断面每月进行水质监测，亚桥断面和南域断面从 2013 年起每月进行水质监测，2011～2012 年为每个季度监测 1 次。2011～2015 年，南流江流域最差月水质类别见表 6-12。

表 6-12　南流江流域 2011～2015 年最差月水质类别

序号	站名	功能区	2011 年	2012 年	2013 年	2014 年	2015 年
1	江口大桥	Ⅲ	Ⅲ	Ⅲ	Ⅲ	劣Ⅴ（超）	劣Ⅴ（超）
2	武利江（东边埇）	Ⅲ	Ⅲ	Ⅲ	Ⅲ	Ⅳ（超）	Ⅲ
3	亚桥	Ⅲ	Ⅳ（超）	劣Ⅴ（超）	Ⅴ（超）	劣Ⅴ（超）	劣Ⅴ（超）
4	南域	Ⅲ	Ⅲ	Ⅳ（超）	Ⅴ（超）	劣Ⅴ（超）	Ⅳ（超）

从表 6-12 来看，2011～2015 年，最差月水质类别超标比例剧增，2011 年只有亚桥断面超标，至 2014 年全部断面超标，2015 年，除武利江（东边埇）以外其他断面均超标。

南流江北海流域 2011～2015 年水质超标比例见表 6-13。

表 6-13　南流江北海流域 2011～2015 年水质超标比例

序号	站名	功能区	2011 年	2012 年	2013 年	2014 年	2015 年
1	江口大桥	III	0%	0%	0%	83%	58%
2	武利江（东边埇）	III	0%	0%	0%	8%	0%
3	亚桥	III	50%*	75%*	58%	50%	33%
4	南域	III	0%*	75%*	42%	58%	58%

*2011～2012 年南域断面和亚桥断面每年监测 4 次。

从表 6-13 来看，2011～2015 年亚桥全部超标，超标比例在 33%～75%；南域从 2012 年起一直超标，超标比例在 42%～75%；江口大桥和武利江（东边埇）从 2014 年开始有超标现象。2014 年，4 个断面中有 3 个断面超标比例大于 50%，2012 年、2015 年全年有 2 个断面超标比例大于 50%。

南流江北海流域 2011～2015 年最差月水质超标指标见表 6-14。其中，2014～2015 年主要断面逐月情况见图 6-5～图 6-10。

表 6-14　南流江北海流域 2011～2015 年最差月水质超标指标

序号	站名	功能区	2011 年	2012 年	2013 年	2014 年	2015 年
1	江口大桥	III	—	—	—	2 月：总磷（2.15）	8 月：总磷（1.15），化学需氧量（1.05）；9 月：总磷（2.65）
2	武利江（东边埇）	III	—	—	—	5 月：总磷（1.50）	—
3	亚桥	III	7 月：总磷（1.17）	4 月：氨氮（2.35）总磷（1.40），五日生化需氧量（1.34），化学需氧量（1.22）	4 月：总磷（1.57），化学需氧量（1.23）	3 月：总磷（2.87）	5 月：氨氮（2.35），总磷（1.75）
4	南域	III	—	4 月：氨氮（1.47），总磷（1.30）	4 月：总磷（1.57）	4 月：总磷（2.22）	10 月：总磷（1.50）

注：括号内为污染指数，即污染物浓度与功能区标准的比值。

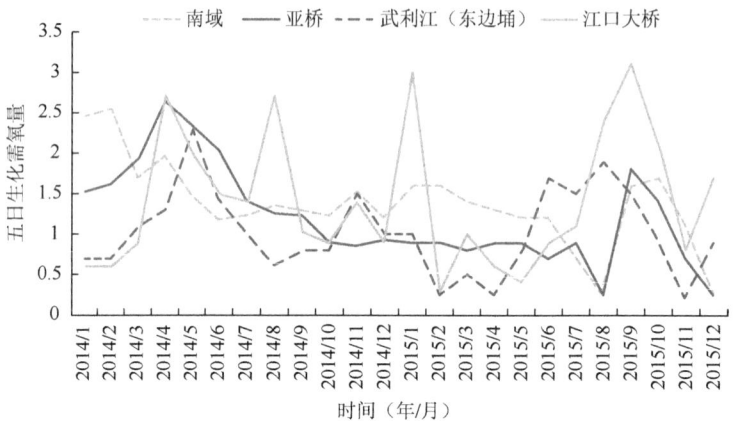

图 6-5 2014~2015 年各主要断面五日生化需氧量逐月数据变化图

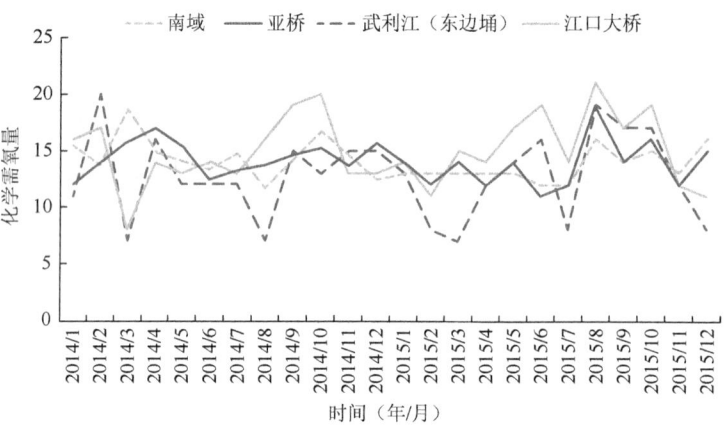

图 6-6 2014~2015 年各主要断面化学需氧量逐月数据变化图

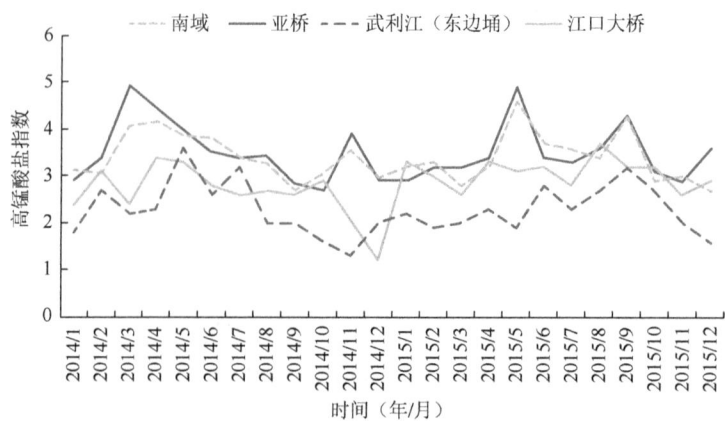

图 6-7 2014~2015 年各主要断面高锰酸盐指数逐月数据变化图

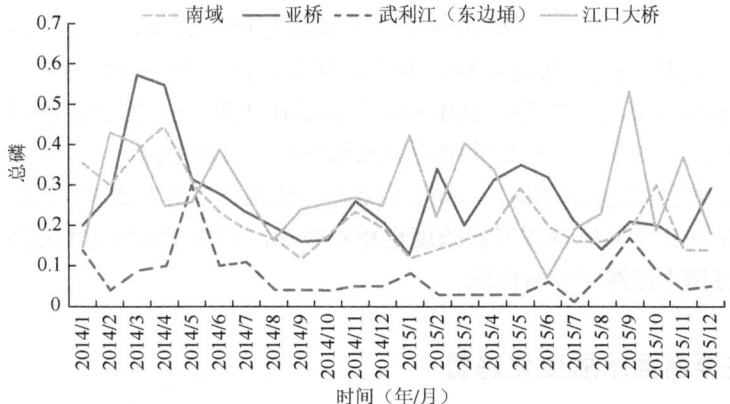

图 6-8　2014～2015 年各主要断面总磷逐月数据变化图

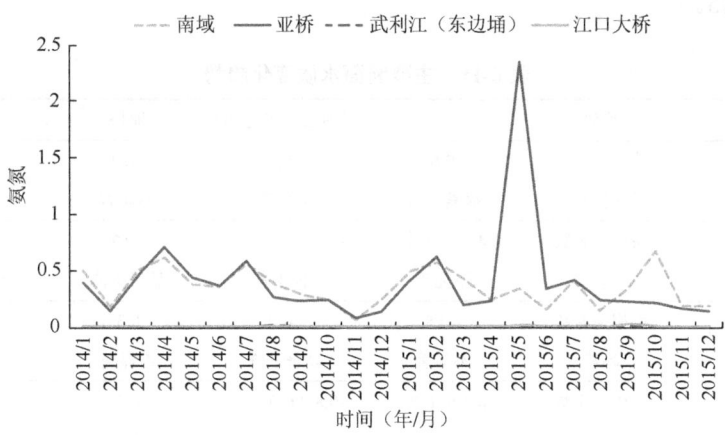

图 6-9　2014～2015 年各主要断面氨氮逐月数据变化图

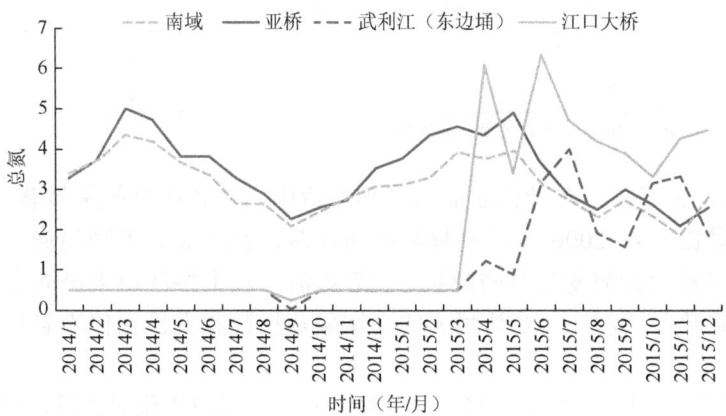

图 6-10　2014～2015 年各主要断面总氮逐月数据变化图

从表 6-14 和图 6-5～图 6-10 来看，总磷超标比较突出，2011～2015 年 4 个断面最差月的超标因子均有总磷，为南流江北海流域最主要超标因子。2011～2015 年超标集中在 2～10 月，其中最差月出现在 4 月、5 月丰水期较多，因此说明总磷的控制应主要关注畜禽养殖污染源和农村、农业面源。

其次是化学需氧量和氨氮，在最差月超标中出现频率均为 25%。2011～2015 年断面枯水期的化学需氧量和氨氮浓度也相对较高，对化学需氧量和氨氮的控制应主要关注城镇生活源和农村面源。

6.3.4　主要断面水质变化趋势

根据历年监测数据，采用 Spearman 秩相关系数法计算，主要断面水质变化趋势见表 6-15。

表 6-15　主要断面水质变化趋势

项目	趋势	江口大桥	武利江（东边埇）	亚桥	南域
氨氮	秩相关系数	0.6	−0.1	−0.2	−0.4
	趋势	显著上升	不显著	不显著	不显著
化学需氧量	秩相关系数	0.4（5 个数）	−0.7（5 个数）	−0.7	−0.7
	趋势	不显著	不显著	显著下降	显著下降
高锰酸盐指数	秩相关系数	−0.5	−0.8	0.3	0.3
	趋势	不显著	显著下降	不显著	不显著
总磷	秩相关系数	0.8（6 个数）	−0.8（6 个数）	0.9	0.7
	趋势	不显著	不显著	显著上升	显著上升
五日生化需氧量	秩相关系数	−0.2	−0.7	−0.4	−0.5
	趋势	不显著	显著下降	不显著	不显著
总氮	秩相关系数	—	—	0.7	0.8
	趋势	—	—	显著上升	显著上升

注：趋势均为 2005～2015 年共 11 个数，标注除外。

由表 6-15 可知，在考核断面南域和亚桥中，总磷和总氮呈显著上升趋势，化学需氧量由于较 2006 年的高峰值有所回落，呈现显著下降趋势，考核断面从化学需氧量超标演变为总磷超标；北海南流江较上游江口大桥断面氨氮呈现显著上升趋势，武利江（东边埇）的高锰酸盐指数和五日生化需氧量呈现显著下降趋势。

主要断面氨氮、化学需氧量、高锰酸盐指数、五日生化需氧量、总磷和总氮的年均浓度变化趋势见图 6-11～图 6-16。

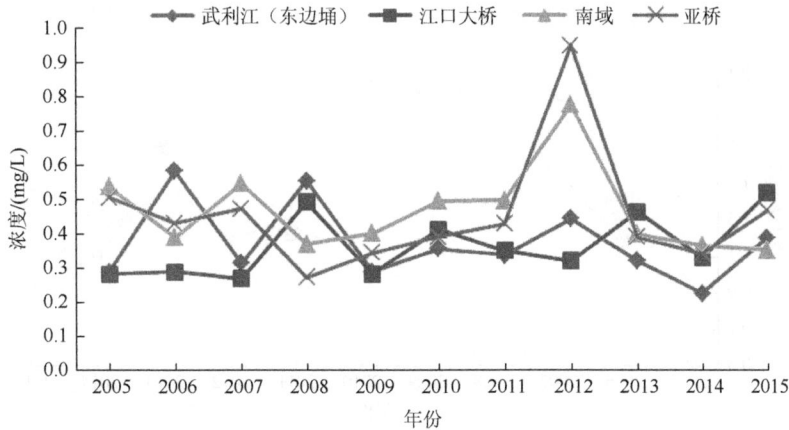

图 6-11　主要断面水质年均浓度变化趋势（氨氮）

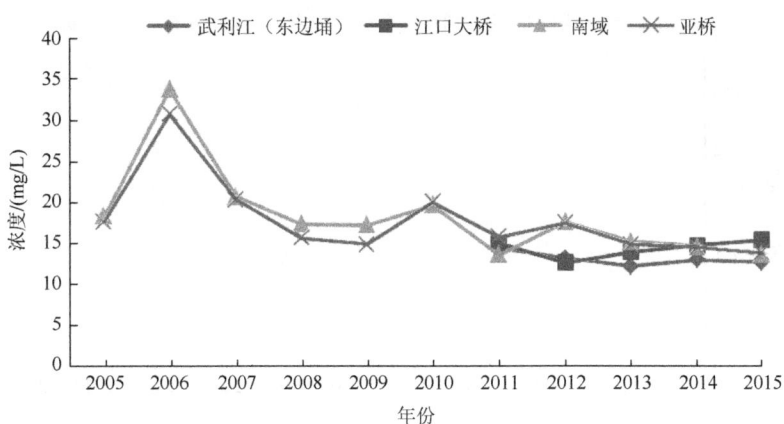

图 6-12　主要断面水质年均浓度变化趋势（化学需氧量）

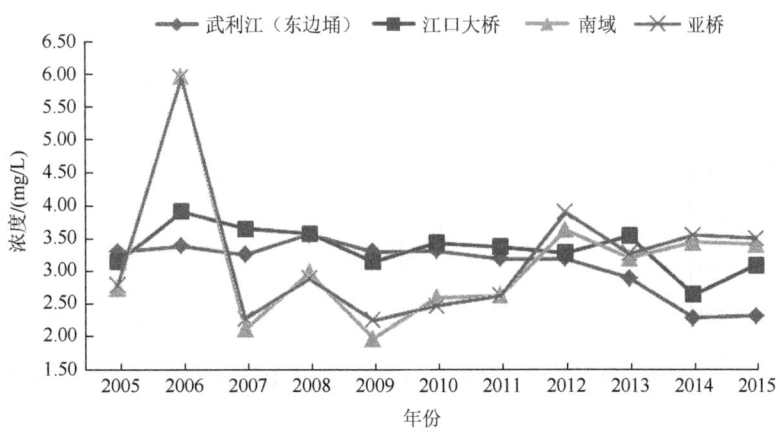

图 6-13　主要断面水质年均浓度变化趋势（高锰酸盐指数）

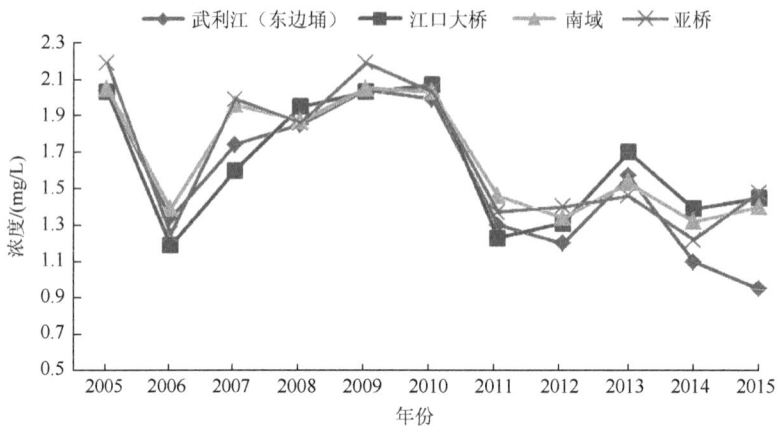

图6-14　主要断面水质年均浓度变化趋势（五日生化需氧量）

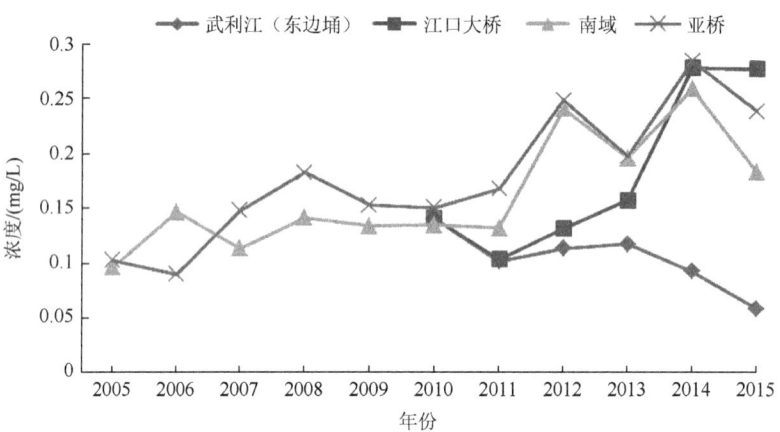

图6-15　主要断面水质年均浓度变化趋势（总磷）

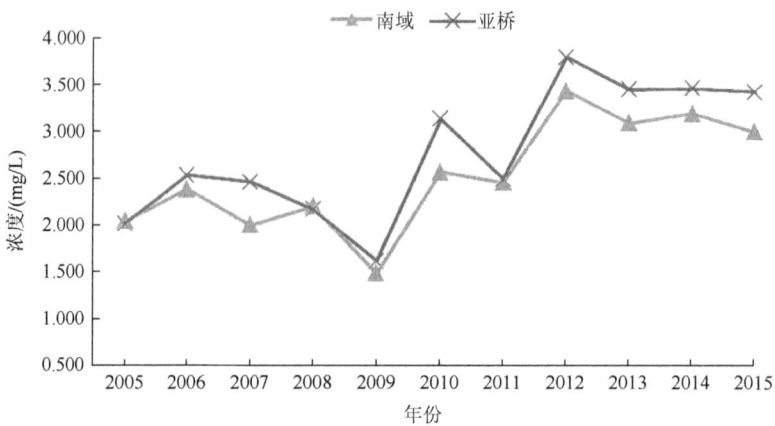

图6-16　主要断面水质年均浓度变化趋势（总氮）

6.4　水污染特征及原因分析

6.4.1　北海南流江主要水污染特征

结合现场监测和历年主要断面的监测数据，整个南流江北海流域主要污染物分别为总磷、化学需氧量、氨氮和五日生化需氧量。通过 2016 年丰水期流域大面积调查可知，流域内 16 条主要支流水质参差不齐，现状达标情况只有 4 条河流达标，分别为亚山小河、李家小河、车板江和上洋小河；19 个断面达标断面占比为26.3%，劣 V 类断面占比 15.8%。南流江干流 9 个断面中，除了亚桥断面以外，其余 8 个断面处于超标状态。其中，常乐镇的干流水质最差（劣 V 类），这主要由于常乐镇沿江而建，城镇生活污水未经处理直接排入以及常乐镇工业污水排入南流江干流，干流局部水质变差。

从近 10 年数据来看，自 2014 年起北海南流江从上游至下游水质整体均经常为超标状态，下游亚桥和南域自 2006 年起均有不同程度的超标，最主要超标因子为总磷。2011~2015 年中，北海南流江干流主要断面逐月超标次数增加剧烈，超标严重，历年逐月超标主要集中在 4~10 月。其中，最差月出现在 4 月、5 月丰水期较多，说明地表径流挟带污染源入江为河流污染的重要原因，随着雨量增多，冲刷污染物入江增多。

在南流江北海流域各控制单元中，全流域干流全部超标，受支流分布和水质影响，所有重点控制单元中，石湾镇总体水质最差，现场调查中有 5 条支流和1 条干流，100%断面超标。其中，劣 V 类水质断面占整个控制单元断面的 16.7%；其次石康镇控制单元有 4 条支流和 2 条干流，6 个断面有 83.3%的断面超标，劣V 类水质断面占整个控制单元断面的 16.7%；常乐镇控制单元有 4 条支流和 3 条干流，7 个断面中有 71.4%的断面超标，劣 V 类水质断面占整个控制单元断面的14.3%；星岛湖镇控制单元有 4 条支流，4 个断面有 75.0%的断面超标，劣 V 类水质断面占整个控制单元断面的 25.0%。其中，常乐、石康和石湾受到城镇生活污水的影响较大，同时常乐、石康和星岛湖单元受到工业排放、规模化养殖场的排放影响均较重，各个控制单元农业面源污染均较突出。

6.4.2　主要原因分析

（1）受上游玉林、钦州流域南流江污染物传递的影响，北海南流江干流从上游开始即超标。

　　表 6-16 和表 6-17 为南流江上游流域 2015 年水质超标情况和 2011～2015 年最差月水质类别及超标指数。表 6-16 表明从上游玉林六司桥断面到南流江最后考核断面，2015 年主要超标因子都是总磷，表 6-17 和表 6-18 表明上游断面在 2013 年开始出现月份超标现象，与该区域内的江口大桥、亚桥和南域近 5 年的变化趋势基本类似。同时，从图 6-15 也可以看出，在合浦的入境交界断面江口大桥总磷变化趋势与亚桥断面、南域断面基本一致。由此可以发现，亚桥断面和南域断面受上游水质影响明显，上游受到畜禽养殖污染及工业城镇污染等的影响，水质时常处于超标状态，南流江上游污染物传递，是北海南流江上游断面出现超标现象的一个重要因素。

表 6-16　南流江上游流域 2015 年水质超标情况

站名	六司桥	横塘	江口大桥	亚桥	南域
断面性质	玉林市下游	博白-浦北交界	浦北-合浦交界	考核断面	考核断面
平均水质	Ⅳ（超）总磷（1.36）	Ⅳ（超）总磷（1.07）、氨氮（1.06）	Ⅳ（超）总磷（1.3）	Ⅳ（超）总磷（1.19）	Ⅲ

表 6-17　南流上游流域 2011～2015 年最差月水质类别及超标指数

序号	站名	功能区	2011 年	2012 年	2013 年	2014 年	2015 年
1	六司桥	Ⅲ	Ⅲ	Ⅲ	Ⅳ（超）总磷（1.50），溶解氧（1.35）	Ⅳ（超）五日生化需氧量（1.48），总磷（1.45），化学需氧量（1.35），氨氮（1.32），溶解氧（1.16）	Ⅴ（超）总磷（1.80），氨氮（1.68），化学需氧量（1.50），五日生化需氧量（1.40）
2	玉林市站-钦州市站断面	Ⅲ	Ⅲ	Ⅲ	Ⅳ（超）溶解氧（1.32）	Ⅳ（超）溶解氧（1.39），五日生化需氧量（1.30），总磷（1.30），氨氮（1.22）	Ⅴ（超）氨氮（1.91），总磷（1.60），化学需氧量（1.50），五日生化需氧量（1.43）

表 6-18　南流江上游流域 2011～2015 年水质超标比例

序号	站名	功能区	2011 年	2012 年	2013 年	2014 年	2015 年
1	六司桥	Ⅲ	0%	0%	33%	58%	75%
2	玉林市站-钦州市站断面	Ⅲ	0%	0%	8%	33%	67%

　　通过利用 2015 年江口大桥断面（代表北海南流江上游）和南域断面、亚桥

断面（代表北海南流江下游）的水质数据，以及南流江上游和下游多年平均径流量，进行污染物通量的估算，计算得出 2014 年各断面的污染物通量。具体见表 6-19 和图 6-17。

表 6-19　2014 年南流江断面污染物通量估算值（单位：万 t/a）

断面名称		高锰酸盐指数	化学需氧量	氨氮	总磷	总氮
上游污染物	江口大桥*	13.50	75.32	1.69	1.43	1.23
下游污染物	南域	8.66	34.70	0.90	0.47	7.64
	亚桥	15.18	59.93	2.04	1.04	14.89
	合计	23.84	94.63	2.94	1.51	22.53
上游和下游比值		0.57	0.80	0.57	0.95	0.05

*江口大桥断面污染物估算的水量包含南流江干流、张黄江和常乐北面的小支流流量。

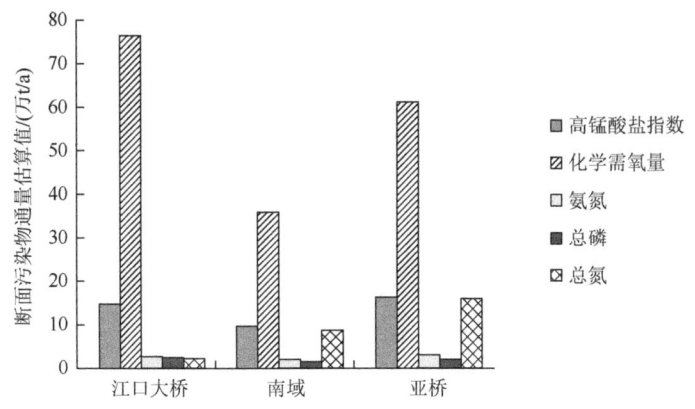

图 6-17　2014 年北海南流江断面污染物通量估算值

　　南流江上游位于玉林市，下游主要位于北海市。由表 6-19 可以看出，上游玉林市污染物总量远大于北海境内流域所产生的污染物。结合水质分析可以看出，南流江上游污染对下游北海境内贡献突出，尤其是总磷指标，这主要是由于上游玉林市人口密集，且畜禽养殖业发达，尤其是生猪养殖，所产生的污染物相对较多。

　　（2）沿河乡镇和工业对南流江干流影响也较大。从南流江干流断面 2016 年大面积调查的结果可以看出，干流水质在经过常乐段水质明显变差，表明常乐镇工业排污和镇区排污对干流水质有较大影响。同时流经石康镇、石湾镇的支流与没有经过乡镇建成区的支流相比水质更差，可见沿河乡镇生活污水直排和工业企业排污也是该区域水质污染的一个主要影响因素。

　　（3）区域超标的主要指标为氨氮、总磷、化学需氧量、高锰酸盐指数和五日生化需氧量，区域内工业很少，这些污染因子主要是生活污水和畜牧养殖业的主要污染因子。从 2016 年大面积调查的结果可以看出，南流江南面农村人口聚居的常乐东面、石康东面的支流比曲樟、常乐北面等人口相对较少的污染严重。另外，养殖较多的石湾和星岛湖部分支流也出现明显的超标现象，说明畜牧养殖和农村生活排污对区域的水质超标贡献较大。同时结合污染源的排放比例也可以看出，畜禽养殖和农村生活是区域内上述污染物的主要来源，因此，畜禽养殖和农村生活排污是南流江北海流域内水质超标的重要原因。

　　（4）该区域最主要的超标因子是总磷，其主要来源除了畜牧养殖外，最大的来源可能是种植业的施肥流失。南流江北海流域地势相对平坦，农田面积广袤，分布有数个林场，桉树林面积大，种植业的面源径流成为流域污染物来源的主要原因之一。

第 7 章　南流江环境诊断和识别

7.1　流域污染未得到有效控制

7.1.1　畜禽养殖污染物排放量大

近 10 年来，南流江北海流域畜禽养殖业快速发展，成为农村经济发展的支柱产业和农民增收的重要来源。流域内畜牧养殖业产业和产品主要有瘦肉型猪、黑土猪、本地水牛、奶水牛、本地山羊、放坡三黄鸡、凤翔桂香鸡、合浦狮头鹅、樱桃谷、骡鸭、海鸭蛋等。"十二五"期间，流域推进无公害标准化养殖和生态养殖，加强环境治理，改善饲养环境取得一定成效。2007 年以来，合浦县实施生猪标准化规模养殖场建设项目 68 个，创建 8 个畜禽标准化示范场，推动了生猪、肉牛、肉羊以及肉鸡标准化健康养殖，粪污排放得到一定有效治理，饲养环境得到一定改善，养殖经济效益和社会效益增加明显，在开展规模化畜禽养殖的减排工作中也初见成效。但是由于长期以来畜牧养殖业发展存在养殖方式落后、环境污染治理水平落后、污染防治管理相对滞后等问题，流域畜禽污染仍非常突出，成为影响南流江北海流域水环境质量的重要因素。

1. 畜禽产业养殖量大，污染物排放量大

近年来，流域畜牧养殖发展较快，畜禽养殖量大。2015 年，规模化畜禽养殖猪年存栏量约为 39512 头，年出栏量约为 39881 头；肉鸡年存栏量约为 150000 只，年出栏量约为 120000 只。散养式畜禽养殖种类也以生猪和肉鸡为主，2015 年养殖畜禽猪年存栏量约为 21.7351 万头，年出栏量约为 23.1556 万头；肉鸡年存栏量约为 235.95 万只，年出栏量约为 479.96 万只。此外，还有出栏鸭 190.03 万只，出栏鹅 48.78 万只。相对于只有 5 个镇的区域，养殖密度较大。

2. 畜禽产业化层次低，污染控制难度大

流域畜禽养殖产业化、规模化水平偏低，畜牧生产中小规模低水平的散养方式仍占较大比例，近 40% 的生猪由年出栏 100 头以下的散户提供。以生猪养殖为例，2015 年生猪养殖出栏规模化养殖场所占的比例只接近 20%，绝大部分为非规模化养殖的散养户出栏量。小户散养方式所固有的生产粗放、标准化程度低、分

散分布难管理等问题，使得流域污染控制难度加大。

各乡镇畜禽散养污染物具体见图 7-1 和图 7-2。由图可知，散养污染为流域畜禽污染最大来源。

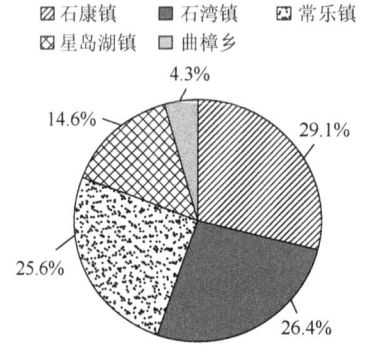

图 7-1　各乡镇畜禽散养污染物占比图

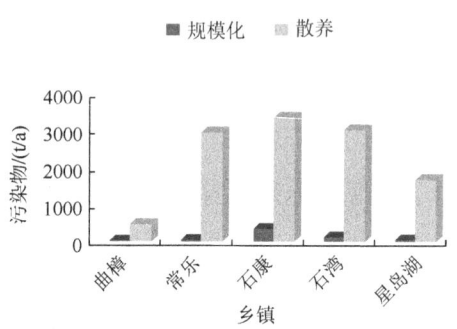

图 7-2　各控制单元污染物情况

流域内畜禽散户养殖以石康镇、石湾镇和常乐镇居多，分布多密集在南流江干流或主要支流附近。散户养殖一般采取较简陋的传统模式，仅搭建牲畜棚，基本没有污染治理设施，清污方式主要取决于户主习惯，而大部分畜禽散养沿江而设，多数养殖户直接采取水冲粪污，致使畜禽所产污染物直排入江（图 7-3）。虽然单个散养户所养畜禽数目不多，但是众多密集散养排污累加，可对南流江产生一定的负担，超出水体本身的自净能力。畜禽养殖污染物已成为南流江流域水体污染的主要来源。但是，散户养殖污染排放较零散，随机性大，且目前对散养缺乏行之有效的防治措施，致使污染控制较难。

图 7-3　畜禽散养沿江排放照片

3. 畜禽养殖结构以污染较重的生猪为主，水域养鸭鹅影响较大

生猪养殖业是合浦县畜牧业的主导产业。2015 年，畜禽养殖中生猪养殖的比例较大，占整个合浦县养殖业 39%的是鸭和鹅养殖，牛和羊的养殖量较少。散养的生猪尿粪较难分离，许多专业养殖户和散养大多采用水冲的传统方式，排污系数较大。另外，绝大多数鸭和鹅的饲养都是在水域或靠近水域，其粪便直接排入水体，对水体水质影响较大。近几年，合浦水库、洪潮江水库等重要水体的水质变差，最主要的原因就是在湖库周边大量地养鸭、养鹅。调查中发现，南流江沿河多处养鸭场，引起了局部水体水质的严重恶化，对流域水质影响较大。在洪潮江水库及水库出水支流养鸭众多，星岛湖、党江和沙岗等镇干流边上的村民在南流江河堤内养鸭养鹅，因其靠近控制断面，对控制断面水质产生较大影响。

4. 流域规模化养殖模式传统粗放，不能适应污染治理及减排的需求

南流江北海流域规模化畜禽养殖场共 31 家，养殖场的养殖模式均较传统粗放，缺乏充足的排污处理设备和配套设施，养殖废水没有得到及时有效的处理和资源化利用，对水环境质量造成损害。流域规模化畜禽养殖业污染治理设施基础薄弱，综合处理与利用效率低减排工作历史欠账多、投入不足。一些中小规模养殖场和散养户总体治污技术水平落后，大量畜禽粪便、污水外排与有限的土地消纳能力矛盾突出，使环境污染加剧。经调研，流域内规模化养殖废水处理模式主要为：废水收集，沼气池，储液池，部分养殖场设有氧化塘；废水经过沼气池后，部分用于农灌，无法消纳的废水则直接排到水体中。

5. 养殖场沿河（库）而建，污染风险大

流域畜禽养殖场较分散，多数养殖场或专业养殖户紧邻江河水库，位于干流、主要支流或主要水库边上，甚至部分养殖场内有支流/水渠/溪流贯穿，污水直排、漏排进入河流的风险很大。另外，有些养殖场虽然距离干支流或水库有一小段距离，但在干支流或水库边设有氧化塘或应急储水塘，水塘容易渗或溢到干支流或水库中。紧邻或靠近干支流也增加了养殖场未处理的废水或者沼气池简单处理后经过水沟或水管或农灌管直排入水体的风险。图 7-4 为石康建成养殖场所在位置，该厂紧挨石康水库，其氧化塘与水库相隔不过 5m，且未有防渗措施，环境风险巨大。图 7-5 显示星岛湖支流由畜禽养殖废水排放等引起水质明显恶化。

图 7-4　石康建成养殖场紧挨石康水库

图 7-5　星岛湖支流由畜禽养殖废水排放等引起水质明显恶化

7.1.2　城镇生活污水直排入江

由于建设资金缺口大，北海南流江城镇污水处理厂总体建设不足，流域内 8 个城镇中，目前只有石康镇完成建设 1000t/d 污水处理厂 1 座，其余乡镇中，常乐镇、石湾镇污水处理厂在建，其他乡镇均未进行前期工作。

除了乡镇污水处理厂建设不足外，已建的石康镇污水处理厂还存在运维落实问题，虽然石康镇污水处理厂已完成调试，但由于运维资金存在缺口，一直未能开始试运行及投入使用。

　　流域内城镇生活污水处理现状主要为：大部分情况是各家各户自建化粪池，但化粪池缺少后续维护的清理，若满负荷时，生活污水则溢入土壤，从而被土地消纳或逐步污染地下水体；还有一部分城镇住户直接将生活污水倒入城镇街道的雨水管道，未经任何处理直接排入河流，最终进入南流江（图 7-6）。

图 7-6　城镇生活污水未经处理经排污沟直排南流江（石湾镇）

7.1.3　沿江农村生活污染突出

　　虽然近年来合浦县大力开展清洁乡村·美丽广西、清洁家园、清洁田园等整治工作以及农村环境连片整治工作，农村环境得到一定改善。但由于流域内主要是农村地区，城镇化率很低，农村人口较多且比例较大，一直以来都没有专门针对流域内农村生活污水处理的建设，农村生活污水绝大多数采取直排入村边池塘沟渠等方式，最后汇入南流江，只有部分利用化粪池进行初步处理，但化粪池满了之后仍直排入周边池塘沟渠或渗入地下，最终汇入南流江。另外，最近几年合浦县开展的农村连片整治工程没有把南流江作为重点，区域内开展过农村环境连片整治的村屯很少。这导致乡镇村屯生活污水、养殖业污染物直排面源污染突出，对流域水环境带来较大的压力。从 2016 年大面积调查的结果可以看出，南流江南面农村人口聚居的常乐东面、石康东面的支流比曲樟、常乐北面等人口相对较少的污染严重，部分支流为Ⅴ类水质，可见人口密集的农村地区对南流江水质的影响较重。

　　根据污染源测算的结果也可以看出，农村生活污水是除了散养畜禽之外非点源中排污第二的来源，化学需氧量年排放量为 1194.24t，氨氮年排放量为 167.01t。

地形地貌决定了南流江流域人口分布主要集中在干流沿岸，南流江沿岸农村人口较为密集，这些污染物通过支流很快汇入干流，因而对南流江控制断面的水质有较大影响。

7.1.4 农林种植面源污染

合浦县是农业大县，南流江区域土壤肥沃，种植业发达，分布有合浦水库灌区、洪潮江灌区等 5 个大中型灌区。近年来，合浦县大力推广测土配方施肥等措施，减少农业种植面源的污染。2015 年，合浦县完成建设水稻、玉米、花生、甘蔗、木薯、果树和蔬菜等测土配方施肥示范区（片）186 个，示范面积 10 万亩，全县推广应用测土配方施肥技术面积 130 万亩。但由于流域仍主要是以农民单户种植为主的结构，测土配方施肥的实行率有待加强，有机肥、秸秆还田等比例也有待提高，现代农业示范区的水肥一体等清洁生产普及度不高，加上流域耕地面积较大，稻田、莲藕等水田比例也较大，农业种植业的面源污染防治仍有待加强。

从污染源排放测算结果来看，农业种植业排放的总磷是所有点源污染源和非点源污染源中除了畜禽养殖之外最高的来源。南流江亚桥和南域最近几年出现超标，最主要的超标因子就是总磷，由此可见种植业的面源污染对南流江水质有较大压力。

上述情况在林业种植中也很普遍。目前流域内的林地面积比耕地还大，是流域内最主要的土地利用类型。而且从林业结构来看，速生桉等人工经济林面积较大，大部分林地都通过施肥等方式来提高产林效率。经过走访农村种林户了解到，目前人工林每年均施肥 1～2 次，主要是用混合化肥，部分采用覆土施肥方式，而有部分采用未覆土的施肥方式，容易受降水冲刷。目前为止，测土配方施肥、畜禽粪便施肥等在林业中的普及率较低，林业施肥流失导致的面源污染可能比流域农业种植还高，对南流江水质有一定影响。

7.1.5 生活垃圾处理处置设施落后

"十二五"期间，合浦县结合"美丽乡村"对合浦县域生活垃圾立项"村收镇运县处理"项目，在流域乡镇各建设一座垃圾转运站。截至 2018 年，流域仍有部分乡镇未能建设规范的垃圾中转站，只在乡镇范围内选择荒地或山体凹地作为垃圾中转点进行垃圾堆放；有部分乡镇虽然建设中转站，但存在起初选点与乡镇发展规划衔接不到位的问题，致使目前的中转站位置和容量均已无法满足现状需求。同时，垃圾中转站缺少专人管理，中转点的部分生活垃圾随着垃圾倾倒不定点、交通工具携带洒落、风吹散落等方式落入南流江中。加上流域内乡镇生活垃圾处理依托的白水塘垃圾填埋厂本身能力不足，无法有效接纳乡镇生活垃圾，导致流域内大部分的乡镇生活垃圾长期堆积在垃圾中转站，中转站变成了垃圾堆放场；乡镇垃圾中转点均未采取防渗措施，填埋也很缓慢，堆积如山的生活垃圾露天堆放，渗滤液溢流，下雨时影响周边水环境和地下水环境。南流江流域主要乡镇生活垃圾中转站或临时堆放点现状如表 7-1 所示。

表 7-1　南流江流域主要乡镇生活垃圾中转站或临时堆放点现状

乡镇	中转站/收集点地址	现状情况
石湾镇	石湾镇永康社区	选点靠近国道公路，沿街约 1km 的垃圾堆放，部分靠近公路的垃圾被过往车辆碾压携带至更远处掉下，道路两旁环境较恶劣
石康镇	石康街社区、大庄江村和十字社区	目前有 3 个收集点，较分散，乡镇缺乏大型中转站，收集点垃圾得不到及时运送
常乐镇	水尾林场临时收集点	常乐镇生活垃圾目前临时堆放于水尾林场一处凹地内，垃圾得不到有效运转，且目前收集点容纳量无法满足常乐镇区人口需求
星岛湖镇	星岛湖镇跑马场	已新建中转站，并于 2016 年 6 月完工，目前旧的中转站已满负荷，等待新中转站正式运营

　　此外，由于不少城镇居民环保意识薄弱，城镇生活垃圾防治措施不全等，城镇沿南流江干流或主要支流均不同程度受到附近居民沿江丢弃生活垃圾污染的影响。

　　图 7-7 为石湾镇垃圾中转点，选点靠近国道公路，沿街约 1km 的垃圾堆放，部分靠近公路的垃圾被过往车辆碾压携带至更远处掉下；图 7-8 为常乐镇南流江沿岸垃圾。

图 7-7　石湾镇垃圾中转点

图 7-8　常乐镇南流江沿岸垃圾

7.1.6　水产养殖方式传统

南流江北海流域 5 个乡镇水产养殖量较大，2015 年水产养殖面积近 2000hm²，产量约 3 万 t。水产养殖主要为池塘养殖，面积为 1299hm²，约占总养殖面积的 65%。池塘养殖主要采用传统的高密度投料养殖方式，采用集约化、工厂化养殖的方式很少。大量的饵料投喂以及较大的养殖规模，尤其是清塘排水时对南流江水质有较大影响。经测算，区域内水产养殖年排放污染物总量为 918t，其中总磷为 10.4t，是流域内第三主要污染源，污染源排放量较大。

7.2　上游来水对流域污染贡献突出

7.2.1　干流上游来水水质较差

南流江贯穿玉林、钦州和北海三市区域，南流江流域三市人口及工农业污染情况具体见图 7-9～图 7-12。由图可知，北海处于南流江下游，人口、工业及集中式畜禽养殖业与上游玉林流域相比较少，南流江上游主干流流经玉林市的主要城区和县城，人口密度、工业分布和集中式畜禽养殖等相对密集，主要污染因子为总磷、氨氮、化学需氧量。

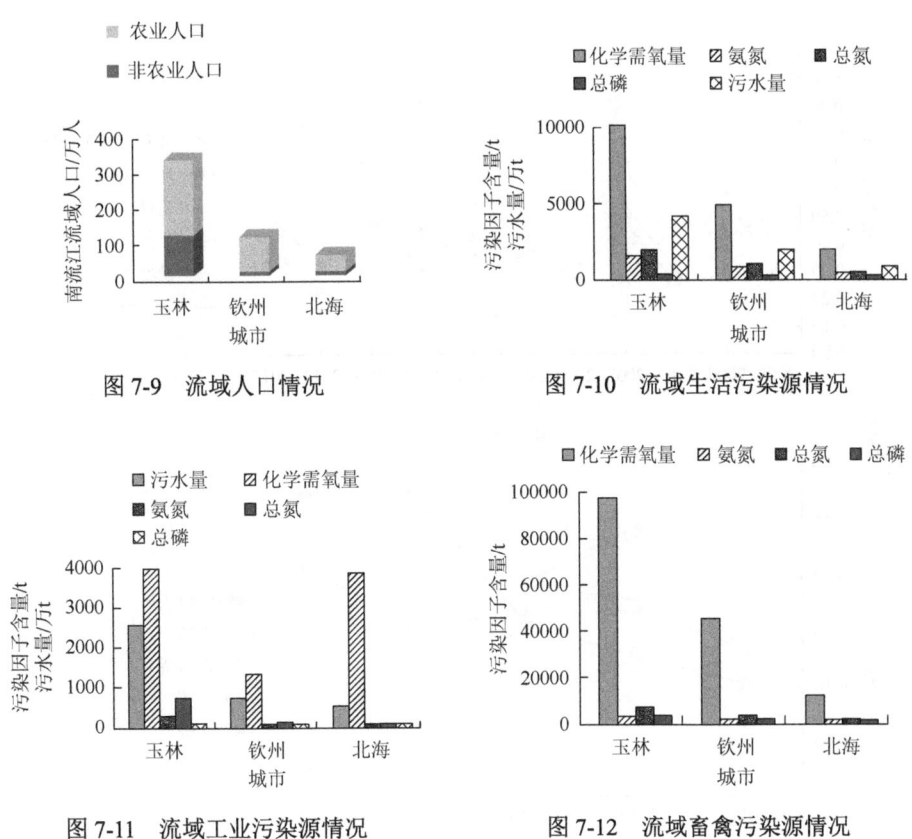

图 7-9　流域人口情况

图 7-10　流域生活污染源情况

图 7-11　流域工业污染源情况

图 7-12　流域畜禽污染源情况

图 7-13 为南流江干流断面主要指标历年变化趋势。由图可知，流经玉林六司桥、横塘和北海市江口大桥、亚桥、南域、武利江（东边埇）6 个断面的主要污染物历年趋势相近；结合 6.4.2 节的分析，南流江上游（玉林、钦州）流域历年水质常有超标现象，张黄江也有超标现象，北海南流江上游入境即出现超标，说明南流江流域上游（玉林市）污染物对下游（北海市）的贡献率较大，同时为下游考核断面不达标的关键影响因素。

7.2.2　跨境重要水库水质亟待提高

流域主要有合浦水库和洪潮江水库两个大型水库，它们都是北海市的重要饮用水水源地，其中，合浦水库是北海市地表供水的来源地，洪潮江水库是北海市的备用饮用水水源。近年来，虽然北海市开展了两个主要水库的专项整治工作，如 2008～2010 年北海市开展了合浦水库生态环境整治行动，合浦县也出台了《加强洪潮江水库饮用水水源保护的通告》，并在 2014 年 9 月开展了洪潮江水库保护区污染源整治行动，取得了一定的实效。但经 2016 年 5 月和 6 月在洪潮江水库出口

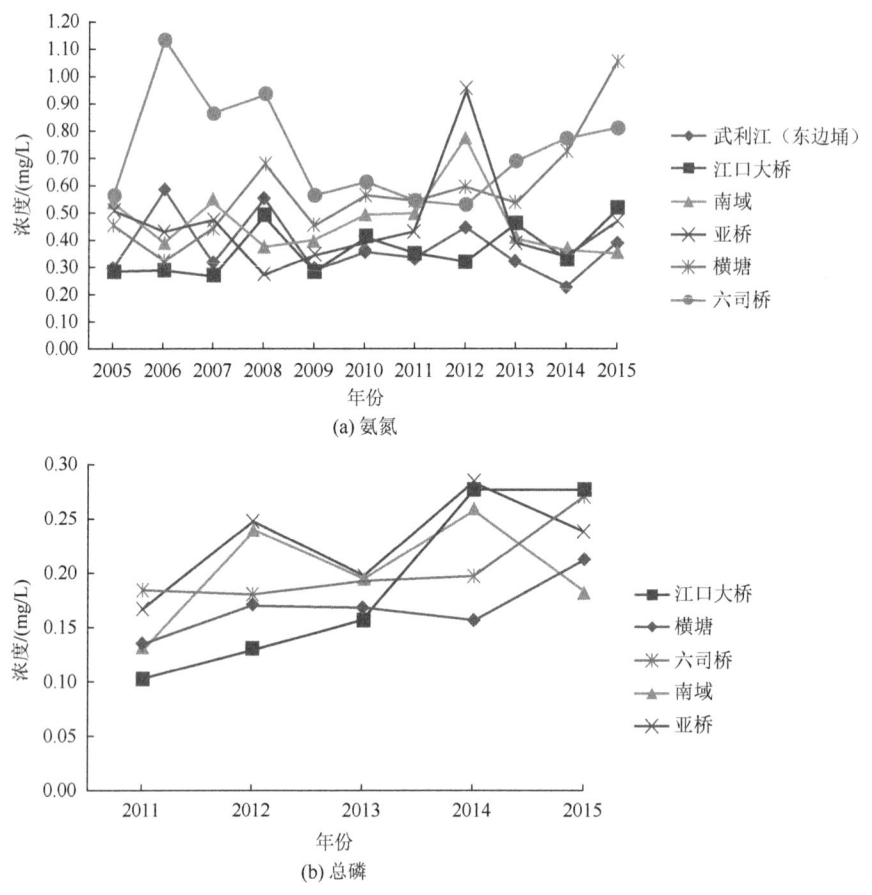

(a) 氨氮

(b) 总磷

图 7-13　南流江干流断面主要指标历年变化趋势

或汇入南流江前现场取样监测可知，流域水库水质均不同程度受到污染，其中洪潮江水库受污染程度最严重。合浦水库的现状也存在较大的环境问题。流域水库水质较差的原因主要包括以下方面：第一，库区是当地主要水产养殖的地区，水产养殖者重视养殖效益而轻视水质保护，致使水库发生不同程度的污染。养殖者不科学地向水库大量投递鱼类饵料，使库区水质极差，富营养化严重，出现藻华现象，如合浦水库上游水葫芦疯长导致水华现象频发（图 7-14）。经调查，目前洪潮江水库在钦州市行政界内水域的网箱养殖点有 5 处、养殖渔筏有 28 条、网箱有 384 个。第二，库区周边村镇生活和畜禽养殖等污水直排入水库内，都会对库区的水环境产生较大影响。第三，水库及其周边养鹅养鸭众多，其粪便排入水体，污染严重。2015 年，合浦境内的洪潮江水库养殖约 18 万羽鸭苗，养殖量大。第四，库区周边大量种植速生桉和农田的面源污染也是影响水质的原因之一。部分村民在库区岛屿上种植的速生桉被砍伐后，枝叶被丢入水库，腐烂后也对水质造成一定程度的污染。

图 7-14　合浦水库上游水葫芦问题严重

　　这两个大型水库水质差对南流江水质有着一定影响，尤其是洪潮江水库靠近控制断面，对南域断面水质有着较大影响。但由于这两个大型水库分布面积广，且跨越玉林市、钦州市和北海市，污染源头多，涉及部门广，加上跨市县的协作机制尚未建立，污染整治工作要取得整体效果，必须在水库周边所有市、县、镇等行政区同步开展，需要北海、钦州、玉林三市之间，以及周边县区之间建立协作机制。

7.3　产业发展方式粗放，结构性污染问题突出

7.3.1　工业落后，沿河布局风险较大

　　目前流域基本仍处于工业化初级阶段、生产体系较低端，高附加值产业发展缓慢，第三产业中生产型服务业发展滞后。工业基础比较薄弱，现状工业企业以矿产开采与加工业、食品加工业为主，具体产业主要为淀粉厂、茧丝厂、高岭土厂，均为较传统型工业，大多规模小、生产力水平落后，缺乏龙头大型企业，未形成规模产业，企业治污积极性不高，部分企业尚不能完全做到废水稳定达标排放。根据现场调查，流域内 5 个乡镇的屠宰场平均屠宰量为 20～50 头，均未建设污水处理设施，屠宰及临时养殖废水直排入附近水体最终入南流江。流域高岭土资源丰富，但缺少整体布局规划，致使各乡镇高岭土选址分散（图 7-15），矿山开挖会造成水土流失、破坏生态环境，矿区作业及矿石运输等会对周边大气环境及附近居民产生影响，同时不规范的矿区作业对流域水体有潜在影响。另外，流域绝大多数的工业企业都分布在南流江干流沿岸，各乡镇未能有效统筹企业布局，企业选址均较零散，没有形

成工业聚集区或园区，增加了统一监管的难度；而南流江北海流域各乡镇间更缺少产业统筹规划，未能达到乡镇间资源共享，奠定了共建经济圈的基础。

图 7-15　流域高岭土矿业分布卫星图

7.3.2　农业生产传统结构分散

　　北海市和合浦县虽然近年大力发展现代特色农业示范区建设，但目前流域农业生产仍然以传统的生产和养殖为主，农林牧渔的生产方式比较传统，生产方式主要以农户家庭生产为主，缺乏龙头企业，未形成较大的产业。不管是农业种植还是畜牧养殖、水产养殖等，农户分散种植、养殖的比例很大，规模种植、养殖的比例仍然较小。另外，区域内林地比例较大，绝大部分为人工经济林，生态公益林的比例很小，为了促进经济林的生长大多采用施化肥的方式，尤其是速生桉的比例也较大，使得林业从生态净化的角色转变为面源污染的角色之一。生产方式的传统粗放和结构分散，导致清洁生产、循环经济、节能减排等技术不能得到有效的全面推广和应用，导致农业面源污染仍然严重，这是南流江水质变差的最根本原因。

7.4　生态环境治理有待加强

7.4.1　非法采砂现象猖獗

　　南流江在合浦县境内江宽水缓，每年南流江水流带来大量的泥沙，形成大量泥沙淤积，河道砂石资源比较丰富，河道采砂活动比较活跃。据不完全统计，南流江常乐到党江等沿江乡镇已发展大小砂场 70 多个，其中只有 53 个砂场按行政许可的规定办理了河道采砂许可证，还有约 20 个非法采砂场受利益驱使，采取游击方式偷采河砂石。

　　合法采砂能根据许可的采砂范围、深度、作业方式、砂石弃料处理方式等进行采砂作业，并按安全生产监督管理规定落实安全生产措施，可以有效地对河道进行清淤，从而保持河床稳定。但是，非法采砂作业随意无序，生态危害主要有 7 个方面：①非法采砂挖空河床，容易导致河岸崩塌，威胁桥梁安全；②造成河道堵塞，影响行洪安全；③严重破坏河内生态环境，对河内生物造成毁灭性打击；④改变河道原有水文环境，破坏航道，对航运安全构成严重威胁；⑤非法采砂者擅自组装采砂船，甚至用竹排采砂，埋下严重安全隐患；⑥禁区里的非法采砂活动严重影响水质，对附近居民饮水安全构成严重威胁；⑦非法采砂直接造成水土流失，导致耕地被侵蚀。图 7-16 为南流江上挖沙现状，作业区域水体浑浊，导致水土流失严重。

图 7-16　南流江上挖沙现状

　　流域非法采砂猖獗，虽然出台相应的采砂规划和打击非法采砂的办法，但成效进展有限，禁采区、禁采期和可采区的动态管理有待加强，采砂执法管理的资金保障机制有待进一步建立健全。

7.4.2　饮用水水源地监管有待加强

　　南流江总江口水源保护区存在村庄生活生产污染控制力度小以及非法采砂情况，且现象突出。

1. 水源保护区禁养区内村庄生活生产污染控制力度小

保护区范围内人口较多，尤其是靠近总江口桥闸上游段两岸，村庄相连，人口众多，部分村庄因受两边堤防保护，生活污水基本排往外侧，不进入该段南流江，但仍有不少村庄生活污水及农业生产面源污染源排入南流江。此外，廉州镇个别村在保护区河堤内种植部分农作物。根据《北海市水生态保护与修复规划报告书》，总江口饮用水水源保护区的水质为Ⅲ～Ⅳ类，有时甚至达到Ⅴ类，不能稳定达标，主要超标因子为总磷等。污染源主要为生活污染、农业化肥及农药污染、少量水产养殖及禽畜养殖污染。

2. 非法采砂屡禁不止

根据《合浦县 2016～2020 年南流江河道采砂规划》，南流江总江口饮用水水源地取水口上游 14.5km 南流江河道、取水口上游支流（取水口上游 300m 左岸处）从汇入口上溯 300m 河道为禁采区。2015～2016 年，合浦县水利部门在总江口水源保护区内取缔了 3 个采砂点，但仍存在非法采砂现象。图 7-17 为南流江饮用水水源保护区内清理非法采砂场现场照片。

图 7-17　南流江饮用水水源保护区内清理非法采砂场现场照片

7.4.3　流域水土流失加重

由于流域采砂及矿山等活动，水土流失日趋加重，生态恶化的局面未能得到根本遏制，全合浦县有 171.32km² 的水土流失面积尚未得到有效治理，涵养水土的水源林不断减少，涵养功能急剧下降，有的河流出现了淤积断流现象，许多土地因表土流失殆尽已丧失耕种价值，面临着生态恶化与贫困落后的双重危机。水土保持生态建设资金投入严重不足，减缓了水土流失治理速度，不能满足经济社会发展和人民群众对提高生产及生活环境质量的要求。预防监督力度不够，水土保持"三同时"制度没有得到落实，边治理、边破坏的现象仍然存在，人为造成的水土流失仍未得到有效遏制。水土保持生态修复工作没有有序实施，水毁农田、崩岗造成的危害依然严重。

7.4.4　林地退化，涵养林改造缓慢

人类活动挤占水生态空间，流域蓄水保水能力下降，生态系统退化。流域内48%土地为林地，目前 80%以上林地已被人工桉树林占据，生态公益林所占林地小于 5%。根据《广西洪潮江水库库区树种调整和植被保护规划》，洪潮江水库水源地保护区范围内速生桉树林面积为 34280 亩，虽然当地政府已经制定洪潮江水库范围内速生桉树改造为水源涵养林的工作方案，但是由于库区桉树林的改造涉及群众切身利益，改造范围大，成本高，改造工作推进缓慢。

7.5　水资源管理有待提高

7.5.1　用水结构不合理利用率低

农业用水比例过大。2014 年，农田灌溉用水比例占全县总用水量的 55.2%，农田灌溉亩均用水量为 1225m³，高于全区平均水平（916m³）。流域内降水量虽然丰富，但时空分布不均导致干旱缺水，农村水利基础设施不完善，灌区渠系建筑物老化失修，区域内的农业灌溉用水得不到保证，农业用水的利用率较低。流域内两大农业灌区（洪潮江水库灌区和总江桥闸灌区）供水配套设施老化、工程等级低，灌溉水利用系数仅为 0.45 左右，造成水资源浪费严重，影响了水资源的合理利用和配置。

7.5.2　水资源开发利用管理有待加强

流域在水资源开发利用方面，存在着综合性规划和专业性规划不够完善，水资源的管理、利用效率和效益依然低下的问题；缺少对水资源合理配置研究、水资源的可利用量与承载能力研究、节约用水潜力和用水定额研究、水资源与国民经济和社会协调发展的关系研究、中小河流生态环境和治理规划研究，导致规划

项目缺乏遵循自然规律和经济规律的内容，不利于水资源的可持续利用和经济社会的可持续发展。

7.6　环境监管能力薄弱

7.6.1　环保机构不健全

流域环保机构不健全，流域乡镇无环保机构，日常环境监管主要由合浦县生态环境局下属监察大队完成，乡镇政府设立一名镇领导分管督办。但是就目前而言，由于乡镇政府中缺少环保人才，乡镇分管环保的领导属于"环保光杆司令"，亟待增加乡镇环保专员。

监察大队的工作地点在合浦县城，平时只能定期到各乡镇检查，日常监管及时性较低，致使大部分农村环境监管产生盲点，部分企业存在超排、偷排污染物现象。此外，合浦县生态环境局环保能力现状远未适应当前监察执法需要，人员不足、执法和监测装备不足、经费困难导致监管环节薄弱，不能满足执法检查范围大的需求。

7.6.2　流域环境监测应急能力有待增加

北海市南流江流域目前有江口大桥、总江口饮用水水源保护区、亚桥和南域监测断面，其中南域设有自动监测站，但水环境监测网络仍不完善。亚桥没有自动监测站，无法实时了解亚桥控制断面的水质和通量。另外，南流江北海市入境河流的监测较为薄弱，主要支流的水质监测也缺乏，无法及时掌握流域的水环境状况。

此外，流域重点企业以淀粉厂、茧丝厂、高岭土厂为主，其均为较传统型工业，排放较高、耗能较高，且大部分沿江而建，风险隐患大。目前，流域水环境及应急监测主要由北海市和合浦县环境监测站进行监测，但合浦县环境监测站人员、监测用房、仪器设备和监测用车等能力仍较弱，未达到县级环境监测站的标准，亟须加强。

第8章　南流江水体达标系统分析

8.1　达标手段分析

8.1.1　达标主要可行手段

水体的达标与否主要与两个关键因素有关：一是污染物的排入量；二是水体环境的容量。因此对于不达标的水体，可以通过减少污染物的排入量，即削减污染物来促使水体达标，也可以通过增加水体主要污染物的容量来促使水体达标。此外，还可以采取其他方式促进整治水体的稳定达标，起到辅助作用。

从前面章节的分析结果可以看到，南流江北海流域位于广西沿海最大入海河流南流江的下游，主要是农村地区，经济欠发达；流域水量较大，主要用水为农业灌溉；流域最主要的污染特征是有机污染，最关键的超标因子是总磷；其来源于农业面源污染，最主要的来源为畜禽养殖，流域工业很少，污染贡献小；流域主要问题是污染未得到有效控制、上游来水水质较差、工业产业传统且沿河布局等。

按照《水体达标方案编制技术指南（试行）》，对于不达标水体削减污染物和提升水环境容量，主要通过调结构优布局、控源减排、节水及水资源保护调度、生态环境综合整治和执法监管与强化管理五大手段达到目标。基于流域特征和主要问题诊断结果，本流域位于南流江的最下游河段，入境断面到控制断面距离近，上游来水不达标是流域的最主要问题之一，严重影响着控制断面的水体达标与否。针对本流域的实际情况，从流域系统的整体性和系统性角度出发，采取有效措施控制上游来水的水质也应是促使控制断面水体达标的一个重要手段。

因此，确定本流域水体达标的主要手段为调结构优布局、控源减排、节水及水资源保护调度、生态环境综合整治、执法监管与强化管理和流域联防联治。

8.1.2　达标手段贡献分析

根据流域的具体实际情况，分析六大手段在本流域的主要贡献和可行性。

调结构优布局的贡献有助于控源减排。流域工业很少，只有少数几家企业，虽然都是传统的农副食品加工和采矿业，并且布局不太合理，但工业排污量很少，且流域经济落后，因此调整工业结构优化布局对于控源减排的贡献很小。但流域养殖业、种植业、林业等大农业的产业结构调整以及空间布局优化有较大的空间，从大农业的结构调整、布局优化和发展农林牧渔循环经济方面出发有助于流域面源污染的控源减排，对断面水体达标有较大帮助。

　　流域污染未有效控制，控源减排贡献显著。流域农业、农村面源污染现象普遍，城镇生活污水直排，有机污染严重，因此控源减排是最直接的手段，也是有效促使控制断面水体达标的最主要手段。

　　流域水资源丰沛，节水及水资源保护调度对增加容量有一定贡献。南流江是广西最大的入海河流，水量充沛。控制断面总磷主要超标时间为丰水期汛期开始时期，下游有足够的生态流量，且还有充裕的、不可控制的洪水量，因此水量不是断面水体达标的关键因素。节水及水资源保护调度对断面达标只有较小的贡献。

　　生态环境综合整治有助于减少污染物入河及增加少量容量。流域位于亚热带常绿阔叶林带的农村地区，水量充沛，植被生长较快。流域主要的生态问题是采砂较多和水土流失较严重，其整治对于减少磷的贡献很有限，对达标贡献较小。但总江口水源保护区紧邻控制断面上游，对该保护区整治和保护以及断面减排和增容有一定贡献。

　　流域执法监管与强化管理有助于水体稳定达标。流域属于合浦县管辖，又是农村地区，长期以来监管执法力量薄弱导致流域污染未得到有效控制。因此，加强执法监管与强化管理对流域污染控制和断面水体稳定达标有一定贡献。

　　流域联防联治保证来水质量对断面达标贡献显著。从前面章节的分析可以看出，南流江江口大桥断面以及洪潮江支流上游来水较差的问题突出，对流域控制断面的达标有着关键作用。保障上游来水的质量，可大量削减入境污染物，显著增加本区域水体容量。

　　从表 8-1 主要控制手段对断面水体达标的贡献可以看出，流域的主要控制手段贡献顺序为控源减排、流域联防联治、调结构优布局、生态环境综合整治、节水及水资源保护调度、执法监管与强化管理。

表 8-1　主要控制手段对断面水体达标的贡献

主要手段	污染减排贡献	增加容量贡献	综合贡献
调结构优布局	▲▲▲	▲	▲▲▲▲
控源减排	▲▲▲▲▲		▲▲▲▲▲
节水及水资源保护调度	▲	▲	▲▲
生态环境综合整治	▲▲	▲	▲▲▲
执法监管与强化管理	▲		▲
流域联防联治	▲▲▲▲▲		▲▲▲▲▲

8.2　总量控制与分配预测

流域控制断面超标，即已超出环境容量，需要计算流域的理论容量，即污染物运行排放总量，并按镇级单位进行分配，为污染物削减提供具体数据基础。流域是一个相对独立的系统，南流江合浦段位于下游，不但受南流江干流影响显著，而且合浦县流域内多个支流也是发源于合浦境外。从东往西，南流江合浦段由玉林市、钦州市汇入的河流有小江水库、南流江干流、张黄江、李家河、车板江、武利江、桥头江、白花塘溪、洪潮江水系等近 10 条。由于这些河流入境的水文水质资料缺失，须遵循整个流域生态系统的整体性、系统性进行模拟预测。因此，将南流江流域作为整体进行概化、建模和预测，上游各水系按照功能区要求进行计算和分配，入境河流（段）均按Ⅲ类水质要求，总量分配结果只统计北海合浦段。

8.2.1　总量分配计算

1. 南流江流域河流概化

根据南流江主要河流的分布，将南流江流域概化为 84 个河段，见图 8-1。

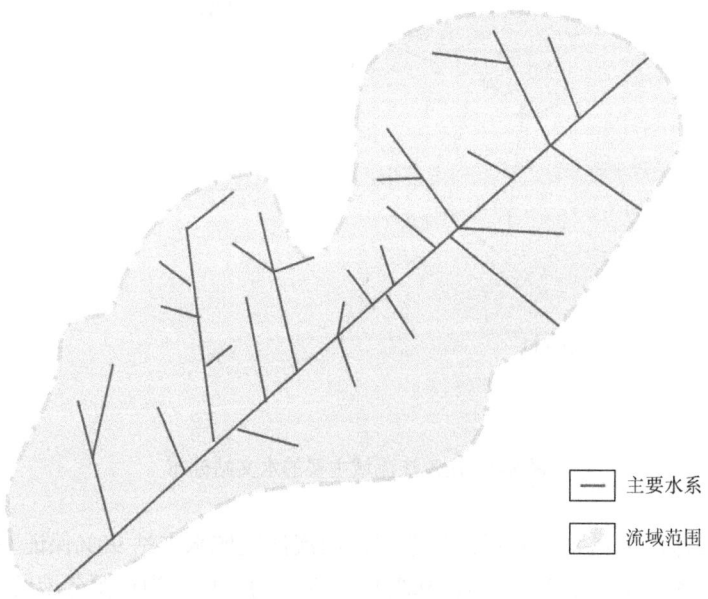

　　　　　　　　　　　　　　　　　　　　—— 主要水系

　　　　　　　　　　　　　　　　　　　　▢ 流域范围

图 8-1　南流江流域河流概化

经过概化，南流江流域纳入计算的河段共计 1065km，能够代表南流江流域河流水系的总体状况。

2. 南流江流域水功能区划

根据玉林市、钦州市和北海市的水功能区划，将南流江概化河流叠加水功能区划，南流江流域上游水功能区以Ⅳ类和Ⅴ类为主，博白县以下区域以Ⅲ类为主。

3. 设计水文条件

南流江流域内水文和水位站相对较少，主要有横江、博白、合江、常乐、文利、总江口等，其中横江、博白、合江和常乐为水文站。南流江流域主要的水文站分布见图 8-2。

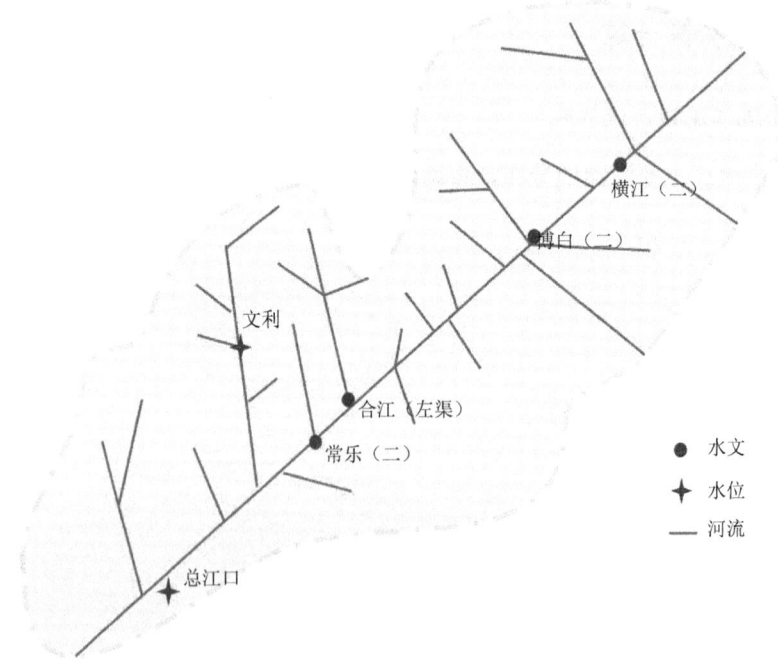

图 8-2　南流江流域主要的水文站分布

根据南流江流域水文站日流量数据，南流江流域水文站 90%保证率月均流量和多年平均流量见表 8-2。本书以 90%保证率月均流量作为点源分配的主要依据，以多年平均流量作为非点源分配的主要依据。

表 8-2　南流江流域水文站设计流量

类别	横江	博白	常乐	合江	合计	平均值
流域面积/km²	1597	2805	6645	554	11601.00	2900.25
90%保证率月均流量/(m³/s)	9.22	12.55	28.74	6.16	56.67	14.17
多年平均流量/(m³/s)	39.46	69.35	157.15	18.63	284.59	71.15

根据表 8-2，南流江流域水文站 90%保证率月均流量和多年平均流量与流域面积的关系见图 8-3。从图中来看，流域主要水文站的设计流量与流域面积具有明显的线性关系。

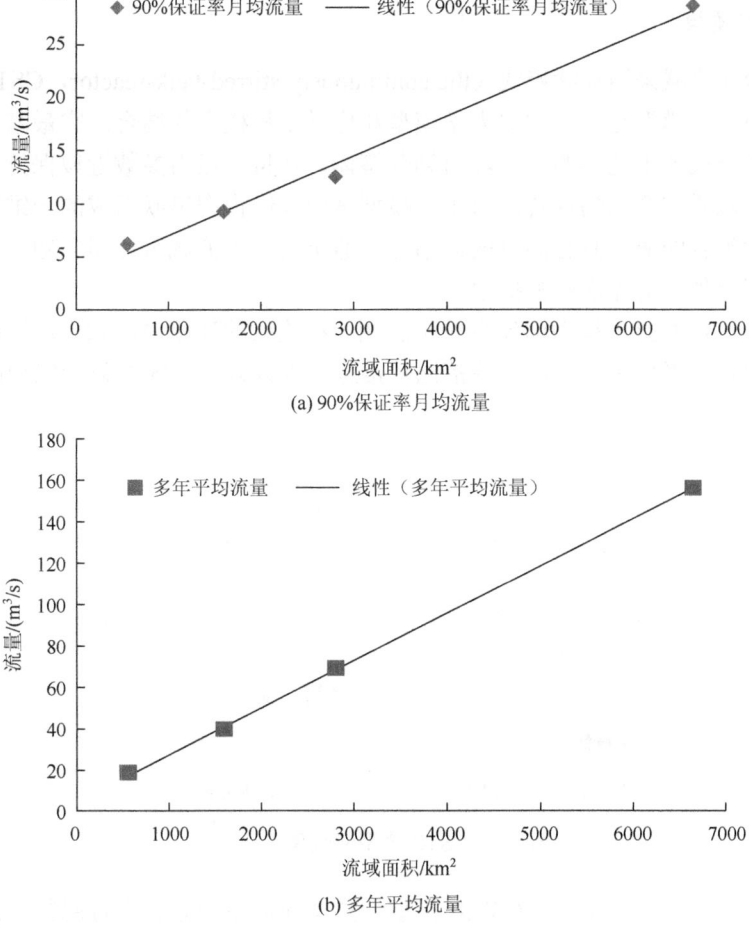

(a) 90%保证率月均流量

(b) 多年平均流量

图 8-3　南流江流域水文站设计流量与流域面积的关系

陆海统筹生态环境治理研究

根据南流江流域主要水文站设计流量与流域面积之间的关系，计算各乡镇和街道的汇水流量。表 8-3 是南流江流域各地级市产流量统计，流域内 90%保证率月均流量为 45.67m³/s，多年平均流量为 229.41m³/s。

表 8-3　南流江流域各地级市产流量统计

地级市	面积/km²	90%保证率月均流量/(m³/s)	多年平均流量/(m³/s)
玉林市	5323	26.00	130.58
钦州市	2959	14.45	72.60
北海市	1069	5.22	26.23
合计	9351	45.67	229.41

4. 水质模型

南流江流域采用连续箱式（the continuously-stirred-tank-reactor，CSTR）模型进行模拟，该模型是传统的水力学模型和化学工程模型的结合。它最基本的思想是把河道分成若干连续的段，段内划分箱体，在每一段内参数近似保持不变，每个箱体内水质完全均匀混合。CSTR 模型是由零维模型串联而成的一维模型，其完全均匀混合的概念具有高度的概括性，适于处理大流域水环境问题，曾被广泛应用在国内外的河流水质模拟中。

图 8-4 是 CSTR 模型河流系统示意图。在连续的河段内，如果河道的各种参数，如河宽、平均水深、坡度等都比较接近，则认为段内的参数近似相同。

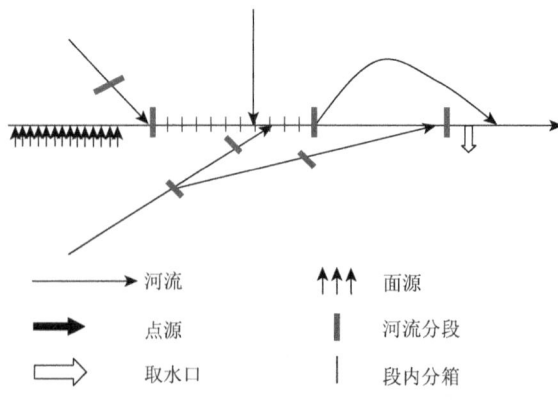

图 8-4　CSTR 模型河流系统示意图

在河流分段的基础上，CSTR 模型把整个河流系统划分为首尾紧密连接的箱体（图 8-5）。

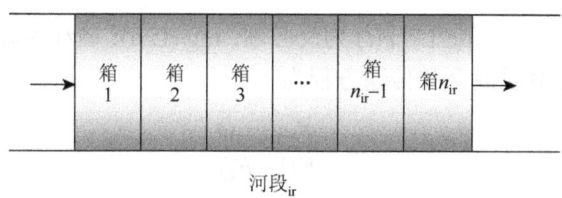

图 8-5　CSTR 模型的河段分箱

图 8-5 中各项的意义：ir 为河段编号；n_{ir} 为河段 ir 内箱体划分的总数。

在每个箱体内，污染物是完全均匀混合的。CSTR 模型可以包括任意形式的流量和污染物源汇项（图 8-6），如点源、非点源、下渗、取水等，也能处理比较复杂的支流关系。

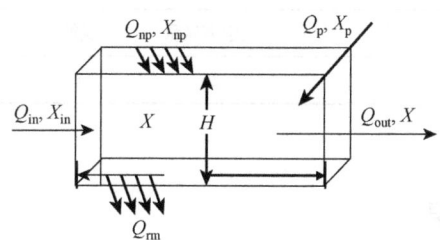

图 8-6　CSTR 模型箱内的输入和输出

图 8-6 中各项的意义：Q_{in} 和 X_{in} 为上游来水流量（m^3/s）和水质（mg/L）；Q_p 和 X_p 为点源流量（m^3/s）和水质（mg/L）；Q_{np} 和 X_{np} 为非点源流量（m^3/s）和水质（mg/L）；Q_{rm} 为取水量（m^3/s）；Q_{out} 为下游流量（m^3/s）；X 为箱体水质（mg/L）；H 为箱体高度（m）。

为了进行模型推导，CSTR 模型具有以下几个基本假设：①水只能从上游箱体流向下游箱体，也就是说，现有的 CSTR 模型不适用于感潮河段；②上游箱体质量平衡对下游箱体质量平衡影响的唯一机制是上游箱体的出流；③在每一个箱体内水位是相同的，箱体下游边界水位的任何变化将立即定义一个新的、水平的水面；④箱体的流量与平均水深或过水断面面积存在着函数关系。

CSTR 模型的水力学方程为

$$\frac{\mathrm{d}Q}{\mathrm{d}t} = \frac{nQ}{V}(q - Q) \tag{8-1}$$

非守恒性物质的降解方程表示为

$$\frac{\mathrm{d}x(t)}{\mathrm{d}t} = r(t) + s(t) \tag{8-2}$$

式中，$x(t)$ 为物质浓度，mg/L；$r(t)$ 为反应项，mg/(L·d)；$s(t)$ 为源汇项，mg/(L·d)。

CSTR 模型的溶质混合和传输方程为

$$s = \frac{q(x_{in} - x)}{V(1 - F_d)} \tag{8-3}$$

式中，F_d 为死区系数，无量纲。

5. 功能区水质目标

根据玉林市、钦州市和北海市的水功能区划，南流江亚桥和南域控制断面的水质目标按水体达标目标的Ⅲ类进行控制，具体控制限值见表 8-4。

表 8-4　南流江河口区水质目标　（单位：mg/L）

约束条件	化学需氧量	氨氮	总氮	总磷
水功能区水质目标	20	1	无	0.2

8.2.2　总量分配结果

以乡镇为单位，分点源、非点源两种类型，开展了南流江流域北海段（以下称南流江流域）污染物总量分配。南流江流域点源总量分配结果见表 8-5。南流江流域点源化学需氧量、氨氮和总磷的污染物总量分配结果为 1060.13t、109.69t 和 5.90t。

表 8-5　南流江流域点源总量分配结果　（单位：t）

所属县	乡镇	化学需氧量	氨氮	总磷
	常乐镇	206.54	29.44	1.44
	石康镇	562.50	52.45	2.77
北海市合浦县	石湾镇	155.30	18.74	0.94
	星岛湖镇	114.68	6.17	0.39
	曲樟乡	21.11	2.89	0.36
合计		1060.13	109.69	5.90

按乡镇统计，南流江流域非点源总量分配结果见表 8-6。南流江流域非点源化学需氧量、氨氮和总磷的污染物分配结果为 11933.48t、390.30t 和 151.36t。

表 8-6 南流江流域非点源总量分配结果　　（单位：t）

所属县	乡镇	化学需氧量	氨氮	总磷
北海市合浦县	常乐镇	3416.22	108.95	40.42
	石康镇	2966.41	104.94	40.00
	石湾镇	3197.23	96.78	38.55
	星岛湖镇	1681.50	48.56	22.96
	曲樟乡	672.12	31.07	9.43
合计		11933.48	390.30	151.36

按乡镇统计，南流江流域污染物总负荷量的总量分配结果见表 8-7。南流江流域化学需氧量、氨氮和总磷的污染物总量分配结果为 12993.60t、499.99t 和 157.26t。

表 8-7 南流江流域污染物总负荷量的总量分配结果　（单位：t）

所属县	乡镇	化学需氧量	氨氮	总磷
北海市合浦县	常乐镇	3622.76	138.39	41.86
	石康镇	3528.91	157.39	42.77
	石湾镇	3352.53	115.52	39.49
	星岛湖镇	1796.18	54.73	23.35
	曲樟乡	693.23	33.96	9.79
合计		12993.60	499.99	157.26

8.3　污染负荷削减分析

8.3.1　现状负荷削减量及削减比例

根据污染源现状排放量和总量分配结果，按乡镇统计，为实现污染物总量控制目标，在 2015 年排放量的基础上，点源负荷削减量和削减比例见表 8-8 和表 8-9。南流江流域点源化学需氧量、氨氮和总磷的削减量为 247.58t、23.37t 和 8.86t，削减比例为 18.93%、17.56% 和 60.03%。

表 8-8 南流江流域点源负荷削减量　　（单位：t）

序号	乡镇	化学需氧量	氨氮	总磷
1	常乐镇	58.03	4.78	2.09
2	石康镇	90.78	14.03	4.71

续表

序号	乡镇	化学需氧量	氨氮	总磷
3	石湾镇	50.09	2.51	1.40
4	星岛湖镇	42.89	1.43	0.64
5	曲樟乡	5.79	0.62	0.02
	合计	247.58	23.37	8.86

表 8-9　南流江流域点源负荷削减比例　　（单位：%）

序号	乡镇	化学需氧量	氨氮	总磷
1	常乐镇	21.93	13.96	59.24
2	石康镇	13.90	21.10	62.95
3	石湾镇	24.39	11.82	59.89
4	星岛湖镇	27.22	18.85	62.30
5	曲樟乡	21.51	17.66	5.64
	合计	18.93	17.56	60.03

　　按乡镇统计，为实现污染物总量控制目标，在 2015 年排放量的基础上，非点源负荷削减量和削减比例见表 8-10 和表 8-11。南流江流域非点源化学需氧量、氨氮和总磷的污染物削减量为 3070.56t、70.69t 和 67.15t，削减比例为 20.46%、15.33% 和 30.73%。

表 8-10　南流江流域非点源负荷削减量　　（单位：t）

序号	乡镇	化学需氧量	氨氮	总磷
1	常乐镇	365.80	14.49	15.16
2	石康镇	1175.19	22.45	19.55
3	石湾镇	923.99	18.27	18.84
4	星岛湖镇	452.43	11.30	10.56
5	曲樟乡	153.15	4.18	3.04
	合计	3070.56	70.69	67.15

表 8-11　南流江流域非点源负荷削减比例　　（单位：%）

序号	乡镇	化学需氧量	氨氮	总磷
1	常乐镇	9.67	11.74	27.28
2	石康镇	28.38	17.62	32.83
3	石湾镇	22.42	15.88	32.83

序号	乡镇	化学需氧量	氨氮	总磷
4	星岛湖镇	21.20	18.88	31.50
5	曲樟乡	18.56	11.86	24.38
	合计	20.46	15.33	30.73

按乡镇统计，为实现污染物总量控制目标，在 2015 年排放量的基础上，污染源总的削减量和削减比例见表 8-12 和表 8-13。南流江流域化学需氧量、氨氮和总磷的污染物总量削减量分别为 3318.13t、94.06t 和 76.01t，削减比例为 20.34%、15.83%和 32.58%。

表 8-12　南流江流域污染物总的削减量 （单位：t）

序号	乡镇	化学需氧量	氨氮	总磷
1	常乐镇	423.83	19.27	17.25
2	石康镇	1265.97	36.48	24.26
3	石湾镇	974.08	20.78	20.24
4	星岛湖镇	495.32	12.73	11.20
5	曲樟乡	158.94	4.80	3.06
	合计	3318.13	94.06	76.01

表 8-13　南流江流域污染物总的削减比例 （单位：%）

序号	乡镇	化学需氧量	氨氮	总磷
1	常乐镇	10.47	12.22	29.18
2	石康镇	26.40	18.82	36.19
3	石湾镇	22.51	15.25	33.89
4	星岛湖镇	21.62	18.87	32.42
5	曲樟乡	18.65	12.38	23.81
	合计	20.34	15.83	32.58

8.3.2　2020 年预测负荷削减比例[①]

根据 2020 年污染源排放预测结果和总量分配预测结果，按乡镇统计，在

---

① 本节内容为 2016 年对 2020 年的预测结果，仅作为预测工作的实际案例展示。

2020 年预测排放量的基础上，点源负荷削减量和削减比例见表 8-14 和表 8-15。南流江流域点源化学需氧量、氨氮和总磷的削减量为 392.84t、37.33t 和 10.43t，削减比例为 27.04%、25.39% 和 63.85%。

表 8-14　南流江流域点源负荷削减量　　　　（单位：t）

序号	乡镇	化学需氧量	氨氮	总磷
1	常乐镇	106.99	10.33	2.67
2	石康镇	150.51	19.66	5.36
3	石湾镇	69.21	4.41	1.62
4	星岛湖镇	58.18	2.04	0.73
5	曲樟乡	7.95	0.89	0.05
	合计	392.84	37.33	10.43

表 8-15　南流江流域点源负荷削减比例　　　　（单位：%）

序号	乡镇	化学需氧量	氨氮	总磷
1	常乐镇	34.12	25.98	64.92
2	石康镇	21.11	27.26	65.93
3	石湾镇	30.83	19.04	63.26
4	星岛湖镇	33.66	24.88	65.30
5	曲樟乡	27.37	23.50	12.53
	合计	27.04	25.39	63.85

按乡镇统计，在 2020 年预测排放量的基础上，非点源负荷削减量和削减比例见表 8-16 和表 8-17。南流江流域非点源化学需氧量、氨氮和总磷的污染物削减量为 4486.11t、94.55t 和 85.75t，削减比例为 27.32%、19.50% 和 36.16%。

表 8-16　南流江流域非点源负荷削减量　　　　（单位：t）

序号	乡镇	化学需氧量	氨氮	总磷
1	常乐镇	1287.85	33.24	24.33
2	石康镇	1167.24	20.13	20.48
3	石湾镇	1159.22	21.37	23.69
4	星岛湖镇	651.33	14.44	13.36
5	曲樟乡	220.47	5.37	3.89
	合计	4486.11	94.55	85.75

表 8-17　南流江流域非点源负荷削减比例　　　　　（单位：%）

序号	乡镇	化学需氧量	氨氮	总磷
1	常乐镇	27.38	23.38	37.57
2	石康镇	28.24	16.10	33.86
3	石湾镇	26.61	18.09	38.06
4	星岛湖镇	27.92	22.93	36.79
5	曲樟乡	24.70	14.74	29.21
	合计	27.32	19.50	36.16

按乡镇统计，在 2020 年预测排放量的基础上，污染源总的削减量和削减比例见表 8-18 和表 8-19。南流江流域化学需氧量、氨氮和总磷的污染物总量削减量分别为 4878.96t、131.89t 和 96.16t，削减比例为 27.30%、20.87%和 37.95%。

表 8-18　南流江流域污染物总的削减量　　　　　（单位：t）

序号	乡镇	化学需氧量	氨氮	总磷
1	常乐镇	1394.84	43.57	26.99
2	石康镇	1317.75	39.79	25.84
3	石湾镇	1228.43	25.78	25.30
4	星岛湖镇	709.51	16.49	14.09
5	曲樟乡	228.43	6.26	3.94
	合计	4878.96	131.89	96.16

表 8-19　南流江流域污染物总的削减比例　　　　　（单位：%）

序号	乡镇	化学需氧量	氨氮	总磷
1	常乐镇	27.80	23.94	39.20
2	石康镇	27.19	20.18	37.66
3	石湾镇	26.82	18.24	39.05
4	星岛湖镇	28.32	23.15	37.64
5	曲樟乡	24.78	15.56	28.72
	合计	27.30	20.87	37.95

8.4　可行削减手段及贡献

南流江流域 2015 年化学需氧量、氨氮和总磷的污染物排放总量分别为 16311.70t、594.06t 和 233.29t；污染物总负荷量化学需氧量、氨氮和总磷的污染物总量分配结果为 12993.60t、499.99t 和 157.26t；污染物削减量化学需氧量、氨氮和总磷分别为 3318.1t、94.1t 和 76.0t。

　　流域面源污染较大，面源的污染物排放比例也远远高于点源，因此主要的削减手段必须从面源污染治理着手。从环境问题诊断结果可以看出，流域的面源污染治理问题较为突出，已采取的措施较少，因此仍有较大的污染物削减空间。可以通过加快农村环境综合整治、防治农村小散畜禽养殖污染、控制种植面源污染，推进农村环境综合整治，实现非点源化学需氧量、氨氮和总磷分别为 3070.56t、70.69t 和 67.15t 的削减贡献值，见表 8-20 和图 8-7。其中，畜禽养殖因其是最主要的排磷污染源，需要削减的任务最重；种植业面源控制、农村生活污水治理的空间也较大，因此也是主要面源削减的对象；水产养殖治理能够削减的污染物较少，贡献相对较小。

表 8-20　南流江流域削减贡献值　　　　　　（单位：t）

项目	化学需氧量	氨氮	总磷
点源削减量	247.58	23.37	8.86
非点源削减量	3070.56	70.69	67.15
合计	3318.14	94.06	76.01

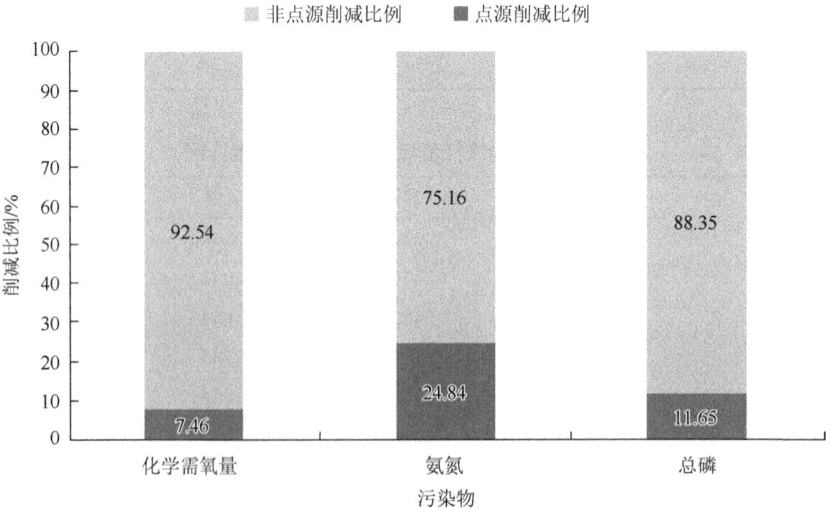

图 8-7　污染物削减量比例

　　流域点源也有较大的污染削减空间，主要是城镇生活和规模养殖。通过加快城镇污水处理设施及配套管网建设，推进城镇生活污染治理和规模化畜禽养殖场污染减排及清洁生产的改造，可实现点源化学需氧量、氨氮和总磷分别为 247.58t、23.37t 和 8.86t 的削减贡献值。其中，流域内 5 个乡镇生活污水的污染物削减空间很大，是点源最主要的削减贡献。此外，规模畜禽养殖污染的治理可削减一定的污染物，工业贡献很小。

8.5　工业企业排污许可分配

2015 年，南流江流域工业企业现状排污量见表 8-21。南流江流域工业企业 2015 年排污许可量见表 8-22。由表 8-22 可见，流域内主要工业排污许可量较大的为北海高岭科技有限公司及兖矿北海高岭土有限公司，为实现污染物总量控制目标，北海高岭科技有限公司及兖矿北海高岭土有限公司排污许可限值定为 2015 年排污许可值的约 50%（表 8-23）。

表 8-21　南流江流域工业企业现状排污量　　　　（单位：t）

企业名称	乡镇	化学需氧量	氨氮	总磷
合浦县海洋淀粉有限公司	星岛湖镇	3.67	0.39	0.04
广西合浦双洋淀粉有限公司	星岛湖镇	1.84	0.12	0.04
兖矿北海高岭土有限公司	石康镇	7.12	0.04	0.02
合浦县常乐茧丝贸易有限公司	常乐镇	1.69	0.01	0.01
合浦县常鑫淀粉有限公司	常乐镇	1.13	0.21	0.02
北海高岭科技有限公司	常乐镇	7.28	0.08	0
合计		22.73	0.85	0.13

表 8-22　南流江流域工业企业 2015 年排污许可量　　　　（单位：t）

企业名称	乡镇	化学需氧量	氨氮
合浦县海洋淀粉有限公司	星岛湖镇	24	3.6
广西合浦双洋淀粉有限公司	星岛湖镇	19.9	2.985
兖矿北海高岭土有限公司	石康镇	64.8	1.08
合浦县常乐茧丝贸易有限公司	常乐镇	3.1	0.465
合浦县常鑫淀粉有限公司	常乐镇	24.3	3.6
北海高岭科技有限公司	常乐镇	175.8	1.8
合计		311.90	13.53

表 8-23　南流江流域工业企业排污许可限值　　　（单位：t）

企业名称	乡镇	化学需氧量	氨氮
合浦县海洋淀粉有限公司	星岛湖镇	24	3.6
广西合浦双洋淀粉有限公司	星岛湖镇	19.9	2.985
兖矿北海高岭土有限公司	石康镇	32.4	0.54
合浦县常乐茧丝贸易有限公司	常乐镇	3.1	0.465
合浦县常鑫淀粉有限公司	常乐镇	24.3	3.6
北海高岭科技有限公司	常乐镇	87.9	0.9
合计		191.6	12.09

第9章 南流江治理主要任务和措施

9.1 全面控制污染物排放

9.1.1 推进畜禽养殖污染整治

1. 整治农村小散畜禽养殖污染

加强畜禽专业养殖户的污染减排和清洁生产整治、改造。继续通过补贴等方式对达不到规定规模的专业养殖户进行雨污分流、干清粪、畜粪存储池、沼气池、尾水灌溉等污染减排和清洁生产整治、改造。

加强重要水体鸭鹅专业养殖户的专项整治。加强对南流江干流、主要支流及流域内主要水库（合浦水库、洪潮江水库、大白水水库）等重要水体养鸭养鹅专业养殖户的专项整治，对在水面放养的专业养殖户以及紧邻水体但未采取有效措施防止污染水体的专业养殖户进行定期检查和清理取缔，禁止在上述重要水体开展养殖鸭鹅的专业活动。重点加强对石湾镇至亚桥、南域断面下游 200m 河堤内的养鸭养鹅专业养殖户进行整治取缔。

加强农村非专业养殖的小散养殖污染整治。有效结合农村环境整治，加强小散畜禽养殖污染治理。充分结合农村环境连片整治、清洁乡村、清洁家园、清洁田园等农村环境整治活动，加强农村小散畜禽养殖污染的治理。对村屯畜禽粪便等进行全面清扫综合利用，建有农村污水处理设施的乡村要将散养小户无法处理的养殖污水纳入处理。加大生态乡村建设力度，积极建设农户沼气池，加快农村和家庭农场的沼气工程实施建设，提高农村畜禽粪便、有机垃圾的沼气化处理水平，因地制宜地开展多种模式的沼气综合利用推广，利用沼液沼渣替代化肥，大力促进散养畜禽粪污的综合利用。

2. 整治规模畜禽养殖场污染

强化规模畜禽养殖场污染治理。强化对未采取有效污染减排和清洁生产措施的规模养殖场以及措施老化、简陋、损坏等未能保障达标运行的规模养殖场进行整治和改造，确保流域内所有的规模养殖场均建有完善的污染减排和清洁生产措施并正常运行。对合浦辖区南流江流域范围内的以及在此次调查中发现的问题进行专项整治（表 9-1），完善规模化畜禽养殖场的污染减排及清洁生产的改造，尤其是星岛湖镇存在问题的规模养殖场，完成流域范围内所有规模养殖场较为完善的雨污分流、干清粪以及粪便污水储存、处理、资源化利用设施的配套建设，并建设与粪污产生量相匹配的粪污处理设施和储存利用设施，实现畜禽粪便无害化处理和综合利用。加大畜禽养殖废弃物的综合利用，合浦县要建设利用畜禽废弃物加工有机肥企业和农作物秸秆加工企业，鼓励扶持种植企业和养殖企业开展有机肥还田合作。

表 9-1　方案抽查中发现问题的规模养殖场清单及其重点整治内容

乡镇	规模化畜禽养殖场	重点整治内容
常乐	合浦宏华养殖场	完善雨污分流和沼液农灌设施
	广西合浦润艺宝农牧有限公司	完善雨污分流和沼液农灌设施
	合浦县银兵养猪场	干清粪和雨污分流改造
石康	合浦县石康镇振大养猪场	干清粪和雨污分流改造
	广西建邦农业股份有限公司	整改靠近水库的氧化塘及其防渗
石湾	合浦县石湾镇横石岭养殖场	干清粪和雨污分流改造
	合浦县石湾镇永发猪场	沼液渣分离及农灌改造
星岛湖	广西合浦县宜安饲料有限责任公司宜安养殖场	雨污分流及农灌改造
	合浦县星岛湖合昌养猪场	农灌系统改造
	合浦海丰农牧有限责任公司	农灌系统改造

加强畜禽规模养殖场环境监管。认真贯彻落实国务院《畜禽规模养殖污染防治条例》（国务院令第 643 号）和《广西畜禽规模养殖污染防治工作方案》（桂政办发〔2015〕133 号），推进流域畜禽养殖污染防治，实现养殖业污染减排。畜禽规模养殖场必须采用干清粪、雨污分流、固液分离等措施。散养密集区要实行畜禽粪便污水分户收集、集中处理利用。畜禽规模养殖场（小区）要配套建设具有无害化处理病死畜禽能力的综合利用设施。2016 年底前，制定完成合浦县畜禽养殖污染防治规划和合浦县畜禽养殖污染防治工作方案，并对现存畜禽规模养殖场（小区）进行逐一排查和环境影响评价，对环境影响评价不合格、有意愿、有条件进行达标改造的养殖场（小区），按照环评合格要求，以"一场（户）一策"方式整改。坚决取缔没有意愿、没有能力建设养殖污染防治设施的养殖场以及环保设施未达到环保要求的养殖场。完成对规模养殖场的环保整治和没达到要求的规模养殖场的取缔工作。建立畜禽养殖场执法检查机制，每年进行执法检查，及时处理发现的问题，长效减少养殖污染。

9.1.2　推进城镇生活污染治理

加快城镇污水处理设施及配套管网建设。加快流域内乡镇建成区污水处理设施及其配套污水管网建设,提高城市生活污水的整体处理能力,到 2020 年实现流域内镇镇建成运营乡镇建成区污水处理厂的目标。有条件的乡镇污水处理厂要向周边乡镇延伸管网和服务。采取有力措施,加快石康镇污水处理厂投入运营以及后续建成的乡镇污水处理厂尽快投入运营,确保配套污水管网的建设和建成污水处理厂的持续达标运行。表 9-2 为需重点建设城镇污水处理厂清单。

表 9-2　需重点建设城镇污水处理厂清单

序号	拟建污水处理厂名称	服务人口/万人	工程性质
1	常乐镇污水处理厂一二期	2	乡镇污水处理厂及管网工程
2	石康镇污水处理厂一（已建）二期	1.4	乡镇污水处理厂及管网工程
3	石湾镇污水处理厂	0.4	乡镇污水处理厂及管网工程
4	星岛湖镇污水处理厂	0.3	乡镇污水处理厂及管网工程
5	曲樟乡污水处理厂	0.2	乡镇污水处理厂及管网工程

深入推进城镇垃圾分类收集与减量化、资源化利用。建设完善农户、村、乡镇、市县生活垃圾收集转运体系,对于垃圾历史临时堆放点和不达标垃圾处理设施的现存垃圾,要积极寻找垃圾无害化处理和资源化利用点进行存量治理,尽早完成流域乡镇所有现存垃圾堆放点的清理和无害化处理。结合实际,因地制宜地建设乡镇垃圾转运处理终端,离合浦县城处理设施较近的石康镇、石湾镇和星岛湖镇的农村垃圾,原则上纳入"村收镇转运县（区）处理"体系;离县城处理设施较远的常乐镇、曲樟乡的农村垃圾,原则上纳入"村收镇转运片区处理"体系;边远山区等交通极为不便的农村垃圾,按照不出村的原则就近就地处理。完成石康镇垃圾转运设施、常乐镇和曲樟乡垃圾片区处理中心、边远乡村就近就地处理设施等项目建设,尽快形成"村收镇运县（区）处理""村收镇转运片区处理""村屯就近就地处理"三种模式共同作用,覆盖各乡镇、村的农村垃圾统筹治理体系。对已建但仍未达到规范的星岛湖、石湾乡镇垃圾中转站进行改造。加强合浦县生活垃圾无害化处理能力,鼓励利用合浦县公馆镇华润水泥厂开展水泥窑协同处置生活垃圾等措施,实现垃圾的减量化、无害化和资源化。严格实施《北海市开展农村垃圾专项治理两年攻坚实施方案》,加强农村垃圾的收集与无害化处理。流域内各乡镇生活垃圾收集和无害化处理率达到 90%以上,农村生活垃圾基本实现村收集、乡镇转运、县区处理。表 9-3 为需重点建设生活垃圾处理设施清单。

表 9-3 需重点建设生活垃圾处理设施清单

序号	生活垃圾无害化收集处理设施名称	所在区域	工程内容
1	常乐镇生活垃圾乡镇片区处理中心项目	常乐镇	新建1个乡镇农村生活垃圾片区处理中心
2	石湾镇生活垃圾中转系统工程	石湾镇	规范化改造垃圾中转站1座
3	星岛湖镇生活垃圾中转系统工程	星岛湖镇	规范化改造垃圾中转站1座
4	石康镇生活垃圾中转系统工程	石康镇	新建垃圾中转站1座
5	曲樟乡生活垃圾乡镇片区处理中心项目	曲樟乡	新建1个乡镇农村生活垃圾片区处理中心

9.1.3 推进农村环境综合整治

编制实施农村环境整治方案。以县级行政区域为单元，实行农村污水处理统一规划、统一建设、统一管理，合浦县印发辖区内农村环境连片整治和农村污水处理设施的建设方案。其中，南流江沿岸 1km 以及南流江东部的常乐镇东片乡村、石康镇湖海运河以西乡村和星岛湖镇乡村作为合浦县农村环境连片整治和农村污水处理设施建设的优先区域。

建设农村污水收集处理设施。在人口密集的农村建成区，依据人口规模，因地制宜地建设小中型生活污水集中/分散处理站。已建的石康镇污水处理厂及其他拟建的城镇污水处理厂要向镇周边农村延伸管网和服务，收集周边重点村的污水集中处理。对于无法集中污水处理的地区，根据地形特点因地制宜地在各种沟渠建设人工湿地，在河道两侧建设人工浮岛湿地等，采用经济、实用、多样的设施和措施，有效处理农村生活污水。

建设农村清洁环境。完善农村垃圾收集、转移和处理系统建设，减少农村垃圾污染；深化"以奖促治"政策，实施农村清洁工程，推进农村环境整治；对河道沟渠清淤疏浚，建设清洁家园、清洁田园。加大生态乡村建设力度，积极建设农户化粪池，处理分散农户的生活污水，加快农村和家庭农场的沼气工程实施建设，提高农村生活污水、畜禽粪便、有机垃圾的处理水平，因地制宜地开展多种模式的生活粪污、养殖粪污、有机垃圾的综合利用，大力促进农村生活、养殖粪污的综合利用。表 9-4 为需重点开展农村环境综合整治及农村污水处理站建设乡镇清单。

巩固已整治农村环境。对于已经完成农村连片综合整治、建设好农村污水处理设施、已开展清洁家园示范村和垃圾综合处理示范村的农村地区，继续广泛发动组织干部群众开展农村环境卫生大整治，要积极采取措施，完善污水管网，建

表 9-4　需重点开展农村环境综合整治及农村污水处理站建设乡镇清单

序号	乡镇名称	人口/人		主要任务
		总人口	农业人口	
1	常乐镇	87143	77533	开展农村环境连片整治,推进生活污水、养殖污染治理、生活垃圾收集处置和饮用水水源地保护等,实施农村清洁工程,对河道沟渠进行清淤疏浚,建设清洁家园、清洁田园
2	石康镇	79539	66204	
3	石湾镇	51507	48084	
4	星岛湖镇	28404	27345	

立长效运行机制,保障污水处理和垃圾收集设施的正常运行,保护农村的清洁环境。引导各乡镇紧紧围绕"清洁乡村巩固提升,生态乡村有效推进"这个主题,进一步加大宣传发动力度,营造良好的全社会共同参与的良好氛围。

9.1.4　推进农林种植面源污染治理

1. 继续推进农业种植面源污染治理

继续推广落实精准施肥,减少化肥使用量。制定实施北海市南流江流域农业和林业种植面源污染综合防治方案,实行测土配方施肥,推广精准施肥技术和机具,推广更为环保的水肥一体化技术。积极推广畜禽养殖粪污和秸秆还田,推广使用有机肥,减少化肥的使用量。扩大技术进村入户,提高农民科学施肥的意识。到"十四五"中期,建立完善科学施肥管理和技术体系,科学施肥水平明显提升,主要农作物化肥使用量比 2015 年减少 10%以上。一是施肥结构进一步优化,测土配方施肥技术覆盖率达到 95%以上,畜禽粪便养分还田率达到 80%,农作物秸秆养分还田率达到 60%;二是施肥方式进一步改进,机械施肥面积占主要农作物种植面积的 10%以上,水肥一体化技术推广面积提高 10 万亩以上;三是肥料利用率稳步提高,主要农作物肥料利用率达到 40%。

积极治理农田排水。利用现有沟、塘、窖等,配置水生植物群落、格栅和透水坝,建设生态沟渠、污水净化塘、地表径流集蓄池等设施,净化农田排水及地表径流。完成合浦县南流江灌溉区农田排水及地表径流工程建设计划,在常乐镇、石康镇、石湾镇和星岛湖镇等水网丰富的灌区,积极利用现有较多的沟、塘灌区开展农田排水及地表径流的净化处理,减少农业面源污染。

2. 加强林业经济种植林科学施肥

推广经济种植林的科学施肥与清洁生产,研究推广种植林的测土配方施肥,推广精准施肥技术和机具,推广更为环保的生物粪肥。建立完善科学施肥管理和技术体系，科学施肥水平明显提升。一是施肥结构进一步优化，提高畜禽粪便养分还林率；二是肥料利用率稳步提高。鼓励发展当地特色产业，打造现代绿色生态产业创新试点。发展"生态、高值、循环"现代特色农林牧结合的绿色生态产业。

9.1.5　积极推进生态水产养殖

全面推广生态健康养殖模式，加大实施池塘改造项目，推进水产养殖池塘标准化改造和养殖方式优化，推广养殖用水循环使用、废水处理技术，实现水产养殖污染物资源化、能源化、无害化和减量化。加大水产养殖业执法力度，依法清理重要饮用水水源地和不符合养殖规划规定的养殖设施和养殖活动。鼓励有条件的渔业企业开展集约化养殖。积极推广人工配合饲料，逐步减少饲料使用量。

9.1.6　强化工业污染防治

专项整治流域淀粉制造行业。"十四五"初期，对流域内的淀粉制造行业进行专项排查，并完成存在问题的企业的清洁化改造。在水质未稳定达标之前，严格控制新建、改建、扩建《北海市水污染防治行动计划》中的十大重点行业建设项目。加强对南流江沿岸工业企业的监管，加大偷排直排处罚力度，杜绝不达标污水直排入南流江，并加强环境风险排查。在各乡镇污水处理厂建成后，主要工业企业的生产生活污水处理达标后，要纳入镇区市政管网进行深度处理，不允许直接排入南流江。表 9-5 为专项整治重点企业清单。

表 9-5　专项整治重点企业清单

序号	企业名称	建设地点	行业类别	整治措施
1	合浦县海洋淀粉有限公司	星岛湖镇下洋村	淀粉及淀粉制品制造	定期检查污水处理设施和在洗监测系统，提高生产过程的清洁化水平
2	广西合浦双洋淀粉有限公司	星岛湖镇上洋村	淀粉及淀粉制品制造	定期检查污水处理设施和在洗监测系统，提高生产过程的清洁化水平
3	合浦县常鑫淀粉有限公司	常乐镇江口大桥边	淀粉及淀粉制品制造	定期检查污水处理设施和在洗监测系统，提高生产过程的清洁化水平

强化各乡镇牲畜屠宰场的管理。对乡镇屠宰行业进行专项整治（表 9-6），对常乐镇、石康镇、石湾镇和星岛湖镇屠宰场采取节水和污水治理措施，实行清洁化改造，确保屠宰场污水处理设施的正常运行，污水经处理达到标准后纳入城镇污水管网集中处理。

表 9-6　专项整治屠宰场清单

序号	企业名称	建设地点	行业类别
1	合浦县食品公司常乐购销站	常乐镇	牲畜屠宰
2	石康镇屠宰厂	石康镇	牲畜屠宰
3	石湾镇屠宰厂	石湾镇	牲畜屠宰
4	星岛湖镇屠宰厂	星岛湖镇	牲畜屠宰
5	曲樟乡屠宰厂	曲樟乡	牲畜屠宰

9.2　流域联治确保来水质量

9.2.1　协调建立流域联防机制

积极与玉林市、钦州市以及广西壮族自治区生态环境厅（简称自治区生态环境厅）等政府部门沟通协调，商请自治区生态环境厅建立跨流域的玉林市、钦州市和北海市的南流江流域水环境联防联治议事协调机制，三市政府建立流域联防机构，加强协调配合、定期会商，实施联合监测、联合执法、应急联动、信息公开共享。由自治区生态环境厅建立南流江流域水体达标的督促、检查和考核机制，定期检查三市所辖南流江水体达标方案落实情况及效果。在张黄江入南流江干流处补充设立监测断面，定期监测考核，确保玉林市和钦州市实现玉林交界横塘断面水质达到Ⅲ类，钦州与合浦交界的南流江干流断面、张黄江入干流断面、武利江入合浦断面的水质达到Ⅲ类水质，确保上游来水的质量和水量，保障南流江合浦断面的水质和流量。"十四五"期间，健全南流江流域跨界断面联合监测机制，建立和完善玉林、钦州及北海水污染联防联控协作机制。

协调建立由自治区生态环境厅牵头，玉林市、钦州市和北海市政府参加的南流江水污染防治和水体达标工作联席会议（以下简称"联席会议"）制度，联席会议负责统筹协调南流江流域水污染和水体达标联防联控工作，研究解决区域水污染联防联控工作的重大问题，督促有关部门和各县、区人民政府落实全市水污染联防联控工作措施。各有关部门要认真按照职责分工，切实做好水污染防治相关工作。加强统一指导、协调和监督，工作进展及时向市人民政府报告。

9.2.2　严格实施流域联合治理

积极发挥流域水环境联防联控协作机制的作用，商请自治区生态环境厅加快推进《南流江-廉州湾陆海统筹水环境综合整治规划（2016～2030 年）》《南流江-廉州湾重点流域水体达标总体实施方案》的颁布与实施，争取将南流江-廉州湾水环境综合整治纳入国家和广西项目库，推进流域的综合整治。

联合制定流域水功能区划、环境保护管理条例、畜禽养殖污染防治管理条例、乡镇农村污水处理设施建设运行条例、农业面源污染防治与节水条例，联合设定流域环境准入条件，开展畜禽养殖、采砂等联合整治和执法，联合划定流域生态红线和湿地保护红线，构建水资源承载力和水环境承载力评价技术体系，建立水资源保护调度机制，科学计算各区域的生态流量并制定保障措施，联合开展交界断面水质和水量监测，加强联合督查与执法，确保流域同步开展环境污染防治工作，并达到上游来水水体达标的目标。

9.2.3　联合保护洪潮江水库和合浦水库

建立洪潮江水库生态环境保护协调机制。加强与钦州市和玉林市的沟通协调，协商生态补偿机制，联合开展洪潮江水库和合浦水库生态环境安全评估，制定洪潮江水库良好湖泊生态环境保护实施方案、合浦水库良好湖泊生态环境保护实施方案，联合开展洪潮江水库和合浦水库环境综合整治及生态环境保护，确保洪潮江水库和合浦水库优良湖泊Ⅲ类水体的保持，以及南流江流域重要支流洪潮江上游来水的水质达到Ⅲ类水质标准。

9.3　促进经济结构转型升级

9.3.1　调整产业结构

严格环境准入。严格执行最严格水资源管理办法的规定，将水利部门的入河排污口设置审批作为建设项目审批的前置条件。建立水资源、水环境承载能力监测评价体系，实行承载能力监测预警，对于水质不能稳定达标的南流江，合浦常乐镇、石康镇、石湾镇和星岛湖镇应禁止建设新增化学需氧量、氨氮、总氮、总磷等不达标污染物指标排放量的项目，加快调整发展规划和产业结构，组织完成合浦县水环境承载能力现状评价和水资源承载能力现状评价。

优化流域畜禽养殖结构。认真贯彻落实国务院《畜禽规模养殖污染防治条例》（国务院令第 643 号）和《广西畜禽规模养殖污染防治工作方案》（桂政办发〔2015〕133 号），逐步控制小散畜禽饲养总量，促进畜禽养殖产业转型，推进畜禽养殖方式转变，完成合浦县畜牧业发展规划的制定，并报本级人民政府批准发布，强化养殖业结构调整，加快推进畜禽养殖业转型发展，科学确定畜禽养殖的品种、规模、总量和布局。以"控制总量转方式、减小扶大提质量"为发展主线，利用政策扶植等措施，建设标准化规模养殖场，淘汰散户养殖和小型养殖场，走生态型、标准化、规模化的发展道路，着力解决畜禽养殖中的规模分散问题。积极鼓励和推广高架网床、零冲水、无抗养殖、农牧结合、种养循环等现代生态养殖模式，全面推广高架网床生猪养殖模式和先进的减排工艺技术，从源头上减少畜禽废弃物排放。加大对现有生猪养殖企业/专业户高架网床养殖模式改造的财政支持力度，新建生猪规模养殖企业/专业户必须采用高架网床养殖模式，并满足粪污综合利用零排放的要求，做到增产不增污。"十四五"期间，流域内小散生猪养殖总量不增加，严格控制鸭鹅养殖总量，规模养殖场（小区）的养殖比例达到50%以上，50%以上的规模化生猪养殖场和养殖小区采用高架网床养殖模式。全面推进种养结合、林间养殖、生态还田等生态养殖模式，综合利用畜禽养殖废弃物，形成循环利用养殖模式。

调整农业种植业结构与发展模式。积极推动农村土地流转，鼓励发展规模农业企业和农村合作社，大力扶持具有区域特色产品的龙头企业/合作社和现代农业（核心）示范区，引导分散农民开展规模化现代农业项目，通过规模农业的精细化种植、管理，调整结构，达到精准施肥、循环发展等减少面源污染的目标。积极发展农业合作社、农产品加工和林产品加工等项目，鼓励优势流通企业、工业企业到南流江流域参与高端农林牧渔业的开发与建设，吸收当地农民就业，有效推动流域农业种植产业结构优化，解决农村农业分散种植面源污染严重的困境。科学制定合浦县农业发展规划，大力种植节水、高产、生态品种。在编制农业发展规划和农田基本建设规划中，要把田间畜禽粪污储存与利用设施设备纳入设计建设内容，形成畜禽粪污处理设施与田间利用工程相互配套的粪污处理与利用系统。

调整种植林业结构与发展模式。科学制定流域林业发展规划，有效保障天然林的保有率，促进多样化林业结构的形成，减少单一林种的过度发展形成绿色荒漠。加大退耕还林和生态公益林建设的支持力度，把需肥量大的速生经济林改为水源林、生态公益林或者施用化肥较少的经济林，升级林业结构。

9.3.2　优化空间布局

合理确定发展布局、结构和规模。鼓励发展节水高效现代农业、低耗水高新技术产业以及生态保护型旅游业。石湾镇、石康镇、常乐镇依托国家级现代农业核心示范基地，发展"合浦豇豆"等特色优势产业，曲樟乡和星岛湖镇依托合浦水库和星岛湖的湖光山色大力发展生态旅游业。严格控制高耗水、高污染企业发展，将流域内现有的工业企业迁入合浦工业园区，优化南流江流域的产业布局和经济发展空间布局。在流域现有高岭土企业初步形成高岭土资源开发的产业基础上，进一步建设高岭土产业工业园区，加强统一监管，积极开发高岭土深加工项目，进行精深加工，严格环保措施，争取实现高岭土企业的污水零排放。

优化畜禽养殖业发展布局，划定禁养区域。认真贯彻落实国务院《畜禽规模养殖污染防治条例》（国务院令第 643 号）和《广西畜禽规模养殖污染防治工作方案》（桂政办发〔2015〕133 号），在编制合浦县畜牧业发展规划中，要科学制定南流江流域畜牧业发展布局，划定禁养区和限养区。科学划定南流江流域的畜禽养殖禁养区并发布，将集中南流江总江口饮用水水源保护区、洪潮江水库沿岸500m、合浦水库沿岸 500m、湖海运河沿岸 500m、大白水水库沿岸 500m、南流江干流沿岸两侧 500m 范围划为禁养区，将流域内其他江河和水库沿岸 500m 范围划定为限养区。依法推进分区管理，严格实施禁养区和限养区的要求，禁养区内禁止规模养殖活动，限养区内不再新增规模养殖并严格落实污染防治措施，禁止沿岸养殖场往南流江干流、支流直排养殖粪污。完成禁养区和限养区内养殖排查。制定禁养区内畜禽养殖场的拆迁计划和限养区内畜禽养殖场的改造计划，落实养殖场关停拆迁、改造补助，确保禁养区内不存在规模养殖活动，限养区内全部养殖场严格落实污染防治措施，对于限养区内未能完成严格的污染措施改造的养殖场，坚决依法关闭取缔。将总江口饮用水水源保护区北界（二级保护区北界）到亚桥、南域控制断面下游 500m 的南流江河堤以内的水陆域设为断面水体达标特别禁养区，禁止一切畜禽专业养殖活动。完成特别禁养区内养鸭场和养鹅场等养殖场的清理工作。

积极保护水域生态空间。严格南流江干流水域岸线用途管制，土地开发利用应严格按照有关法律法规和技术标准的要求进行。在土地利用总体规划调整完善工作过程中，要严格按照国家和自治区水污染防治有关工作的要求，留足河道、水库和沿河地带的管理和保护范围；严格执行调整完善后的土地利用总体规划，加强土地利用用途管控，杜绝违规占用水域，非法挤占的应限期退出。

9.4　水生态环境综合治理与保护

9.4.1　保障饮用水水源安全

强化饮用水水源保护。开展集中式饮用水水源环境保护规范化建设，在总江口集中式饮用水水源地一级保护区周围，因地制宜地开展隔离防护工程建设，包括隔离防护围栏、围网、生态防护林和水源地标志建设等物理和生物隔离措施。依法清理总江口饮用水水源保护区内违法建筑、排污口、畜禽养殖和采砂场。充分结合农村环境综合整治、小散畜禽养殖污染防治和采砂场专项整治工作，将总江口饮用水水源保护区作为首要开展区域进行专项整治，防治保护区内的农村农业面源污染和保护生态环境。

禁止侵占自然湿地等水源涵养空间，已侵占的要限期予以恢复。以饮用水水源的保护涵养为核心，在南流江总江口饮用水水源地开展湿地保护与修复建设，加强生态缓冲带建设，在保护区范围内的河道两侧建设植被缓冲带和隔离带，对河道两侧（河堤内）的耕地进行保护性耕种和退耕还湿，清除保护区范围内的采砂场、畜牧养殖场，并进行生态修复。

9.4.2　整治非法采砂场

科学划定流域禁采区。印发《北海市合浦县 2016～2020 年南流江河道采砂规划》，落实南流江河道禁采区的划定工作。开展南流江干流河道禁采区内采砂场的强化取缔。坚决取缔在总江口水源保护区内等 12 个禁采区的采砂场，禁止占用水域湿地生态空间，对取缔的采砂场地开展清除和生态修复建设，恢复禁采区河道两侧的植被建设生态缓冲带。加强对流域采砂活动的日常监管与执法，禁止非法采砂和偷采偷挖，严厉打击在禁采区和保留区非法采砂的行为，严格实施《广西壮族自治区河道采砂管理条例》，采砂活动必须持证在可采区按照规定的范围和深度进行。

9.4.3　加强水土保持

加大水土保持力度。在水土流失强度较大的区域，应针对不同土地利用类型、不同坡度、不同地区水土流失的特点，因地制宜，因害设防，科学配置各项水土流失防治措施，实行工程措施、植物措施与农业措施相结合，山水林田路统一规划，综合治理。加大对铁路、道路和采矿项目的监理监管，强化工程落实水土保持措施要求。

9.5　着力节约水资源

9.5.1　严格控制用水量

严格保护南流江水资源。严格按照《北海市实行最严格水资源管理制度实施方案》的要求，建立和完善本地区以及下属行政区的"三条红线"指标体系，即突出抓好水资源开发利用控制、用水效率控制、水功能区限制纳污等。对纳入取水许可管理的单位和其他年用量达到 5 万 t 及以上的用水大户实行计划用水管理，建立重点监控用水单位名录（表 9-7），并向社会公布，强化公众参与。新建、改建、扩建项目用水要达到行业先进水平，节水设施应与主体工程同时设计、同时施工、同时投运。严格控制用水总量，严把水资源论证关，规范取水许可审批管理，遏制不合理的新增取水。严格用水效率控制，强化用水定额和用水计划管理，深入推进节水型社会建设。

表 9-7　北海市重点用水单位监测信息汇总表

序号	取用水户名称	取用水测站名称	取水监测站所在地	水源类型	许可水量/（万 m³/a）	行业类别	国、省控点
1	北海北源供水有限责任公司	北海北源供水有限责任公司	北海市海城区北郊水厂厂区内	河流	4633	46 水的生产和供应业	国控
2	合浦县锦海高岭土有限公司	锦海高岭土有限公司	合浦县十字路乡庞屋村厂区内	地下水	140	12 其他采矿业	国控
3	广西合浦西场永鑫糖业有限公司	广西合浦西场永鑫糖业有限公司 1 管	合浦县西场镇东水坝附近糖厂厂区内	河流	60.95	13 农副食品加工业	国控
4	广西合浦西场永鑫糖业有限公司	广西合浦西场永鑫糖业有限公司 2 管	合浦县西场镇东水坝附近糖厂厂区内	河流		13 农副食品加工业	国控
5	合浦县水利供水有限责任公司	合浦县常乐水厂	合浦县常乐镇水厂厂区内	地下水	7	46 水的生产和供应业	省控
6	党江水厂	党江水厂 1 管	合浦县党江水厂厂区内	河流	18	46 水的生产和供应业	省控
7	党江水厂	党江水厂 2 管	合浦县党江水厂厂区内	河流		46 水的生产和供应业	省控
8	星岛湖水厂	星岛湖水厂	合浦县星岛湖镇水厂厂区内	河流	11	46 水的生产和供应业	省控
9	合浦县白沙源源供水有限责任公司	石康水厂	合浦县石康镇水厂厂区内	河流	12	46 水的生产和供应业	省控
10	合浦石湾水厂	合浦石湾水厂 1 级泵房	水厂厂区内	河流	5.8	46 水的生产和供应业	省控
11	北海市高岭科技有限公司			河流		46 水的生产和供应业	
12	兖矿北海高岭土有限公司			河流		46 水的生产和供应业	

续表

序号	取用水户名称	取用水测站名称	取水监测站所在地	水源类型	许可水量/(万 m³/a)	行业类别	国、省控点
13	总江桥闸灌区	总江桥闸灌区	合浦县南流江综合管理处内	河流			省控
14	洪潮江水库总干渠	洪潮江水库总干渠	洪潮江水库总干渠渠道	水库			省控
15	洪潮江水库总干渠	洪潮江水库西干渠	洪潮江水库西干渠渠道	水库			省控
16	合浦水库东岭取水口	合浦水库东岭取水口	合浦水库湖海运河东岭取水口渠道	水库	6458	46 水的生产和供应业	省控

9.5.2　积极发展农业节水

发展农业节水。推广渠道防渗、管道输水、喷灌、微灌等节水灌溉技术和旱作农业水肥一体化技术，完善灌溉用水计量设施。加强节水农业基础设施建设，切实做好土壤墒情监测等基础性工作，加快节水农业技术示范推广，推行适应性种植方式。加快大型灌区和重点中型灌区监控计量设施建设。积极争取中央和自治区资金支持，各级落实地方工程配套资金，到"十四五"中期，基本完成大型灌区和重点中型灌区续建配套和节水改造，流域内节水灌溉工程面积达到上级指标要求。通过节水农业技术的应用，在旱作农业区自然降水利用率提高 10 个百分点；在精灌区节约灌溉用水利用率提高 20%～30%，在水田灌溉区，亩节水 100m³ 左右。流域内农田灌溉水利用系数达到 0.50 以上。

9.5.3　加强城镇节水

加强合浦县城及流域主要乡镇的节约用水。禁止生产、销售不符合节水标准的产品、设备，强化使用水表的依法检定。公共建筑必须采用节水器具，开展公共建筑用水器具核查，限期淘汰公共建筑中不符合节水标准的水嘴、便器水箱等生活用水器具（表 9-8），新建公共建筑禁止使用非节水器具，鼓励居民家庭选用节水器具。对使用材质落后的供水管网进行更新改造，逐年制定年度改造建设计划并实施。在城镇建成区积极建设滞、渗、蓄、用、排相结合的雨水收集利用设施，改造和建设雨水管渠，在建设污水处理厂和污水管网过程中，积极建设雨污分流收集管。鼓励新建乡镇污水处理厂中水回用。

表 9-8　公共建筑应淘汰的用水器具清单

序号	器具名称	推广产品
1	铸铁螺旋升降式水龙头	非接触自动控制式、延时自闭、停水自闭、脚踏式、陶瓷磨
2	铸铁螺旋升降式停止阀	片密封式等节水型龙头、停止阀
3	进水口低于水面的卫生洁具水箱配件	
4	上导向直落式便器水箱配件	冲水量小于 6L 的两档式便器，小便器推广非接触式控制开关装置
5	冲水量大于 9L 的便器及水箱	

9.5.4　加强工业节水

按照国家鼓励和淘汰的用水技术、工艺、产品和设备目录，对南流江流域内的企业开展节水诊断、水平衡测试和用水评估等工作，制定高耗水工艺和装备淘汰工作方案并分年度实施。严格用水定额管理，根据广西用水定额地方标准，加强对企业执行用水定额情况的监管，取用水重点监控企业每 3 年必须开展一次企业水平衡测试。加强对流域内高岭土厂的用水管理，促进高岭土行业循环用水率的提高，节约用水。

9.6　加强环境监管能力建设

9.6.1　加大执法力度

所有排污单位必须依法实现全面达标排放。逐一排查工业企业排污情况，达标企业应采取措施确保稳定达标；对超标和超总量的企业予以"黄牌"警示，一律限制生产或停产整治；对整治仍不能达到要求且情节严重的企业予以"红牌"处罚，一律停业、关闭。自 2016 年起，每半年定期公布环保"黄牌""红牌"企业名单。每半年定期抽查排污单位达标排放情况，结果向社会公布。

严厉打击环境违法行为。重点打击私设暗管或利用非法途径排放污染物废水，监测数据弄虚作假，不正常使用水污染物处理设施，或者未经批准拆除、闲置水污染物处理设施等环境违法行为。对造成生态损害的责任者严格落实赔偿制度。严肃查处建设项目环境影响评价领域越权审批、未批先建、边批边建、久试不验等违法违规行为。对构成犯罪的，要依法追究法律责任。

加强畜禽养殖业和农业的监管执法。落实畜禽养殖和农业面源"属地化管理"主题责任，认真贯彻执行《畜禽规模养殖污染防治条例》《广西壮族自治区乡村清洁条例》及相关法律法规规定，加大执法检查力度，强化执法监督手段。加大农村地区环境监察执法，依法查处畜禽养殖场（小区）的各种环境违法行为。强化农业污染源监督性监测，将畜禽规模养殖场（小区）纳入环境保护部门监测执法范围，对污染治理不到位的养殖场（小区）责令限期整改到位，整改不到位的依法关停。对擅自向水体等外环境排放畜禽污染物的养殖场（小区），依法封堵排污口并进行处罚；对造成重大环境事件的，依法从严查处。加强畜禽规模养殖场（小区）农村能源沼气工程的安全监管和维护情况检查。

健全行政执法与刑事司法衔接机制。健全完善上级督查、属地监管的环境行政监督执法机制，强化环保、公安、监察等部门和单位协作，建立信息共享机制，健全行政执法与刑事司法衔接配合机制，完善案件移送、受理、立案、通报等规定，堵住"以罚代刑"的漏洞。与公安、检察机关建立和完善日常联动执法相关制度以及案件移送、重大案件专题会商和督办、紧急案件联合调查、执法信息共享等机制，实现行政处罚和刑事处罚无缝对接。建立各地案件移送、受理等情况的月调度机制，联合公安机关不定期将一批环境违法典型案例进行挂牌督办，定期向社会通报各地环境违法案件移送情况。

9.6.2　提升监管水平

完善水环境监测网络。根据国家统一规划，建立健全综合性的南流江流域水环境监测网络（点位），提升对跨县市区主要断面的监测能力。加强对南流江流域现有水质监测断面的监测，每月监测 1 期；在北海市水功能区水质监测断面和北海市地表水环境质量监测断面的基础上，适当补充张黄江口监测断面监控张黄江来水质量，补充洪潮江口和总江口监测断面监控流域重要支流水质，实现重要支流的全覆盖；在南域水质自动监测站的基础上，补充建设南流江亚桥水质自动监测站和江口大桥水质自动监测站，实现流域 3 个主要污染物通量的实时监控。加强水利和环保部门以及本市与玉林市、钦州市的联合监测、数据共享和信息发布，构建流域水环境监控信息管理系统。落实重点污染源在线监控系统建设，提高排污口自动化监控水平。

提高环境监管能力。加强环境监测、环境监察、环境应急等专业技术培训，严格落实执法、监测等人员持证上岗制度。加强合浦县环境保护局、环境监测站、环境监察支队的能力建设，配齐人员和硬件设施，监测监察应急机构要达到标准化达标建设要求，加强合浦县环保监测执法力量。常乐镇、石康镇、石湾镇和星岛湖镇要配备必要的环境监管力量，加强基层环境监管能力。逐步提升基层环境执法人员对污染源现场检查的技能和环境违法案件调查取证的能力，力争使全市环境监察执法人员持证上岗率达到100%。流域内自 2016 年起实行环境监管网格化管理。进一步探索督政的方式和方法，流域内政府牵头组织划分环境监管网格，将地方政府领导以及各有关部门的职责纳入管理，分清职责；以督政的方式，对流域内环境监管网格化管理情况进行监督。

9.6.3 积极引进第三方治理

根据《国务院办公厅关于推行环境污染第三方治理的意见》（国办发〔2014〕69 号）精神，加大政策扶持力度，通过"排污者付费、市场化运作、政府引导推动"的办法引进第三方进行治理：①排污者付费。根据污染物种类、数量和浓度，由排污者承担治理费用，受委托的第三方治理企业按照合同约定进行专业化治理。②市场化运作。充分发挥市场配置资源的决定性作用，尊重企业主体地位，营造良好的市场环境，积极培育可持续的商业模式，避免违背企业意愿的"拉郎配"。③政府引导推动。更好地发挥政府作用，创新投资运营机制，加强政策扶持和激励，强化市场监管和环保执法，为社会资本进入创造平等机会。

9.7 加强对重点工程的资金投入

9.7.1 各类型工程及投资

本书收集和设计了 9 类，共计 49 个项目，项目总投资共 69828.89 万元，拟申请中央财政资金 28518.92 万元，地方及社会拟投入资金 43309.97 万元。其中省级财政资金 25320 万元，社会资金 500 万元。具体工程项目见表 9-9 和表 9-10。

表 9-9 南流江达标整治方案各类型工程项目数及投资

序号	项目类型	项目数/个	项目总投资/万元	拟申请中央财政资金/万元	地方及社会拟投入资金/万元	省级财政资金/万元	社会资金/万元
1	城镇污水处理及管网类	8	12944.97	4600	10344.97	6600	—
2	工业污染专项整治类	4	400	320	80	80	—
3	城镇生活垃圾收运及处置类	10	2400	520	1880	420	500
4	农业农村环境综合整治类（畜禽养殖）	10	17300	5890	11410	6510	—
5	农业农村环境综合整治类（种植面源）	5	1500	530	970	970	—

续表

序号	项目类型	项目数/个	项目总投资/万元	拟申请中央财政资金/万元	地方及社会拟投入资金/万元	省级财政资金/万元	社会资金/万元
6	农业农村环境综合整治类（农村整治）	5	13050	3915	9135	5300	—
7	水环境综合整治与生态修复类	1	18753.92	11253.92	7500	3750	—
8	饮用水水源保护区规范化建设类	2	2500	750	1750	1450	—
9	环境监测与突发环境事件应急处置类	4	980	740	240	240	—
	合计	49	69828.89	28518.92	43309.97	25320	500

表 9-10 南流江达标整治方案各类型工程项目数及投资占比 （单位：%）

序号	项目类型	项目数	项目总投资	拟申请中央财政资金	地方及社会拟投入资金	省级财政资金	社会资金
1	城镇污水处理及管网类	16.33	18.54	16.13	23.89	26.07	0.00
2	工业污染专项整治类	8.16	0.57	1.12	0.18	0.32	0.00
3	城镇生活垃圾收运及处置类	20.41	3.44	1.82	4.34	1.66	100.00
4	农业农村环境综合整治类（畜禽养殖）	20.41	24.77	20.65	26.34	25.71	0.00
5	农业农村环境综合整治类（种植面源）	10.20	2.15	1.86	2.24	3.83	0.00
6	农业农村环境综合整治类（农村整治）	10.20	18.69	13.73	21.09	20.93	0.00
7	水环境综合整治与生态修复类	2.04	26.86	39.46	17.32	14.81	0.00
8	饮用水水源保护区规范化建设类	4.08	3.58	2.63	4.04	5.73	0.00
9	环境监测与突发环境事件应急处置类	8.16	1.40	2.59	0.55	0.95	0.00
	合计	100	100	100	100	100	100

各类项目投资分别为：城镇污水处理及管网类 12944.97 万元，工业污染专项整治类 400 万元，城镇生活垃圾收运及处置类 2400 万元，农业农村环境综合整治类（畜禽养殖）17300 万元，农业农村环境综合整治类（种植面源）1500 万元，农业农村环境综合整治类（农村整治）13050 万元，水环境综合整治与生态修复类 18753.92 万元，饮用水水源保护区规范化建设类 2500 万元，环境监测与突发环境事件应急处置类 980 万元。其所占比例分别为：城镇污水处理及管网类 18.54%，工业污染专项整治类 0.57%，城镇生活垃圾收运及处置类 3.44%，农业农村环境综合整治类（畜禽养殖）24.77%，农业农村环境综合整治类（种植面源）2.15%，农业农村环境综合整治类（农村整治）18.69%，水环境综合整治与生态修复类 26.86%，饮用水水源保护区规范化建设类 3.58%，环境监测与突发环境事件应急处置类 1.40%。

9.7.2　各乡镇工程及投资

各乡镇项目数见表 9-11 和表 9-12。常乐镇、石康镇、石湾镇、星岛湖镇、曲樟乡、合浦县和北海市项目分别为 9 个、8 个、8 个、9 个、8 个、4 个和 3 个，占比分别为 18.37%、16.33%、16.33%、18.37%、16.33%、8.16%和 6.12%。常乐镇、石康镇、石湾镇、星岛湖镇、曲樟乡、合浦县和北海市项目投资金额分别为 12824.97 万元、12280 万元、8830 万元、7600 万元、6060 万元、21353.92 万元和 880 万元，占比分别为 18.37%、17.59%、12.65%、10.88%、8.68%、30.58%和 1.26%。

表 9-11　南流江达标整治方案各乡镇工程项目数及投资

序号	乡镇	项目数/个	项目总投资/万元	拟申请中央财政资金/万元	地方及社会拟投入资金/万元	省级财政资金/万元	社会资金/万元
1	常乐镇	9	12824.97	3720	9104.97	5710	250
2	石康镇	8	12280	4320	7960	5010	0
3	石湾镇	8	8830	2595	6235	3960	0
4	星岛湖镇	9	7600	2765	4835	2880	0
5	曲樟乡	8	6060	2375	3685	2320	250
6	合浦县	4	21353.92	12033.92	11320	5270	0
7	北海市	3	880	710	170	170	
	合计	49	69828.89	28518.92	43309.97	25320	500

表 9-12　南流江达标整治方案各乡镇工程项目数及投资占比　　（单位：%）

序号	乡镇	项目数	项目总投资	拟申请中央财政资金	地方及社会拟投入资金	省级财政资金	社会资金
1	常乐镇	18.37	18.37	13.04	21.02	22.55	50.00
2	石康镇	16.33	17.59	15.15	18.38	19.79	0.00
3	石湾镇	16.33	12.65	9.10	14.40	15.64	0.00
4	星岛湖镇	18.37	10.88	9.70	11.16	11.37	0.00
5	曲樟乡	16.33	8.68	8.33	8.51	9.16	50.00
6	合浦县	8.16	30.58	42.20	26.14	20.81	0.00
7	北海市	6.12	1.26	2.49	0.39	0.67	0.00
	合计	100	100	100	100	100	100

9.7.3　各年度工程及投资

各类工程具体开工时间见表 9-13。按开工年限分，2016 年、2017 年和 2018 年开工工程项目分别为 13 个、32 个和 4 个，2016 年、2017 年和 2018 年开工工程项目总投资金额分别为 24998.89 万元、37630 万元和 7200 万元，比例分别为 35.80%、53.89%和 10.31%，具体见表 9-14。

表 9-13　南流江达标整治方案各开工年份项目数及投资

序号	开工时间	项目数/个	项目总投资/万元	拟申请中央财政资金/万元	地方及社会拟投入资金/万元	省级财政资金/万元	社会资金/万元
1	2016 年	13	24998.89	860	12884.97	6850	500
2	2017 年	32	37630	23058.92	25825	15870	0
3	2018 年	4	7200	2600	4600	4600	0
	合计	49	69828.89	26518.92	43309.97	27320	500

表 9-14　南流江达标整治方案各开工年份项目数及投资占比　　（单位：%）

序号	开工时间	项目数	项目总投资	拟申请中央财政资金	地方及社会拟投入资金	省级财政资金	社会资金
1	2016 年	26.53	35.80	3.24	29.75	25.07	100.00
2	2017 年	65.31	53.89	86.95	59.63	58.09	0.00
3	2018 年	8.16	10.31	9.80	10.62	16.84	0.00
	合计	100	100	100	100	100	100

第三篇　西门江陆海统筹综合治理

第10章 西门江流域、自然和社会经济现状分析

10.1 西门江流域概况

西门江又称周江、廉州江、合浦河，位于广西南部北海市合浦县境内，由北向南贯穿整个合浦县县城，地理坐标为 108°30′E～109°30′E，21°50′N～22°36′N。西门江曾经是古合浦丝绸之路的黄金水道，是北海市和合浦县的重要河流。历史上西门江上游在周江口（109°16′E，21°46′N）从南流江分支出来，并与七里江下游相接，但因南流江河床变低、西门江引流河道泥沙淤积等情况，目前西门江周江口处与南流江处于断流状态，上游基本只与七里江相接。西门江流域面积为262km²，干流河长 43.06km，流域范围涉及石康镇、石湾镇、合浦县城（廉州镇）和党江镇，并在党江镇马头村陈屋屯（109°09′E，21°35′N）注入廉州湾，河流下游九头庙断面以下至入海口均属感潮河段。

西门江流域位置示意图见图 10-1。

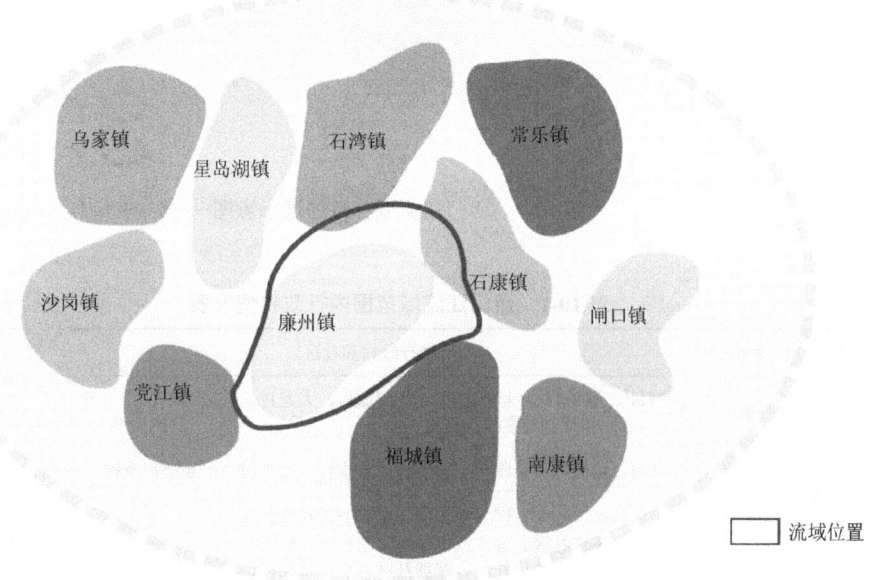

图 10-1 西门江流域位置示意图

10.2　区域地理位置

10.2.1　行政区范围

按流经顺序，西门江先流经石康镇（七里江）、石湾镇，后流入廉州镇和党江镇。具体范围见图 10-2 和表 10-1。

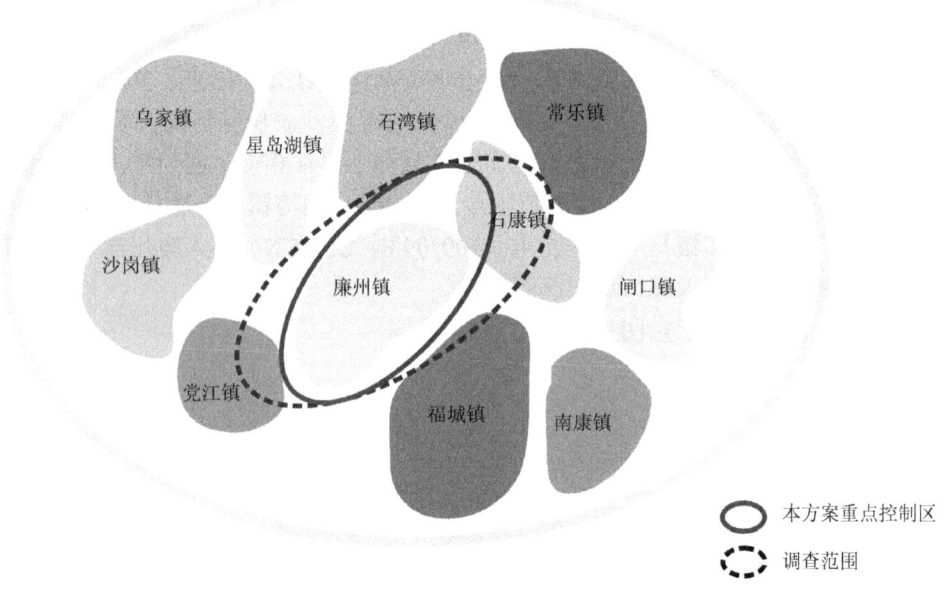

图 10-2　西门江流域行政区域示意图

表 10-1　西门江流域范围内行政村情况表

县区	乡镇	所辖行政村和社区		流域情况
合浦县	石康镇	大湾村*、顺塔村*、大庄江村*、红碑城村、大龙村、十字村、珠光农场	6 个行政村、1 个其他类型	七里江
	石湾镇	东江村、周江村、沙朗村、大浪村、新安村、七里村	6 个行政村	西门江、七里江
	廉州镇	中山路社区、康乐社区、阜民南社区、上新社区、南珠社区、还珠社区、廉南社区、车路塘社区、平田社区、廉东社区、冲口社区、泮塘社区、总江口社区、乾江街社区、珠光社区、合浦工业园区社区	16 个社区	西门江、清水江、风门岭支流、马江运河等

续表

县区	乡镇	所辖行政村和社区		流域情况
合浦县	廉州镇	大岭村、青山村、清江村、廉北村、堂排村、大江村、马江村、廉西村、乾江村、禁山村、杨家山村、中站村、插龙村、马安村、烟楼村、五四村	16 个行政村	西门江、清水江、风门岭支流、马江运河等
		合浦工业园区、国营珠光农场	2 个其他类型	
	党江镇	流星村、企坎村、蓝星村**、马头村、沙冲村**	5 个行政村	西门江
流域合计		52 个		

*石康镇部分行政村同时处于南流江流域范围内；**党江镇部分行政村同时处于党江流域范围内。

石康镇位于合浦县东北部 19km，全镇总面积 191km²，辖 26 个村（社区）。全镇基本属于南流江流域，镇南面有 6 个行政村位于西门江上游七里江附近，其中 3 个行政村同时属于南流江和西门江流域。

石湾镇位于合浦县城正北 11km，全镇总面积为 227km²，辖 17 个村（社区）。全镇大部分属于南流江下游流域，镇东南面共 6 个行政村属于西门江干流上游流域，占全镇面积的 1/4。

廉州镇是合浦县城所在地，是合浦政治、经济和文化的中心，是我国古代"海上丝绸之路"的重要港口和繁荣的商埠。辖区面积 470km²，人口 15 万，为全县第一大镇，全镇现辖 16 个社区、16 个行政村，以及合浦工业园区和国营珠光农场。

党江镇位于合浦县城西 8km，是南流江和西门江的下游及入海口所在地，区域面积为 81.5km²，现辖 18 个村（社区）委员会，其中有 5 个行政村位于西门江流域范围内。

10.2.2　汇水区范围

西门江考核断面位于下游廉州镇老哥渡入海监测断面附近，汇水区范围包括考核断面以上流域内的所有西门江干流部分，以及境内所有一级支流，汇水面积约 165km²。西门江流域上游范围包括石康镇和石湾镇：石康镇中没有西门江干流，只涉及七里江上游，区域主要为石康镇西南部七里江附近地区；石湾镇境内有西门江干流上游和七里江的主要河道，石湾镇以南流江为界往东一带即属于西门江干流汇水上游范围，这是由于南流江下游干流南岸和东岸在石湾镇以及廉州镇均建有完好的水泥防洪堤坝，堤坝以南、以东没有支流再汇入南流江干流。因此，石湾镇东南面虽然紧挨南流江，但属于西门江流域。西门江中游和下游主要位于廉州镇，下游入河口位于党江镇，考核断面位于廉州镇，距离入海口 7km。

石康镇七里江上游涉及的范围较小，且有部分同时处于南流江流域；党江镇仅涉及西门江入海口附近且范围较小，因此西门江主要汇水区范围集中在石湾镇西南区域和整个廉州镇区域。同时廉州镇县城人口密集，且为流域工业重点区域，西门江中游贯穿整个县城，故将县城部分设定为重要汇水区。

西门江流域汇水区范围示意图见图 10-3。

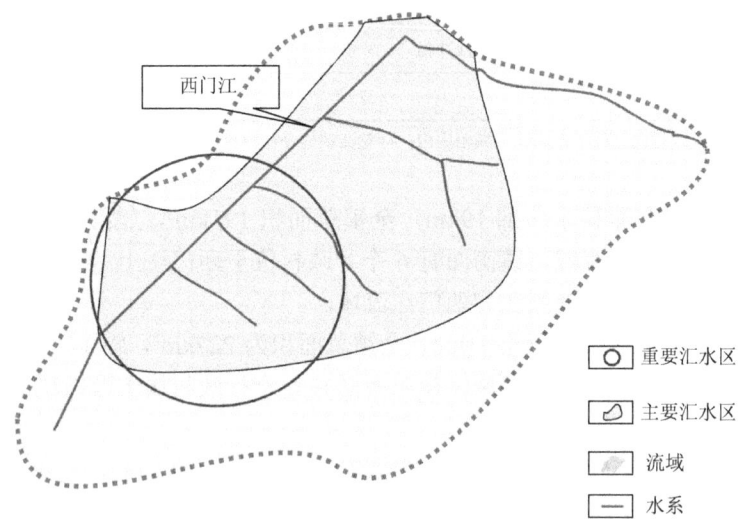

	重要汇水区
	主要汇水区
	流域
	水系

图 10-3　西门江流域汇水区范围示意图

10.2.3　控制单元划分

划分控制单元时，主要考虑三个原则：一是主要汇水区域原则，主要考虑西门江干流和一级支流。由于石康镇基本处于南流江流域①，小部分村屯仅涉及支流七里江的上游，而党江镇仅涉及入海口区域，除了流星村处于考核断面上游外，党江镇全镇范围基本位于考核断面下游。因此，本书中的控制单元仅划定石湾镇和廉州镇，不涉及石康镇，并将党江镇流星村纳入廉州镇的廉西单元。二是行政区边界原则，根据流域范围尽量不打破乡镇边界，对仅涉及 6 个行政村的石湾镇，根据行政村边界勾划。三是重点镇重点控制区域原则，主要根据重要汇水区划分。

采用上述原则，结合汇水区范围内涉及的各乡镇范围，同时充分考虑廉州

---

① 《北海市合浦县南流江亚桥和南域断面水体达标方案》与本书方案同时开展，其方案将石康镇全部纳入南流江控制单元内。

各片区受西门江流域影响程度，本书将西门江流域控制单元共划分为 5 个控制单元，其中廉州镇划分为 4 个控制单元。

西门江流域控制单元划分具体见表 10-2 和图 10-4，本书主要针对控制单元范围进行调研和分析。

表 10-2 西门江流域控制单元划分

乡镇	控制单元编号	控制单元	所包含行政村和社区	流域面积/km²	占全镇比例/%	占流域比例/%
石湾	U01	石湾单元	沙朗村、周江村、东江村、大浪村、新安村和七里村共 6 个村	48.90	21.5	18.66
廉州	U02	廉北单元	冲口社区、堂排村、清江村、青山村、珠光社区、大岭村、廉北村共 7 个村/社区	90.54	19.3	34.56
廉州	U03	县城单元	中山路社区、康乐社区、阜民南社区、上新社区、南珠社区、还珠社区、廉南社区、车路塘社区、平田社区、廉东社区、中站村共 11 个村/社区	56.54	12.0	21.58
廉州、党江	U04	廉西单元	廉州镇的廉西村、大江村、马江村、总江口社区、泮塘社区共 5 个村/社区，以及党江镇的流星村	23.48（廉州） 3.41（党江）	5.0 4.1	10.26
廉州	U05	廉南单元	禁山村、杨家山村、插龙村、马安村、烟楼村、五四村、乾江街社区、乾江村、合浦工业园区社区共 9 个村/社区	39.57	8.4	15.10

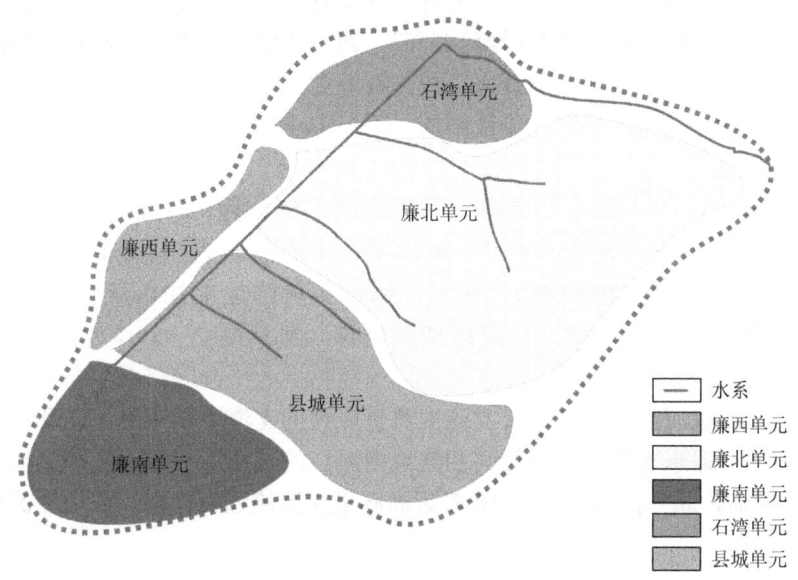

图 10-4 西门江控制单元划分示意图

10.3　流域自然概况

10.3.1　地形地貌

西门江流域地形较为平坦，属北回归线以南过渡到热带的沿海平原地区，其中海拔 100m 以下的平原、台地和低丘陵地占总面积的 92%。

西门江流域位于南华准地台的南端，第四系松散沉积层覆盖面积占全县面积的 58%。合浦县北枕丘陵、南滨大海，东、南、西遍布红壤台地，中部斜贯冲积平原。其陆地总面积为 2380km^2，其中海拔 50～554m 的丘陵占 41.6%，海拔 15～50m 的台地占 27.8%，海拔 15m 以下的平原占 30.6%，境内山丘属六万大山余脉，最高峰梅樟岭海拔为 541.6m。

10.3.2　水系特征[①]

1. 西门江

西门江原为南流江支流和其他小溪流合流，上游主要是农业用水，流域内有效灌溉面积约 3.51 万亩。但近几十年来，因南流江河床变低、与南流江接口区域（周江口河段）截流围垦造田（地势变高）、西门江引流河道泥沙淤积等情况，西门江在上游逐渐与南流江断流开来，成为有着独立水系的入海河流。由于缺少南流江水的汇入，西门江平均径流量由 20 世纪 60～70 年代的 7.48 亿 m^3 减少为目前的 0.87 亿 m^3。

目前西门江的水源主要来自七里江和清水江。西门江上游在周江口与七里江下游相接，干流流域面积为 262km^2，干流河长为 43.06km，干流流经石湾镇、合浦县城（廉州镇），在党江镇马头村陈屋屯注入廉州湾。西门江自东北向西南，河道弯曲多，河床切割不深，河岸高 2～3m，多年平均径流量为 0.87 亿 m^3。

西门江流域河网密集，一级支流中流量较大的支流主要为七里江和清水江，水量较小的有廉东支流、风门岭河和连通南流江的马江运河等，廉州镇城区内有 3 条城市支流，此外流域内还有 10 多条灌溉渠支流流通西门江。西门江流域水系图见图 10-5。

---

① 资料来源：合浦县水利局统计材料。

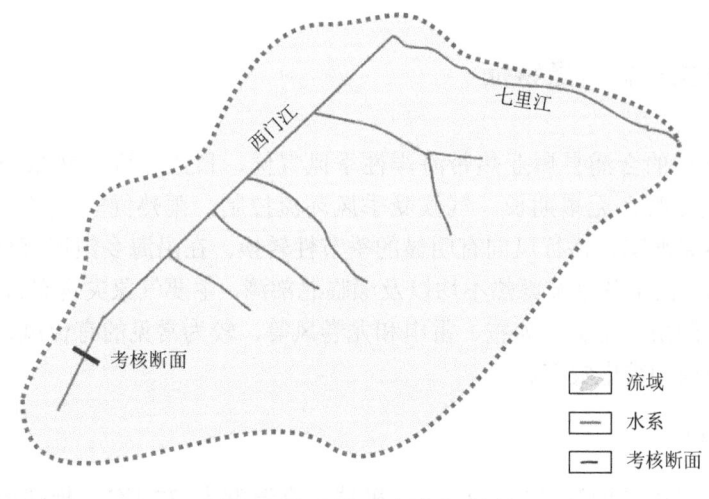

图 10-5 西门江流域水系图

2. 七里江

七里江发源于合浦县石康镇十字村北风塘屯东南 300m，即 109°23′E，21°43′N，流域面积为 56.04km²，河长为 28.61km，流经石康镇十字村、大庄江村、多葛村及石湾镇七里村，在多葛村周江口屯（109°16′E，21°46′N）流入西门江上游农业用水区，多年平均径流量为 0.58 亿 m³。

3. 清水江

清水江为引自清水江水库坝首的农灌渠。清水江源于石康镇红碑城村，东冲村西丘陵，汇合青山岭西北多条小河，向西流经廉州镇东部丘陵及平原，在廉州镇清水江村高桥头附近汇入西门江汊道。枯水期时，东面湖海运河通过佛子电站水闸等不定时对清水江进行部分补充。清水江干流长 13.2km，流域面积为 110.4km²，多年平均流量为 2.77m³/s，中游已建清水江水库。从水库坝首至周江口长约 5km。

西门江及其主要支流河流特征值见表 10-3。

表 10-3 西门江及其主要支流河流特征值

河流名称	流域面积/km²		河流长度/km		坡降/‰	多年平均流量/(m³/s)	多年平均径流量/亿 m³
	总计	境内	总计	境内			
西门江	110	110	43.1	43.1	0.40	2.78	0.87
七里江	56.04	56.04	28.61	28.61	0.78	1.84	0.58
清水江	52.7	52.7	15	15	—	2.77	0.86

注：清水江数据来自《北海市水生态保护与规划报告》，其他来自《北海市水功能区划》。

10.3.3　水文气候气象特征

区域所属的合浦县属亚热带海洋性季风气候，日照较强，热量充足，雨量充沛，夏热冬暖，无霜期长。气候受季风环流控制，雨热同季。冬干夏湿，夏无酷暑，冬无严寒，盛行风向有明显的季节性转换。在沿海乡镇还有昼夜交替的海陆风出现。由于各季节雨热不均以及濒临北部湾，主要气象灾害有台风、暴雨、干旱、低温阴雨、霜冻、冰雹、雷电和龙卷风等，较为常见的有台风、暴雨、干旱、低温阴雨和雷电灾害。

1. 气温[①]

合浦县多年平均气温为 22.6℃，极端最高温度为 37.1℃，极端最低温度为 2.0℃。年平均日照时数为 2009h，年平均太阳总辐射为 111kcal/cm^2。合浦气象站多年逐月气温统计值见表 10-4。

表 10-4　合浦气象站多年逐月气温统计值　　　　　　（单位：℃）

项目	1月	2月	3月	4月	5月	6月	7月	8月	9月	10月	11月	12月	全年
平均	14.3	15.0	18.7	23.1	26.9	28.2	28.8	28.2	27.2	24.4	20.2	16.4	22.6
最高	28.5	28.9	31.1	34.3	35.8	35.6	36.6	37.1	37.1	33.6	31.4	28.8	37.1
最低	2.0	2.5	3.5	9.2	15.0	19.2	20.2	21.4	16.2	12.0	6.4	2.0	2.0

2. 降水

合浦县地处北部湾北岸，北回归线以南，受暖气环流的影响，夏季盛行南风，常受热带气旋侵袭，水汽来源丰富，加之受地形地貌的影响，气流抬升，水汽凝结成雨，故雨量充沛，多年平均降水量为 1680.3mm。合浦县各雨量观测站多年月平均降水量统计值见表 10-5。

表 10-5　合浦县各雨量观测站多年月平均降水量统计值（单位：mm）

站名	1月	2月	3月	4月	5月	6月	7月	8月	9月	10月	11月	12月	全年
公馆	31.3	51.0	66.2	118.6	188.9	252.9	300.2	315.7	162.4	62.3	40.7	22.2	1612.4
常乐	35.5	50.7	62.3	119.7	169.2	272.3	323.6	360.2	171.0	72.5	44.5	22.1	1703.6
合浦	31.9	46.1	56.5	95.7	153.8	278.5	350.5	370.4	169.3	68.7	37.6	21.3	1680.3

---

① 资料来源：合浦县气象局统计材料。降水部分同。

3. 蒸发

西门江流域无水文站，较近的水文站为位于流域北面常乐镇内的南流江上的常乐水文站位（109°25′E，21°50′N）。常乐水文站 1953 年以来有蒸发资料，多年月平均蒸发量统计值见表 10-6。

表 10-6　多年月平均蒸发量统计值　（单位：mm）

月份	1 月	2 月	3 月	4 月	5 月	6 月	7 月	8 月	9 月	10 月	11 月	12 月	年
蒸发量	66.2	55.5	62.4	80.0	111.3	106.2	115.6	112.4	116.0	117.3	91.2	81.6	1115.7

4. 径流

合浦县雨量充沛，江河径流主要由降水形成，因此水量也非常丰富。由于区域内降水量年内分配不均匀及年际变化较大，径流量的年内分配及年际变化都有较大差异，径流量最集中的 6～9 月，占全年径流量的 60% 以上，汛期（4～9 月）径流量占全年径流量的 80% 左右，10 月至次年 3 月为枯水期，枯水期径流量仅占全年径流量的 20% 左右。根据《广西水资源综合规划水资源调查评价》，1956～2007 年合浦县多年平均天然径流深为 910.5mm，多年平均天然径流量为 21.17 亿 m³。

西门江流域内无水文站，根据《广西独流入海河流径流量分析计算成果报告》，通过雨量分析法计算出的西门江 2001～2012 年月径流量统计值见表 10-7。

表 10-7　西门江 2001～2012 年月径流量统计值　（单位：万 m³）

年份	1 月	2 月	3 月	4 月	5 月	6 月	7 月	8 月	9 月	10 月	11 月	12 月	全年
2001	233	629	530	399	2244	7467	8649	3615	3476	49	472	313	28076
2002	201	353	173	222	1170	5113	12334	4702	4362	1151	1164	1006	31951
2003	1126	118	364	139	366	3331	5616	5094	3421	58	1061	16	20710
2004	155	271	86	520	217	662	6612	2416	1236	219	373	45	12812
2005	87	46	50	385	464	3656	2265	2008	507	13	170	42	9693
2006	19	153	636	664	749	1125	4789	7900	393	213	537	183	17361
2007	108	83	220	372	936	1813	1277	3100	1425	359	373	313	10379
2008	142	295	138	306	515	6890	4407	6148	4440	623	584	256	24744
2009	194	210	260	469	616	1944	4500	2571	1036	374	474	105	12753
2010	368	264	147	379	548	1237	1943	1668	1821	366	483	61	9285
2011	97	166	114	326	709	1070	2337	3009	871	984	511	175	10369
2012	234	243	231	353	669	1919	2392	4388	837	739	702	474	13181
平均	247	236	246	378	767	3019	4760	3885	1985	429	575	249	16776

5. 热带气旋

合浦县属亚热带海洋性季风气候，多数热带气旋是在沿湛江到珠江口登陆后西行影响合浦县境内的。据统计，影响合浦县的热带气旋平均每年 4 次，其中台风平均每年 2.5 次，影响较大的每 3 年 1 次。

6. 暴雨洪水

合浦县是暴雨洪水多发区，热带气旋又是主要的灾害性天气之一，以 6～9 月出现最多。由热带气旋带来的暴雨过程一般持续 1～2d，此类暴雨过程一般降水强度大、范围广，常常使各江河同时出现较大洪水，洪水一般出现在 6～9 月。洪水峰高量大，以单式峰为主，历时 3～5d。其他天气系统造成的降水有时也达 7d左右，此类降水常会造成复式洪水，影响时段长。

合浦县辖区内河流汛期为 4～9 月，非汛期为 10 月至次年 3 月。年最大洪峰流量和最大洪量多发生在 7～8 月，最早的洪水出现在 1 月，最晚的洪水出现在 11 月。

1949 年以来，平均每年有四次热带气旋过程影响合浦辖区，由热带气旋引发的风暴潮，最大增水可达 1.7～2.3m。

7. 干旱

有历史记载以来，合浦县的水、旱灾害频繁出现，交替发生，比较严重的干旱灾害有 48 次（摘自《广西水旱灾害及减灾对策》）。1949 年以来的 70 多年间，合浦县出现了几次有代表性的旱灾，如 1957～1958 年、1963 年、1977 年、1989 年、1992 年、2000 年、2004 年、2005 年等。

1963 年的旱情是 1949 年以来最大的旱灾，灾情与灾害损失也是最大的。据旱情普查资料，1963 年的干旱属于连续干旱类型，有的地区受旱时间跨越春、夏、秋三个季节，造成比较严重的后果。2004 年夏季后期到 2005 年春，合浦县也遭受了多年不遇的连续干旱，江河湖库水位较低，水量偏少，灾情损失大，直接影响了经济社会的发展，也给人民群众的生活带来极大不便。

8. 水资源[①]

北海市境内多年平均水资源总量为 32.27 亿 m³。其中，多年平均地表水资源量为 31.22 亿 m³，地下水与地表水的非重复计算量（地下水资源量为 8.26 亿 m³，扣除重复计算水资源量 7.21 亿 m³）为 1.05 亿 m³，按 2015 年末常住总人口 162.57 万

---

① 数据来源于北海河海水利水电设计院《北海市水生态保护与规划报告》（2015 年）。

人计算，北海市多年平均人均占有水资源量约为 1985m³，低于全国人均占有水资源
量 2170m³；全市水资源时空分布不均，处于市域西北部的合浦县地表水资源量为
21.37 亿 m³，占全市地表水资源量的 68.4%，市区地表水资源量为 9.85 亿 m³，仅占
31.6%；多年平均境外汇入水量为 71.93 亿 m³，多年平均入海水量为 95.0 亿 m³，总
体上，北海市地表水资源可利用率为 35%左右（包括入境水）。

10.3.4　土壤特征及矿产

合浦县土壤分山地土壤和耕地土壤，海拔较高的山地为黄壤，土层较薄。海
拔较低的低山、丘陵地多为山地红壤，土层深厚。岗地土壤多属石灰土、赤红壤、
紫色土。平原、台地和缓丘谷地以水稻土为主。坡地土壤主要是砖红壤，适宜种
植甘蔗、花生、黄豆、木薯等作物。林地则以成土母岩花岗岩、砂页岩为主，间
有砂岩、粉砂岩、石英二长岩、砾岩等发育而成的赤红壤和紫色土。

流域范围内土壤肥沃，自然资源丰富，四季适宜农作物生长，为农业生产提
供了良好的基础条件。粮食作物以水稻为主，玉米、红薯、大豆次之；经济作物
主要有甘蔗、花生、蚕桑、芝麻、烤烟、黄红麻及亚热带水果：龙眼、荔枝、香
蕉、菠萝、柑橙等是广西糖、油、麻、蚕茧的主要生产基地之一。

区域矿产资源较为丰富，已探明和已开发的优势矿产有高岭土、玻璃石英
砂、砂矿等。此外，区域内地热资源异常分布，可望找到地下热水，已列入广
西壮族自治区勘察项目。

10.3.5　旅游资源

区域内主要的旅游景区有廉州镇的人文景观和石湾镇的大浪古城遗址。
西门江流域的廉州镇早在汉代就是我国"海上丝绸之路"的始发港和繁荣的
商埠，至今流传着脍炙人口的"珠还合浦"的美丽传说，保存着众多文物古迹和
人文景观，主要景点有汉墓群、海角亭、东坡亭、文昌塔等。此外，流域中位于
石湾区域的大浪古城遗址是县级重点文物保护单位。

10.4　流域社会经济概况

10.4.1　行政区划与人口分布

西门江流域涉及廉州镇（合浦县城所在地）、石湾镇、石康镇和党江镇 4 个
镇，其中廉州镇流域和石湾镇流域总人口约为 22.88 万人，流域非农业人口约为

13.17 万人，占流域总人口的 57.6%。其中，廉州镇总人口约为 20.76 万人，非农业人口约为 13.17 万人，农业人口约为 7.59 万人；石湾镇流域范围内总人口约为 2.12 万人，全部为农业人口。2015 年，西门江流域范围内重点乡镇（控制单元内）人口分布及分类统计见表 10-8。按照乡镇进行分类统计，2015 年西门江重点流域范围（控制单元内）各乡镇行政村人口状况见表 10-9。

表 10-8　西门江流域范围内重点乡镇（控制单元内）人口分布及分类统计

	乡镇		总人口/人	非农业人口/人	农业人口/人
石湾镇	全镇范围		51507	3423	48084
	流域石湾单元		21157	0	21157
	占全镇比例		41.1%	0.0%	44.0%
廉州镇	全镇范围		207605	131726	75879
	廉北单元	人数	24413	0	24413
		占全镇比例	11.8%	0.0%	32.2%
	县城单元	人数	147899	131726	16173
		占全镇比例	71.2%	100.0%	21.3%
	廉西单元*	人数	17135	0	17135
		占全镇比例	8.3%	0.0%	22.6%
	廉南单元	人数	18158	0	18158
		占全镇比例	8.7%	0.0%	23.9%
	流域总人口		228762	131726	97036

* 含流星村人数，下同。

表 10-9　2015 年西门江重点流域范围（控制单元内）各乡镇行政村人口状况

乡镇	控制单元	行政村（社区）	总人口/人	行政村（社区）	总人口/人
石湾镇	石湾镇	东江村	5357	大浪村	2247
		周江村	4179	新安村	2506
		沙朗村	4525	七里村	2343
廉州镇	廉北	冲口社区	5236	青山村	2009
		堂排村	6123	大岭村	2953
		清江村	4080	廉北村	4012
	县城	中站村	3866	还珠社区	1701
		廉东社区	4973	廉南社区	5206

续表

乡镇	控制单元	行政村（社区）	总人口/人	行政村（社区）	总人口/人
廉州镇	县城	车路塘社区	427	平田社区、中山路社区、康乐社区、阜民南社区、上新社区、南珠社区	131726
	廉西	廉西村	3277	马江村	4223
		大江村	3330	泮塘社区	270
		总江口社区	6035		
	廉南	禁山村	2650	烟楼村	4223
		杨家山村	2155	五四村	270
		插龙村	3277	乾江村	2253
		马安村	3330		

　　2011～2015 年，重点流域内的两镇人口变化情况见表 10-10。从总人口的年均增长率可以看出，廉州镇年均增长率较高，为 4.5%；石湾镇人口年均增长率较低，为 1.1%。

表 10-10　2011～2015 年两镇人口变化情况　　（单位：万人）

区域	2011 年	2012 年	2013 年	2014 年	2015 年	年均增长率/%
廉州镇	17.57	17.34	17.51	17.68	20.76	4.5
石湾镇	4.93	4.92	5.02	5.08	5.15	1.1

资料来源：合浦县统计局。

10.4.2　产业类型与分布

　　西门江重点流域范围内石湾镇没有规模化工业，工业集中在廉州镇内，大部分以传统工业为主，规模参差不齐，具体产业主要有食品加工、皮革制造、黏土加工等。

　　流域廉州镇内有 1 个工业园——合浦工业园区，该园区位于北海市区与合浦县城接合部，分为 2 个片区：平头岭产业园区和中站产业园区。其中，平头岭产业园区为主要产业园，处于县城南片区；中站产业园区位于廉州东面。合浦工业园区被列入广西壮族自治区 30 个产业互动试点园区。

　　调查期间，合浦工业园区中站产业园区的污水进入合浦县污水处理厂进行处理，平头岭产业园区的污水进北海市红坎污水处理厂进行处理。

合浦工业园区分布与规模情况见表 10-11。

表 10-11 合浦工业园区分布与规模情况

区县	园区名称	分片区名称	污水处理单位	面积/km²	主导产业（现状）	产值/亿元
合浦县	合浦工业园区	平头岭产业园区	北海市红坎污水处理厂	18.47	热带水果深加工、机械制造、电子信息、食品药品、机械制造、新能源新材料	80
		中站产业园区	合浦县污水处理厂			

2015 年，流域纳入环境保护统计的工业企业共有 14 家，其中有 7 家污水纳入污水处理厂处理，具体产业、企业及分布见表 10-12。

表 10-12 2015 年西门江汇水区范围内纳入环境统计的工业企业

所在乡镇	序号	填报单位详细名称	行业类别名称	主要产品	主要产品生产量	备注
廉州镇	1	合浦县食品公司廉州购销站	牲畜屠宰	鲜猪肉	8554.68t	纳入合浦县污水处理厂
	2	北海宏泉淀粉科技有限公司	淀粉及淀粉制品制造	变性淀粉	3881t	纳入北海市红坎污水处理厂
	3	合浦县廉州镇堂排晚霞砖厂	黏土砖瓦及建筑砌块制造	烧结普通砖	3000 万块	纳入农田灌溉进西门江流域*
	4	赵贻东砖厂	黏土砖瓦及建筑砌块制造	烧结普通砖	1500 万块	纳入农田灌溉进西门江流域*
	5	北海东红制革有限公司	皮革鞣制加工	牛二层成品革	6668426m²	明渠入西门江
	6	北海北联食品工业有限公司	水产品冷冻加工	罗非鱼片	1900t	纳入北海市红坎污水处理厂
	7	合浦东诚皮革制品有限公司	皮革鞣制加工	牛二层皮反毛绒	218 万 m²	排入外单位处理，废水不外排
	8	健丰淀粉有限责任公司	淀粉及淀粉制品制造	淀粉	7000t	纳入农田灌溉进西门江流域
	9	合浦沪天高岭土有限责任公司	其他未列明非金属矿采选	陶瓷级高岭土	18 万 t	纳入农田灌溉进西门江流域*
	10	合浦果香园食品有限公司	果菜汁及果菜汁饮料制造	菠萝浓缩汁	2517.07t	纳入北海市红坎污水处理厂
	11	北京艾尔集团北海酒业有限公司	啤酒制造	啤酒	20000t	废水经回用处理后直排海域
	12	广西中粮生物质能源有限公司	酒精制造	燃料乙醇	135020.7t	纳入北海市红坎污水处理厂
	13	田野创新股份有限公司	果菜汁及果菜汁饮料制造	菠萝浓缩汁	1345.48t	纳入北海市红坎污水处理厂
	14	广西北海金盟制罐股份有限公司	其他金属制日用品制造	铝质易拉罐	30000 万罐	纳入合浦县污水处理厂

*合浦县廉州镇堂排晚霞砖厂、赵贻东砖厂和合浦沪天高岭土有限责任公司外排废水少，2015 年环境保护统计显示为零排放。

10.4.3 经济与城镇化率

1. 经济指标

根据 2016 年合浦县人民政府工作报告，合浦县 2015 年实现生产总值 2021479 万元，增长 8.1%。其中，第一产业产值 786996 万元，第二产业产值 525724 万元，第三产业产值 708759 万元；财政收入 109620 万元，增长 7.02%；固定资产投资 183.33 亿元，增长 16.19%；城镇居民人均可支配收入 27041 元，增长 7.4%；农村居民人均纯收入 9698 元，增长 9.3%。2015 年，完成工业总产值 160.69 亿元，增长 8.28%，其中，规模以上工业总产值 1416896 万元，增长 8.8%；实现农业总产值 127.68 亿元，增长 3.71%。

2015 年，流域范围内三次产业结构的比例为 39∶26∶35，同期全国平均水平为 9.0∶40.5∶50.5。与全国平均水平相比，第一产业的比例相对较高，而第二产业、第三产业的比例相对较低。

合浦县 2011～2015 年经济发展概况具体见表 10-13。

表 10-13 合浦县 2011～2015 年经济发展概况

指标 年份	地区生产总值/万元	第一产业产值/万元	第二产业产值/万元	第三产业产值/万元	规模以上工业总产值/万元	财政收入/万元	城镇居民人均可支配收入/元	农村居民人均纯收入/元
2011	1505180	593579	459597.5	452003.9	782301	75790	17827	6063
2012	1645483	641470	497220	506793	1049287	87168	20676	7063
2013	1678697	704828	432961	540908	1247933	100338	22806	8066
2014	1869566	740524	536734	592308	1302718	102433	25178	8873
2015	2021479	786996	525724	708759	1416896	109620	27041	9698

2. 城镇化率发展情况

流域内的廉州镇城镇化率超过自治区和全国平均水平，石湾镇城镇化率较低，与全国城镇化率差距大，且城镇化率提高缓慢，2011～2015 年流域城镇化率见表 10-14。

表 10-14 2011～2015 年流域城镇化率 （单位：%）

区域	2011 年	2012 年	2013 年	2014 年	2015 年	年均增长率
廉州镇	69.2	71.7	71.7	71.0	72.4	1.1
石湾镇	6.49	6.30	6.37	6.30	6.60	0.4
广西壮族自治区	41.8	43.53	44.8	46.0	54.5	6.9
全国	51.27	52.57	53.7	54.8	56.1	2.3

10.5　流域土地利用情况

10.5.1　土地利用现状

西门江重点流域包括廉州镇和石湾镇两个镇，重点流域面积 262km²。其中，廉州镇面积为 176km²，石湾镇（流域范围）为 38.70km²。流域范围内各乡镇土地利用类型均以耕地、城镇化地和林地为主，以耕地为主的水田、水浇地、旱地，主要用于种植水稻、玉米、甘蔗、木薯及蔬菜等作物，城镇化地主要在廉州县城区域，林地主要为人工林地。

2014 年，西门江流域土地利用类型面积最大的是耕地，占比 40.9%；第二是城镇村及工矿用地，占比 23.3%；第三是林地，占比 14.2%；第四是水域及水利设施用地，占比 13.4%。2014 年流域土地利用现状见图 10-6。

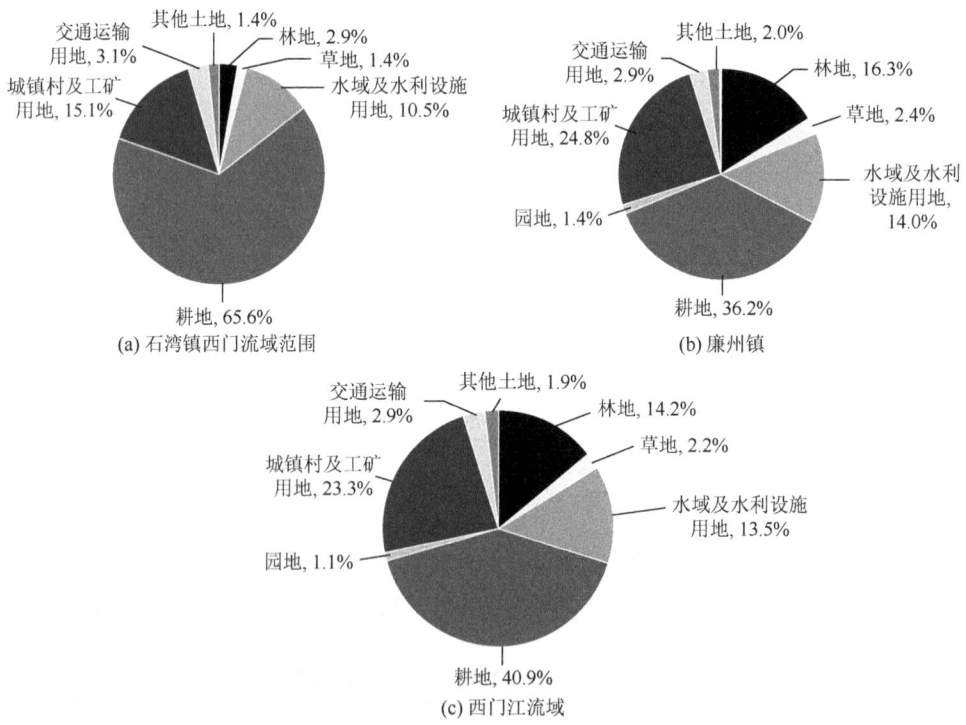

图 10-6　2014 年流域土地利用现状图

10.5.2　土地受人类干扰现状

2014 年，流域受人类干扰区面积约 17174.03hm²，干扰区主要受农耕和城建影响。其中石湾镇受人类干扰区面积约 3296.06hm²，占总流域受人类干扰面积的 19.2%；廉北单元受人类干扰区面积约 5173.2hm²，占 30.1%；县城单元受人类干扰区面积约 4254.38hm²，占 24.8%；廉西受人类干扰区面积约 1761.44hm²，占 10.3%；廉南受人类干扰区面积约 2688.95hm²，占 15.7%。2014 年西门江流域各控制单元总面积和人类干扰区面积情况见图 10-7。

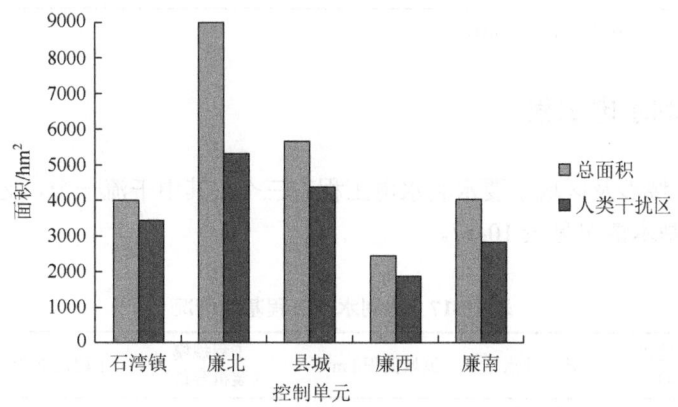

图 10-7　2014 年西门江流域各控制总面积和人类干扰区面积情况

10.5.3　耕地变化情况分析

廉州镇 2011～2014 年耕地面积逐年增加，2013 年增加较大，2015 年与 2014 年持平。石湾镇 2011～2013 年耕地面积逐年增加，2012 年增加较大，2013～2015 年持平。具体见表 10-15。

表 10-15　2011～2015 年两镇耕地变化情况　　（单位：hm²）

区域	2011 年	2012 年	2013 年	2014 年	2015 年
廉州镇	4044	4302	6907	7479	7479
石湾镇	4083	6520	7190	7190	7190

10.6　流域水利水电开发状况[①]

10.6.1　水库情况

西门江流域涉及区域主要水利工程有中型水库两座和小型水库两座。水库基本情况详见表 10-16。

---

① 资料来源：北海市水利局《北海市水利志》和 2015 年水利更新材料。

表 10-16　西门江流域涉及区域主要供水水库基本情况

水库名称	水库类型	流域面积/km²	总库容/万 m³	有效库容/万 m³
清水江水库	中型	52.0	7120	2731
石康水库*	中型	21.0	1230	740
风门岭水库	小型	1.59	130	83
廉东水库	小型	5.4	366	231

*石康水库不属于西门江重点流域范围。

10.6.2　水利水电工程

西门江流域涉及区域主要水利水电工程有三个，其中干流一个，支流三个。水利水电工程基本情况见表 10-17。

表 10-17　水利水电工程基本情况

水利水电工程（防洪、水电、灌溉等）	建设地点	流域面积/km²	工程规模（装机容量）	工程投资/万元	发电形式
清水江电站	合浦县城郊12km	52	640kW	196	水电
廉州电站	合浦县城郊1km	8071	500kW	350	水电
旱冲电站	合浦县城郊8km	20	250kW	81	水电
佛子电站	合浦县城郊6km	—	200kW	135	水电

10.6.3　大中型水闸工程

西门江流域涉及区域的大中型水闸工程有 3 个，分别是七里陂水闸、周江口控制闸水闸和水儿闸，其中水儿闸位于廉州南部海岸边。流域大中型水闸工程情况见表 10-18。

表 10-18　流域大中型水闸工程情况

堤围工程	建设地点	所在河流	水闸类型	闸孔数量/孔	闸孔总净宽/m	过闸流量/(m³/s)	设计洪水标准/校核洪水标准
七里陂水闸	石湾镇	七里江	节制闸	3	12	160	10/20
周江口控制闸水闸*	石湾镇	西门江	分（泄）洪闸	5	40	700	10/50
水儿闸	廉州镇	西门江	分（泄）洪闸	8	19.6	160	20/50

*周江口控制闸水闸目前基本已失去功能。

此外，流域还有小型水闸吴屋坡引水闸。由于引水渠道断流，以及水闸年久失修等，目前周江口控制闸水闸、吴屋坡水闸均已几乎失去使用功能。

10.6.4　主要堤围工程

西门江流域涉及区域主要堤围工程有 4 个。堤围工程基本情况见表 10-19。

表 10-19　堤围工程基本情况

堤围工程	建设地点	规划防洪标准/年	堤防长度/km	保护人口/万人	保护面积/km²
廉南围河堤工程	廉州镇	10	3.4	0.274	1.87
周江围河堤工程	廉州镇、石湾镇	20	37.4	12.35	23.87
海湾新城乾江围	廉州镇	20	15.8	2.3	17.7
百曲围	党江镇	20	42.0	4.0	33.1

10.6.5　主要供水工程

西门江流域涉及区域主要供水工程有 6 个。供水工程基本情况见表 10-20。

表 10-20　西门江流域涉及区域供水工程基本情况

供水工程	建设地点	规模/(m³/d)	供水范围
青山大岭村供水工程	青山村、大岭村	500	青山村、大岭村
中站村供水工程	中站村	400	中站村
插龙村供水工程	插龙村	1200	插龙村、烟楼村、杨家山村
烟楼村供水工程	烟楼村	900	烟楼村
廉东供水工程	廉东村	120	廉东村
堂排村供水工程	堂排村	488	堂排村

10.7　重要生态区划和相关规划情况

10.7.1　水功能区划情况

根据《北海市水功能区划报告》（2012 年），石湾镇和廉州镇水质保护目标按二级区划控制，共划分二级功能区 7 个，其中，有 4 个功能区在西门江流域范围内，具体功能区情况见表 10-21。具体开发利用区情况如下。

表 10-21 西门江流域水功能区划

序号	二级水功能区名称	河流	范围 起始断面	范围 坐标	范围 终止断面	范围 坐标	水质代表断面	河流长度/km	湖/库面积/km²	功能排序	水质目标	区划依据	第一主导功能
1	周江上游廉州农业、工业用水区	西门江	周江口	109°14′31″E 21°40′34″N	麓头村周江断面	109°12′01″E 21°41′34″N	中湾桥	18.1	—	农业、工业	IV	《合浦县城总体规划（2010～2025年）》	农业
2	周江中游廉州景观、工业用水区	西门江	麓头村周江断面	109°12′01″E 21°41′34″N	双江桥	109°10′33″E 21°39′33″N	合浦水位站	10.0	—	景观、工业	IV	《合浦县城总体规划（2010～2025年）》	景观
3	周江下游廉州农业、渔业用水区	西门江	双江桥	109°10′33″E 21°39′33″N	党江镇马头村陈屋屯（入海口）	109°09′E 21°35′N	九头庙渡口	15.0	—	农业、渔业	III	《合浦县城总体规划（2010～2025年）》	农业
4	七里江石康农业用水区	七里江	石康镇北风字路十字塘尾东南（源头）	109°23′E 21°43′N	石康镇多葛村周江口屯（下游接周江）	109°16′E 21°46′N	合浦石康公路桥	28.61	—	农业	IV	出口渔业用水	农业
5	清水江水库饮用农业用水区	清水江水库	水库库尾	109°17′48″E 21°40′51″N	清水江水库坝首	109°18′29″E 21°41′51″N	水库坝首	7.5	6.15	饮用、农业、渔业	III	《北海市城市供水规划》	饮用
6	旺盛江-六湖水库-湖海运河合浦白-合浦开发利用区*	旺盛江-六湖水库-湖海运河*	小江水库大渡槽入水口	109°36′43″E 21°59′26″N	湖海运河渠首	109°27′42″E 21°46′14″N	六湖水库、东岭水库、十字枢纽3个断面	38.0	—	农业	III	《北海市城市供水规划》	饮用
7	湖海运河北海开发利用区*	旺盛江-六湖水库-湖海运河*	湖海运河渠首	109°27′42″E 21°46′14″N	入海口	109°4′53″E 21°29′1″N	市区高德亚叉岭	48.4	—	饮用、农业、景观娱乐	III	《北海市城市供水规划》	饮用

* 开发利用区内的相应河流和西门江同属合浦水库灌区，但不属于本书西门江流域的重点整治区域。

1. 七里江石康开发利用区

七里江石康开发利用区划分为 1 个二级水功能区，即七里江石康农业用水区。

七里江石康农业用水区：从源头至入周江口，水功能区长度为 28.61km，河流流经丘陵地带，是石康镇农业产区，目前主要是供农业灌溉用水，流域内有效灌溉面积约 1.79 万亩，年灌溉用水量约 0.13 亿 m^3，水质保护目标按Ⅳ类控制。

2. 周江（西门江）廉州开发利用区

周江（西门江）廉州开发利用区划分为 3 个二级水功能区，如下。

（1）周江上游廉州农业、工业用水区：起始断面是周江口，终止断面是麓头村周江断面，水功能区长度为 18.1km，河段位于合浦县城上游，目前主要是供农业灌溉用水，流域内有效灌溉面积约 3.51 万亩，年灌溉用水量约 0.26 亿 m^3，水质保护目标是Ⅳ类。

（2）周江中游廉州景观、工业用水区：结合合浦县城总体规划，将周江中游划为景观工业用水区，起始断面是麓头村周江断面，终止断面是双江桥，水功能区长度为 10km。该河段贯穿合浦县城，县城一些分散生活污水排入影响河段水质，水质保护目标是Ⅳ类。

（3）周江下游廉州农业、渔业用水区：起始断面是双江桥，终止断面是周江入海口，即党江镇马头村陈屋屯，水功能区长度为 15km。该河段属感潮河段，根据广西壮族自治区印发的《广西壮族自治区水功能区划》规定，独流入海河流入海口断面水质要求达到Ⅲ类，故规划水质目标按Ⅲ类执行。

3. 清水江水库开发利用区

该开发利用区划分 1 个二级水功能区，即清水江水库饮用农业用水区。

清水江水库饮用农业用水区：起始断面是清水江水库库尾，终止断面是清水江水库坝首，长度为 7.5km，正常水位相应水面面积为 6.15km^2。根据《北海市城市饮用水水源地安全保障规划报告》，该水库列入北海市重要供水水源地，列入合浦水库群，规划通过输水管道与牛尾岭水库连接，联合实施向北海市供水，年输水量约为 0.6 亿 m^3。目前主要是供农业灌溉用水，实际灌溉面积约 4.2 万亩，年灌溉用水量约 0.28 亿 m^3，水质保护目标为Ⅲ类。

4. 湖海运河北海开发利用区

该开发区共划分两个二级水功能区，即旺盛江-六湖水库博白-合浦开发利用区和湖海运河北海开发利用区。此开发区在廉州范围内，和七里江、清水江同属于合浦水库灌区范围，作为客水通过佛子电站水闸等不定时对清水江进行部分补充，但该区域不在西门江重点流域和本次研究控制区域。

（1）旺盛江-六湖水库博白-合浦开发利用区：起始断面是湖海运河渠首，终止断面是合浦中站，长度为33km，该段主要有铁山港供水工程东岭取水口和十字枢纽石康镇水厂取水口，同时是牛尾岭水库重要补水通道。该段划分为北海市饮用水水源区，水质保护目标是Ⅲ类。

（2）湖海运河北海开发利用区：起始断面是合浦中站，终止断面是北海市区高德亚叉岭人工湖处，长度为15.4km。用水功能为景观娱乐、农业用水区，水质保护目标是Ⅲ类。

10.7.2　饮用水水源保护区划定情况

按照水功能区划分布情况，重点流域中石湾镇没有饮用水水源保护区，廉州镇辖区范围内有清水江水库和牛尾岭水库，而牛尾岭水库不属于西门江流域。

根据《北海市水功能区划（2012年）》和《合浦县城总体规划（2010～2025年）》，清水江水库被划为北海市供水水源地，列入合浦水库群，通过输水管道与牛尾岭水库连接，联合实施向北海市供水，年输水量为0.6亿 m³；水源保护区的范围为合浦县廉州镇城东，面积约52km²。

但清水江水库未明确列入经广西壮族自治区人民政府和广西壮族自治区生态环境厅批复的饮用水水源地水源保护区范围内。

10.7.3　社会发展规划及生态发展规划

1. 《北海市国民经济和社会发展第十三个五年规划纲要》

《北海市国民经济和社会发展第十三个五年规划纲要》提出：加强城镇水源地保护与整治和供水设施改造与建设，县城和人口较多的中心镇设定保护水源地，积极推进市区和重点城镇备用水源建设……推动海绵城市建设，构建低影响雨水收集系统，完善城镇防洪排涝体系，提高应对洪涝灾害能力。加大城镇污水处理厂、垃圾无害化处理设施建设力度，全市乡镇污水处理厂基本建成。加快污水垃圾处理设施建设，实现乡镇生活污水处理厂设施全覆盖，城区污水集中处理率达到95%。落实"美丽广西"乡村建设规划纲要，巩固提升清洁乡村、生态乡村建设成效，扎实推进宜居乡村、幸福乡村建设……抓好乡村环境综合整治，实现农村环境优美、农民生活幸福、乡村和睦安宁。

2. 《北海市水生态保护规划（2012～2025 年）》

《北海市水生态保护规划（2012～2025 年）》通过分析北海水生态现状及存在主要问题，研判水生态发展趋势，结合北海对水资源需求和水生态环境需求，提出对北海主要水源地和重点河段水生态保护及修复措施，建立相应的管理体系、技术体系和工作制度，遏制水生态系统失衡，促进水生态系统良性循环，达到人水和谐、环境和谐，促进经济社会与环境协调发展。

《北海市水生态保护规划（2012～2025 年）》针对西门江水量少、污染重的状况提出了西门江段水生态保护与修复规划，具体内容为：对南流江在吴屋坡补水口加强管理，引入南流江河水冲洗西门江内积水，改变水质。拟清挖河段 4300m，改建堤防 5200m，两岸行车道路建设 5200m，路宽 12m，共 62400m²，人行道 26000m²，拆迁房屋约 247500m²。改建两岸道路时，结合建设雨污分流，将该段无污水收集设施进行增补，并完善其他市政设施。

西门江水体达标方案与《北海市水生态保护规划（2012～2025 年）》是相协调的，并将《北海市水生态保护规划（2012～2025 年）》提出的西门江段水生态保护与修复规划纳入到本次研究中。

3. 《北海市养殖水域滩涂规划（2015～2020 年）》

《北海市养殖水域滩涂规划（2015～2020 年）》在西门江流域范围内的廉州城区周边地区发展淡水养殖功能区。其中，廉州郊区苗种生产区为 180hm²，主要养殖罗非鱼、四大家鱼、淡水白鲳等；廉州郊区商品鱼养殖区为 600hm²，主要养殖罗非鱼、淡水白鲳、四大家鱼等。

水产养殖环境影响的防控措施包括：科学规划养殖布局，合理确定养殖容量；创新养殖模式，采取虾、鱼、贝、藻混养等生态养殖模式；优化饵料营养组成及投喂方式，减少饵料残饵氮磷排放；利用生物和理化调节手段，改善养殖水质，使用曝气和沉淀等办法处理养殖废水，并按标准排放；严禁养殖池塘沉积物排海；采取硬底化或铺膜等措施，防止养殖水体渗漏污染地下水源。

4. 《合浦县城总体规划（2010～2025 年）》

根据《合浦县城总体规划（2010～2025 年）》，城镇空间布局结构规划是：构建"一心三轴三片区"的县域城镇空间发展格局。其中，西门江流域属于"一心"内——核心区，即合浦县城（廉州镇），以中心城快速发展为核心，优先发展中心城市职能，协调各个城镇保护与发展的关系，核心区将建成以旅游业、高新技术产业、临港工业为支柱的经济发展中心地带。西门江流域位于核心区。

《合浦县城总体规划（2010～2025 年）》确定了流域中清水江水库水源保护区

范围：合浦县廉州镇城东，面积约 52km²。此外，该规划还提出将南流江及其他水系、水体作为整个城市生态空间发展的依托水脉，加大南流江、西门江及其支流与城镇中现存水体的保护和建设，形成一个向外延展的系统网络水系。西门江沿线绿化带作为合浦县城滨水景观带，通过南流江、西门江及其支流、风门岭水库、龙门江水库、牛尾岭水库、县城内部水渠、廉州湾海湾等水系及两岸的绿化形成带状的滨水绿化，形成向外延伸的绿廊。

该规划涉及水源保护、水源保护区范围、水源保护区管制措施、供排水规划、水系规划等相关方面，西门江水体达标方案基本上与县城总体规划相协调。

5.《合浦生态县建设规划（2009～2020 年）》

立足合浦县的地域特色，经过 11 年的努力，实现跨越式发展，基本实现人口规模、素质与生产力发展要求相适应，经济社会发展与资源环境承载力相适应的建设目标，把合浦县建设成为生态经济良性发展、生态环境优美、生态人居宜人、生态文化繁荣、人与自然和谐相处的全面发展生态县。

6.《合浦县畜禽规模养殖发展规划（2015～2020 年）》

《合浦县畜禽规模养殖发展规划（2015～2020 年）》提出了畜禽规模养殖发展目标和发展重点，以乡镇为单位，划定了规模畜禽养殖禁养区、限养区和宜养区，提出了规模畜禽养殖环境管理措施和规模畜禽养殖污染减排目标。西门江重点流域范围内禁养区和限养区范围见表 10-22。

表 10-22　西门江重点流域范围内禁养区和限养区范围

区域	乡镇	禁养区	限养区
西门江流域	廉州镇	县城规划建成区范围[东至南北高速公路（合浦至北海段），南临合浦县与北海市交界线，西至南北公路（党江路至双江桥段）连西门江（双江桥至水儿出海口段），北至外东环线禁止养殖，牛尾岭生活饮用水水源保护区范围，南流江两岸 500m 范围内，辖区铁路沿线 500m 以内，各村集中饮水点 500m 以内，县城外东环路 500m 以内，1～7 街、平田社区、泮塘社区、车路塘社区、廉西村、廉北村、廉东社区和廉南社区等禁止养殖	廉州镇插龙村、中站村、烟楼村、堂排村、青山村、大岭村等重点村地下水供水工程 500m 以内限制养殖。马安村、禁山村、杨家山村等乡镇铁路沿线 500m 范围内禁止养殖，其他范围限制养殖。马江村、冲江村、乾江街社区、大江村、总江口社区等限制养殖
	石湾镇	南流江总江口饮用水水源保护范围内，洪潮江饮用水水源保护范围内禁止发展规模养殖场；桥头村、汉水村、汉马村、垌心村、永康社区、石湾村、兵岳村、清水村等沿江村（社区）距南流江直径 500m 内禁止发展规模养猪场。石湾镇新规划区 1km 范围内禁止发展规模养殖。红锦村的高架田、西射马、新路口由于靠近洪潮江水库，禁养水禽。大白水库 500m 内禁止养殖	红锦村、大田村等重点村地下水供水工程 500m 以内限制养殖；永康社区人口集中，限制养殖

畜禽养殖环境管理措施为：①规模养殖场制定污染减排目标责任制，将污染治理纳入生产管理体系，环保评估与经济效益评估相结合，建立严格的奖惩机制。②新建规模养殖场在规划建设时需配备粪污处理设施，如沼气池、化粪池及其他环保配套设施，控制养殖污染的源头，引导养殖业主大力发展种养结合的循环经济，打造立体、生态养殖模式。③加强环境监测数据的统计工作，建立养殖场完善的污染源档案，严格控制污染物排放总量，确保污染物排放指标达到设计要求。④强化对粪污设施运行管理，建立完善的养殖档案，包括环保设施运行、维护、维修等技术档案。确保粪污处理设施处于正常运行，污染物排放达标。

第11章　西门江流域水资源与污染源现状及预测

11.1　水资源利用开发情况

11.1.1　水资源时空分布特征

西门江流域面积较小，合浦县内河川径流年内分布规律与降水量分布规律基本一致，由于降水量分布不均及年际间的变化较大，径流量的年内分配及年际变化都有较大差异，丰枯变化明显，汛期为4~9月，枯水期为10月至次年3月。汛期水量占全年来水量的80%以上，7~9月主汛期约占年径流量的50%，降水的不均匀性容易造成洪涝灾害，而在非汛期又因降水少和用水量大，导致用水紧张，其特点表现为春旱、夏涝、秋旱，丰枯交替发生等。

11.1.2　水资源利用状况调查

西门江流域[①]现状用水量主要为农业用水，农业用水包括农田灌溉用水和畜牧业用水。流域内城镇生活用水主要使用地下水和市政自来水，农村生活用水和工业用水主要来自其他客水（市政自来水和湖海运河等）。本书根据西门江流域的农灌、牲畜等具体统计数据对流域内需水量进行估算。人口、农灌、牲畜等用水定额以广西壮族自治区质量技术监督局发布的《城镇生活用水定额》（DB45/T 679—2017）和《农林牧渔业及农村居民生活用水定额》（DB45/T 804—2019）为参考依据，城镇现状生活用水定额采用 260L/(人·d)（含公共设施用水在内）；农灌需水量采用水田、旱地的综合定额进行计算，水田用水定额采用 800m³/亩，旱地采用 500m³/亩，并考虑灌溉水利用系数为0.472；大牲畜综合用水定额采用50L/(头·d)，小牲畜综合用水定额采用30L/(头·d)，家禽类用水定额采用0.8L/(只·d)。西门江流域需水量估算参数见表11-1，需水量估算结果见表11-2。

表 11-1　西门江流域需水量估算参数

区域名称	水田/亩	旱地/亩	大牲畜/头	小牲畜/头	家禽/只
西门江流域	97740.6	191786.4	19904	297921	6750540

---

① 本章及以后章节所提到的"西门江流域"均指西门江重点流域，包括石湾镇区域和廉州镇辖区。

表 11-2　西门江流域需水量估算结果　　　（单位：万 m³）

区域名称	水田	旱地	大牲畜	小牲畜	家禽	合计
西门江流域	16566.20	20316.36	360.32	326.22	197.12	37766.22

从西门江流域需水量估算结果可以看出，2015 年，西门江流域农业总需水量为 37766.22 万 m³，目前仅通过西门江干流水量无法满足流域的用水需要，但通过其他客水的补充，如湖海运河通过电站的补充、南流江堤坝的零星流入，以及地下水的补给，基本能满足流域的用水需求。

11.2　污染源点源排放现状调查

11.2.1　工业污染源

2015 年，西门江流域的企业有 14 家[①]（表 10-12），作为点源并有废水排入西门江流域的企业共 2 家，均位于廉州镇（表 11-3）。

表 11-3　西门江流域沿岸主要企业基本情况表

企业名称	建设地点	行业类别	工业总产值/万元	主要产品及年产量	新鲜用水量/(t/a)	废水处理设施及运行情况/(t/d)	入河方式及去向
北海东红制革有限公司	廉州镇	皮革鞣制加工	92136	牛二层成品革 6668426m²	515306	4500	明渠入河
健丰淀粉有限责任公司	大岭村	淀粉及淀粉制品制造	1986	淀粉 7000t	57600	2400	农灌

注：资料来源于环境统计数据。

1. 调查方法

西门江流域工业污染源调查主要以向原合浦县环境保护局及监察支队核实排污企业和现场调查为主，结合 2015 年环境统计数据按各企业排放情况统计。污水进入污水处理厂的企业及考核断面以下的企业不列入统计。

2. 调查指标

主要调查指标为工业企业废水排放量，工业废水中的化学需氧量、氨氮、总氮和总磷的排放浓度及排放量。

---

① 以进入环境统计的企业为主。

3. 调查结果

2015 年，西门江流域工业企业废水排放量为 462372.2t/a，化学需氧量、氨氮、总磷及总氮的排放量分别为 539.63t/a、2.62t/a、18.74t/a 及 0.25t/a。西门江流域的主要污染行业为皮革加工、淀粉制造等生产行业。西门江流域主要工业污染源污染物排放情况详见表 11-4。

表 11-4　西门江流域主要工业污染源污染物排放情况

所属县	所属镇	区域	企业名称	废水排放量/(t/a)	污染物排放量/(t/a)			
					化学需氧量	氨氮	总氮	总磷
合浦县	廉州镇	廉北单元	健丰淀粉有限责任公司*	55280	499.33	0.39	0.46	0.04
		廉南单元	北海东红制革有限公司	407092.17	40.30	2.23	18.28	0.21
	合计			462372.2	539.63	2.62	18.74	0.25

*表示健丰淀粉有限责任公司数据来源于合浦县环境保护局监测报告，其余工业污染源排放数据来源于环境统计数据。由于合浦县健丰淀粉有限责任公司污水排入农田农灌，所以将其排放量纳入农业面源计算。

11.2.2　污水处理厂污染物排放情况

1. 污水处理厂基本情况

2015 年，西门江流域已建成的城镇污水处理厂有 1 座，为合浦县的合浦县污水处理厂。另外，合浦县廉州镇建设了两座农村污水处理设施，分别是东马村和下马村生活污水处理设施。

西门江流域污水处理厂和农村污水处理设施建设情况见表 11-5。

表 11-5　西门江流域污水处理厂和农村污水处理设施建设情况

所属镇	污水处理厂/站名称	服务范围	服务人口/人	设计处理规模/(t/d)	处理工艺	投资/万元	建设地点	建设时间	尾水去向	运转负荷
廉州镇	合浦县污水处理厂	合浦县城区	14 万	一期 5 万，二期 10 万	微曝氧化沟	10000	合浦县城南郊	2008 年	经处理达一级 B 标准后直接排放到小溪，最终汇入西门江	96.5%
	东马村生活污水处理设施	马江村委东马村	326	20	厌氧+生态强化处理工艺	52.98	马江村委东马村	2013 年	就近直排	
	下马村生活污水处理设施	马江村委下马村	395	40	太阳能动力接触氧化+生态强化处理工艺	73.49	马江村委下马村	2013 年	就近直排	

2. 污水处理厂排污情况

1）调查方法

西门江流域污水处理厂排污调查主要以 2015 年环境统计数据为基础，按控制单元划分，分配到各所属控制单元。

2）调查指标

主要调查指标为污水处理厂废水排放量，废水中的化学需氧量、氨氮、总氮和总磷的排放浓度及排放量。

3）调查结果

2015 年，西门江流域污水处理厂和农村污水处理设施废水排放量为1787.19 万 t/a，化学需氧量、氨氮、总氮及总磷的排放量分别为 447.57t/a、35.88t/a、216.96t/a 及 14.85t/a。西门江流域污水处理厂和农村污水处理设施排污情况具体见表 11-6。

表 11-6　西门江流域污水处理厂和农村污水处理设施排污情况

企业名称	废水排放量/ (万 t/a)	污染物排放量/(t/a)			
		化学需氧量	氨氮	总氮	总磷
1. 污水处理厂					
广西北部湾水务集团有限公司合浦县污水处理厂	1785	446.25	35.7	216.52	14.82
2. 农村污水处理设施排污情况					
东马村生活污水处理设施	0.73	0.44	0.06	0.15	0.01
下马村生活污水处理设施	1.46	0.88	0.12	0.29	0.02
3. 流域合计					
县城单元	1785	446.25	35.7	216.52	14.82
廉西单元	2.19	1.32	0.18	0.44	0.03
合计	1787.19	447.57	35.88	216.96	14.85

11.2.3　城镇生活污染源

1. 城镇生活污染源调查内容

本节计算的城镇生活污染源指未纳入城镇污水处理厂处理的城镇居民生活污水。由于该部分废水通过城镇居民楼房管道经城市雨污沟渠，直接从排口进入西门江，故作为点源部分进行计算。西门江流域城镇生活污染源的调查范围主要是廉州镇，城镇人口数量以合浦县统计局提供的资料和人口普查数据为依据。

根据城镇人口数量和污水排放系数，可计算城镇生活污水排放量。生活污染物排放量采用人均综合排污系数法计算，按照《第一次全国污染源普查 城镇生活源产排污系数手册》中的规定计算。

统计未进入污水处理厂的、流域范围内的乡镇中的城镇人口数、污水排放量和污染物（化学需氧量、氨氮、总氮、总磷）排放量。

2. 计算方法

计算方法见 5.3.2 节 "2. 计算方法"。

调查结果：2015 年，西门江流域城镇总人口约 131726 人。城镇生活污水产生量为 267.82 万 t/a，污水中的化学需氧量、氨氮、总氮和总磷的排放量分别为887.83t/a、157.36t/a、236.50t/a 和 13.88t/a。详见表 11-7。

表 11-7　西门江流域 2015 年城镇生活污染源调查结果统计

区域	城镇人口/人	生活污水产生量/(万 t/a)	污染物排放量/(t/a)			
			化学需氧量	氨氮	总氮	总磷
县城单元	131726	267.82	887.83	157.36	236.50	13.88

注：污染物排放量已扣除污水处理厂削减量。

11.2.4　规模化畜禽养殖污染源

1. 计算方式

以乡镇为最小统计单元，按不同的动物种类、饲养阶段、排污系数核算2015 年流域内畜禽养殖业的化学需氧量、氨氮、总氮、总磷等污染物的排放量，再按控制单元的面积比例分配到各控制单元。畜禽养殖业污染物的排放量计算公式如下：

$$W_{排放} = \sum_{i=1}^{m}\sum_{j=1}^{n} E_{sij} \times L_{sij} \times P_{sij} \times 10^{-3}$$

式中，i 为饲养阶段；j 为动物种类；E_{sij} 为某个饲养阶段的某种动物存栏量，头；L_{sij} 为某个饲养阶段的某种动物的生长周期，d；P_{sij} 为某个饲养阶段的某种动物排污系数，g/(头·d)。

排污系数来源于《第一次全国污染源普查 畜禽养殖业源产排污系数手册》，具体见表 11-8，畜禽养殖相关数据来源于当地环境统计数据及当地统计部门的统计数据。

表 11-8　畜禽养殖排污系数

养殖类型	动物种类	饲养阶段	参考体重/kg	单位	干清粪				水冲清粪			
					化学需氧量	氨氮	全氮	全磷	化学需氧量	氨氮	全氮	全磷
养殖场	生猪	保育	21	g/(头·d)	19.17	1.05	2.11	0.27	53.58	1.05	4.08	0.60
		育肥	71		47.09	3.89	5.56	0.43	166.97	3.89	10.30	1.28
	牛	肉牛	431	g/(头·d)	141.15	0.91	26.21	2.02	931.20	0.91	34.90	3.91
	蛋鸡	育雏育成	1.3	g/(只·d)	0.59	0.004	0.03	0.02	4.78	0.004	0.27	0.08
		产蛋	1.8		0.17	0.004	0.01	0.005	4.74	0.004	0.30	0.07
	肉鸡	商品肉鸡	0.6	g/(只·d)	5.71	0.002	0.08	0.01	10.41	0.002	0.22	0.04

2. 规模化养殖基本情况调查结果

西门江流域规模化畜禽养殖量以肉猪为主。2015 年，养殖畜禽猪年存栏量约为 59950 头，年出栏量约为 44356 头；种鸡年存栏量约为 70000 只，年出栏量约为 56000 只；牛年存栏量约为 4210 头，年出栏量约为 500 头。西门江流域 2015 年畜禽规模化养殖场情况见表 11-9。

表 11-9　西门江流域 2015 年畜禽规模化养殖场情况

区域	养殖场名称	环保设施情况	养殖品种	年出栏量/头（只）	年存栏量/头（只）
石湾单元	合浦县畜牧良种场	干清粪，堆肥后作农家肥，配套沼气池、暂存池、化粪池等治理措施	生猪	4050	800
廉北单元	合浦县南珠瘦肉型猪养殖场	干清粪，堆肥后作农家肥，配套沼气池、暂存池、化粪池等治理措施	生猪	1300	550
	合浦县博昌畜牧有限公司	干清粪，堆肥后作农家肥，配套沼气池、暂存池、化粪池等治理措施	生猪	3200	11500
	合浦振恒农牧业有限公司	干清粪，堆肥后作农家肥，配套沼气池、暂存池、化粪池等治理措施	生猪	320	2000
	合浦星福猪场	干清粪，堆肥后作农家肥，配套沼气池、暂存池、化粪池等治理措施	生猪	2000	5000
	合浦顺良猪场	干清粪，堆肥后作农家肥，配套沼气池、暂存池、化粪池等治理措施	生猪	1800	2000
	广西东园生态农业科技发展有限公司	干清粪，堆肥后作农家肥，配套沼气池、暂存池、化粪池等治理措施	牛	500	4210

续表

区域	养殖场名称	环保设施情况	养殖品种	年出栏量/头（只）	年存栏量/头（只）
县城单元	合浦县宏健养猪场	干清粪，堆肥后作农家肥，配套沼气池、暂存池、化粪池等治理措施	生猪	1500	2800
	合浦县食品公司养殖场	干清粪，堆肥后作农家肥，配套沼气池、暂存池、化粪池等治理措施	生猪	2000	2000
	合浦县彪毅养猪场	干清粪，堆肥后作农家肥，配套沼气池、暂存池、化粪池等治理措施	生猪	2000	2800
	合浦县鼎红养殖有限公司	干清粪，堆肥后作农家肥，配套沼气池、暂存池、化粪池等治理措施	生猪	1000	1800
	北海中谷饲料有限公司	干清粪，堆肥后作农家肥，配套沼气池、暂存池、化粪池等治理措施	生猪	3000	4000
	合浦县平德养殖场	干清粪，堆肥后作农家肥，配套沼气池、暂存池、化粪池等治理措施	生猪	1300	2500
	合浦伟华养殖场	干清粪，堆肥后作农家肥，配套沼气池、暂存池、化粪池等治理措施	生猪	2000	3000
	合浦县旺盛农牧有限公司	干清粪，堆肥后作农家肥，配套沼气池、暂存池、化粪池等治理措施	生猪	4518	3000
	合浦县八顺农牧有限公司	干清粪，堆肥后作农家肥，配套暂存池、化粪池等治理措施	生猪	4628	3000
	合浦鸿发养殖场	干清粪，堆肥后作农家肥，配套沼气池、暂存池、化粪池等治理措施	生猪	2800	2000
	广西凤翔集团畜禽食品有限公司	干清粪，堆肥后作农家肥，配套暂存池、化粪池等治理措施	种鸡	56000	70000
廉南单元	广西合浦县翔盛养猪场	干清粪，堆肥后作农家肥，配套沼气池、暂存池、化粪池等治理措施	生猪	1000	1500
	合浦威远养殖场	干清粪，堆肥后作农家肥，配套沼气池、暂存池、化粪池等治理措施	生猪	700	1300
	合浦县禁山龙靖生猪养殖场	干清粪，堆肥后作农家肥，配套沼气池、暂存池、化粪池等治理措施	生猪	700	1000
	合浦县廉州镇鹤塘猪场	干清粪，堆肥后作农家肥，配套沼气池、暂存池、化粪池等治理措施	生猪	620	1200
	合浦雄华农牧有限责任公司	干清粪，堆肥后作农家肥，配套沼气池、暂存池、化粪池等治理措施	生猪	2170	2200
	合浦惠华畜牧养殖场	干清粪，堆肥后作农家肥，配套沼气池、暂存池、化粪池等治理措施	生猪	750	2000
	北海绿加益农业开发有限公司	干清粪，堆肥后作农家肥，配套沼气池、暂存池、化粪池等治理措施	生猪	1000	2000

3. 污染物排放量估算

畜禽规模化养殖污染源调查结果统计情况见表 11-10 和表 11-11。统计结果表明，西门江流域畜禽规模化养殖污染物排放量为：化学需氧量 754.30t/a，氨氮 51.78t/a，总氮 103.87t/a，总磷 7.20t/a。

表 11-10　西门江流域 2015 年畜禽规模化养殖场污染物排放情况（单位：t/a）

区域	养殖场名称	污染物排放量			
		化学需氧量	氨氮	总氮	总磷
石湾单元	合浦县畜牧良种场	26.54	1.99	3.07	0.28
廉北单元	合浦县南珠瘦肉型猪养殖场	13.35	1.10	1.58	0.12
	合浦县博昌畜牧有限公司	75.86	6.27	8.96	0.69
	合浦振恒农牧业有限公司	11.19	0.92	1.32	0.10
	合浦星福猪场	38.14	3.15	4.50	0.35
	合浦顺良猪场	23.73	1.96	2.80	0.22
	广西东园生态农业科技发展有限公司	134.75	0.85	30.86	1.51
县城单元	合浦县宏健养猪场	24.58	2.03	2.90	0.22
	合浦县食品公司养殖场	25.43	2.10	3.00	0.23
	合浦县彪毅养猪场	28.82	2.38	3.40	0.26
	合浦县鼎红养殖有限公司	16.10	1.33	1.90	0.15
	北海中谷饲料有限公司猪场	42.38	3.50	5.00	0.39
	合浦县平德养殖场	21.61	1.79	2.55	0.20
	合浦伟华养殖场	29.67	2.45	3.50	0.27
	合浦县旺盛农牧有限公司	51.01	4.21	6.02	0.47
	合浦县八顺农牧有限公司	51.94	4.29	6.13	0.47
	合浦鸿发养殖场	32.21	2.66	3.80	0.29
	广西凤翔集团畜禽食品有限公司	0.71	0.02	0.04	0.02
廉南单元	广西合浦县翔盛养猪场	14.83	1.23	1.75	0.14
	合浦威远养殖场	11.44	0.95	1.35	0.10
	合浦县禁山龙靖生猪养殖场	10.17	0.84	1.20	0.09
	合浦县廉州镇鹤塘猪场	10.34	0.85	1.22	0.09
	合浦雄华农牧有限责任公司	27.72	2.29	3.27	0.25
	合浦惠华畜牧养殖场	14.83	1.23	1.75	0.14
	北海绿加益农业开发有限公司	16.95	1.40	2.00	0.15

表 11-11　西门江流域 2015 年畜禽规模化养殖场各控制单元污染物排放情况（单位：t/a）

区域	污染物排放量			
	化学需氧量	氨氮	总氮	总磷
县城单元	324.46	26.76	38.24	2.97
廉北单元	297.02	14.25	50.02	2.99
廉南单元	106.28	8.79	12.54	0.96
廉西单元	0	0	0	0
石湾单元	26.54	1.99	3.07	0.28
合计	754.30	51.79	103.87	7.20

11.2.5　点源排放量汇总

综合上述统计，可得出西门江流域点源污染物排放量，具体见表 11-12 及图 11-1～图 11-6。

表 11-12　西门江流域点源污染源构成情况　　　（单位：t/a）

污染源类型	污染物排放量				合计
	化学需氧量	氨氮	总氮	总磷	
工业污染源	40.30	2.23	18.28	0.21	61.02
城镇生活污染源	887.83	157.36	236.50	13.88	1295.57
污水处理厂污染源	447.57	35.88	216.96	14.85	715.26
规模化养殖污染源	754.31	51.79	103.87	7.20	917.17
合计	2130.01	247.26	575.61	36.14	2989.02

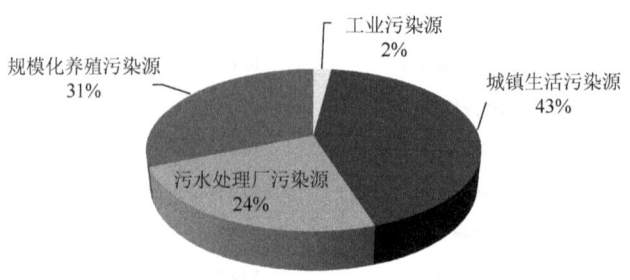

图 11-1　西门江流域点源污染源结构情况

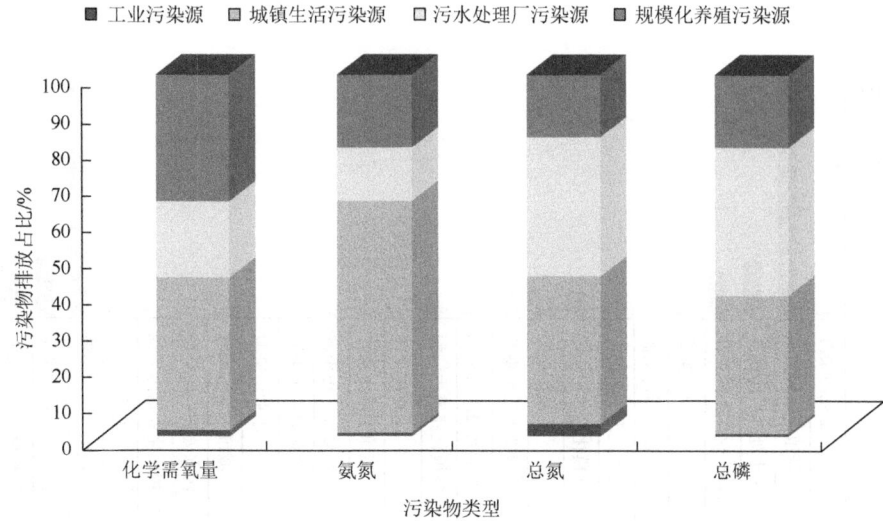

图 11-2　西门江流域点源各类污染物排放占比情况

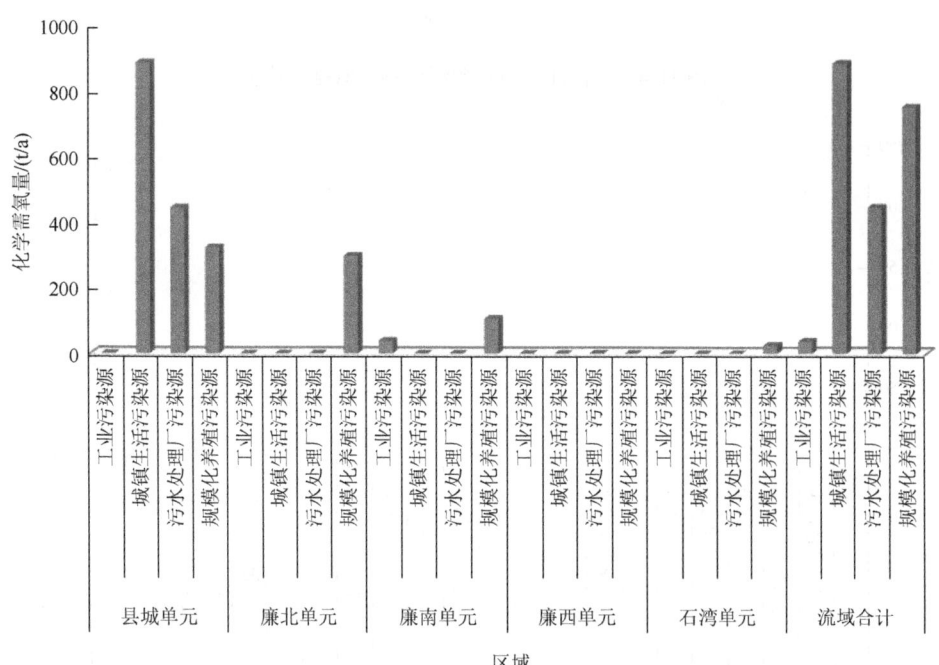

图 11-3　西门江流域点源污染物化学需氧量排放情况

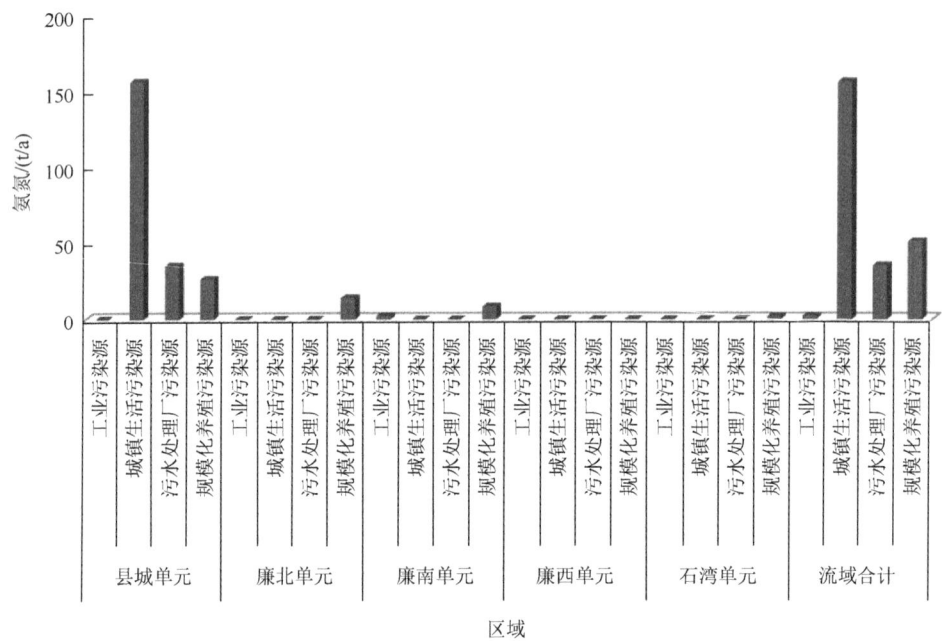

图 11-4　西门江流域点源污染物氨氮排放情况

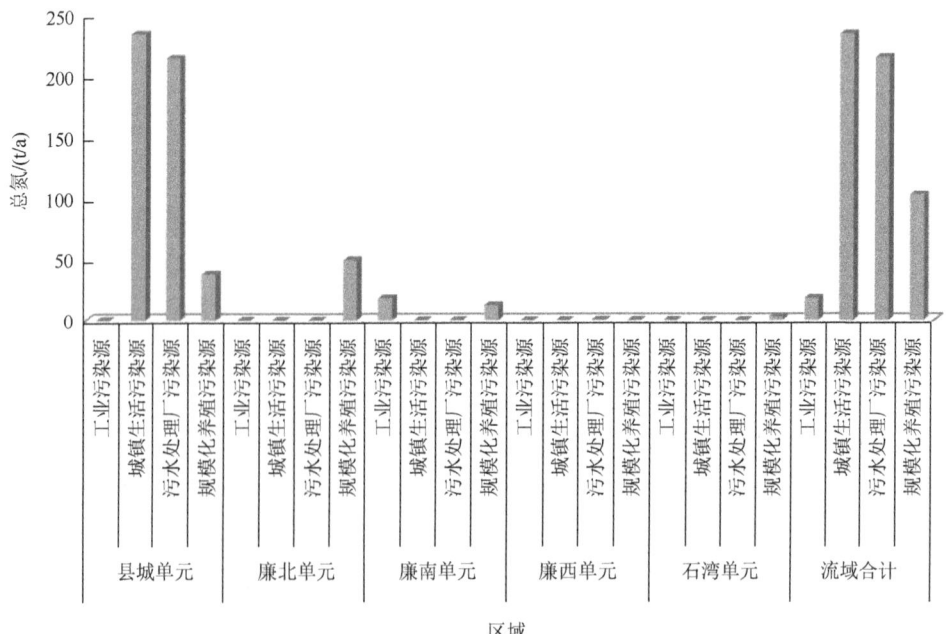

图 11-5　西门江流域点源污染物总氮排放情况

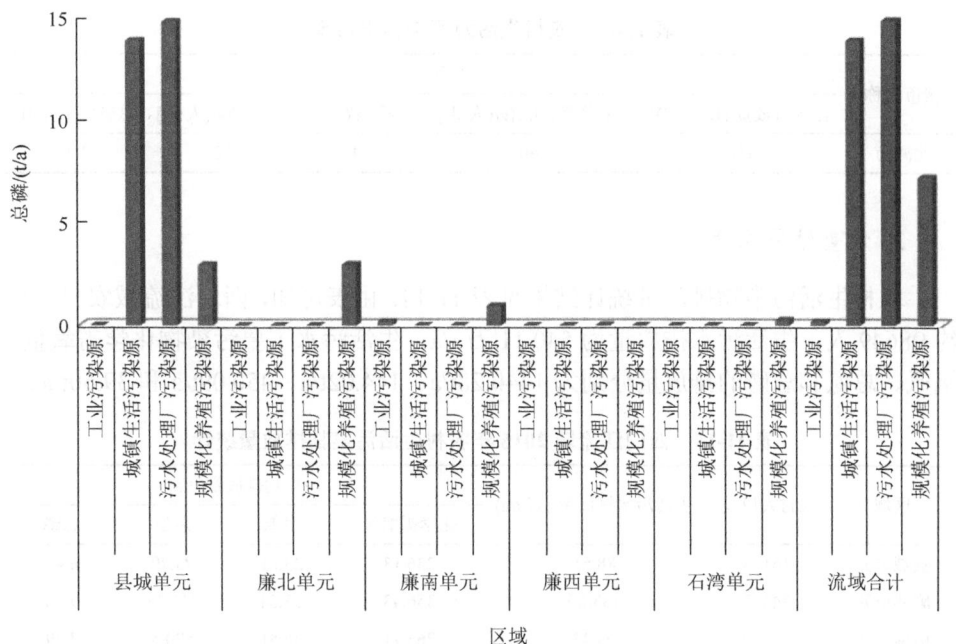

图 11-6　西门江流域点源污染物总磷排放情况

　　由表 11-12 可知，西门江流域点源污染物中，化学需氧量排放量为 2130.01t/a，氨氮排放量为 247.26t/a，总氮排放量为 575.61t/a，总磷排放量为 36.14t/a。从整个流域看，点源污染物主要来源于城镇生活污染源，其次为规模化养殖污染源。因此，必须加强城镇生活污水和规模化养殖畜禽污染控制工作。

11.3　非点源污染调查

11.3.1　农村生活污染源

1. 调查和计算方式

　　根据流域范围内农村人口数量和污水排放系数，可计算农村生活污水排放量。生活污染物排放量采用人均综合产污系数法计算。

　　统计未进入污水处理厂的、流域范围内的县（区）、乡镇中的农村人口数、污水排放量和污染物（化学需氧量、氨氮、总氮、总磷）排放量。各乡镇中已建有农村污水处理设施的，则扣除纳入农村污水处理设施的纳污量。

　　农村人口数来源于当地统计部门。污水排放量和污染物排放量按表 11-13 进行核算。

表 11-13　农村生活源污染物排污系数

城市名称	排污系数				
	污水排放量/[L/(人·d)]	化学需氧量/[g/(人·d)]	氨氮/[g/(人·d)]	总氮/[g/(人·d)]	总磷/[g/(人·d)]
北海市	150	40	4	12.5	1.1

2. 调查结果统计

农村生活污染物排放量统计结果见表 11-14。由表可知，西门江流域农村人口约 98649 人，生活污水排放量为 540.11 万 t/a。生活污水主要污染物化学需氧量、氨氮、总氮和总磷的排放量分别为 1440.28t/a、144.02t/a、450.09t/a 和 39.60t/a。

表 11-14　西门江流域 2015 年农村生活污染物排放量统计

区域	农村人口/人	生活污水排放量/(万 t/a)	污染物排放量/(t/a)			
			化学需氧量	氨氮	总氮	总磷
县城单元	16173	88.55	236.13	23.61	73.79	6.49
廉北单元	24413	133.66	356.43	35.64	111.38	9.80
廉南单元	18158	99.42	265.11	26.51	82.85	7.29
廉西单元	18748	102.65	273.72	27.37	85.54	7.53
石湾单元	21157	115.83	308.89	30.89	96.53	8.49
合计	98649	540.11	1440.28	144.02	450.09	39.60

注：廉西单元包含党江镇流星村，且廉西单元排放量已扣除农村污水处理设施收纳量；石湾单元只统计涉及的 6 个村（东江、周江、沙朗、大浪、新安、七里）。

11.3.2　散养式畜禽养殖污染源

1. 计算方式

计算方法见 5.4.2 节 "2. 计算方法"。

畜禽养殖数据来源于合浦县水产畜牧兽医局 2015 年的统计数据，详见表 11-15。

表 11-15　西门江流域各乡镇畜牧业生产情况

项目			单位	石湾镇	党江镇	廉州镇
出栏	猪		万头	6.423	3.1174	8.5846
	牛		万头	0.2355	0.0312	0.2615
	山羊		万只	0.116	0	0.2082
	家禽	合计	万只	199.72	228.58	438.38
		鸡	万只	147.78	84.27	300.41
		鸭	万只	44.59	99.61	96.41
		鹅	万只	7.35	44.7	41.56

续表

项目		单位	石湾镇	党江镇	廉州镇
存栏	牛	万头	0.9982	0.1377	1.0995
	猪	万头	6.0108	3.4877	7.9729
其中　母猪		万头	0.6713	0.078	0.7091
山羊		万只	0.0987	0	0.1764
合计		万只	90.42	101.66	199.42
家禽	鸡	万只	70.78	46.81	144.22
	鸭	万只	17.22	40.03	39.76
	鹅	万只	2.42	14.82	15.44

2. 调查结果统计

散养式畜禽养殖生产污染物排放量统计见表 11-16。由表可知，西门江流域农村散养畜禽养殖生产污染物中，化学需氧量的排放量为 3330.72t/a，氨氮的排放量为 96.79t/a，总氮的排放量为 235.34t/a，总磷的排放量为 61.42t/a。

表 11-16　西门江流域 2015 年散养式畜禽养殖生产污染物排放量统计（单位：t/a）

区域	化学需氧量	氨氮	总氮	总磷
县城单元	784.77	21.36	52.40	14.74
廉北单元	1256.34	34.19	83.89	23.59
廉南单元	549.14	14.94	36.67	10.31
廉西单元	408.00	11.35	27.25	7.67
石湾单元	332.47	14.95	35.13	5.11
合计	3330.72	96.79	235.34	61.42

注：各控制单元散养统计按面积比例划分。

11.3.3　种植业污染源

1. 计算方式

以控制单元为最小统计单元，按不同的土地利用方式及其肥料流失系数核算种植业化学需氧量、氨氮、总氮和总磷的排污量。

种植业污染物的产生量计算公式为

$$W_{产生} = \sum_{i=1} A_{fi} \times \phi_{fi}$$

式中，i 为土地利用方式；A_{fi} 为某土地利用方式的土地面积，亩；ϕ_{fi} 为某土地利用方式肥料流失系数，kg/亩。具体见表 11-17。

表 11-17　研究区不同土地利用方式肥料流失系数（单位：kg/亩）

分区	土地利用方式	化学需氧量	氨氮	总氮	总磷
南方山地丘陵区	旱地	1.496	0.048	0.565	0.052
	水田	1.314	0.124	1.003	0.045
	园地	1.496	0.231	0.491	0.234
	保护地	1.496	0.099	1.410	0.021

2. 调查结果统计

由于健丰淀粉有限责任公司生产的废水排入附近农田，因此根据其所在区域纳入廉北单元计算。西门江流域种植业污染物排放量见表 11-18。由表可知，种植业污染物中，化学需氧量的排放量为 232.12t/a，氨氮的排放量为 16.58t/a，总氮的排放量为 136.10t/a，总磷的排放量为 8.65t/a。

表 11-18　西门江流域种植业污染物排放量

区域	种植面积/亩			污染物排放量/(t/a)			
	水田	旱地	园地	化学需氧量	氨氮	总氮	总磷
县城单元	8122.95	12759.9	2593.5	33.64	2.22	16.63	1.64
廉北单元	24174.15	28773.15	1337.7	82.12	5.08	41.62	2.94
廉南单元	12020.85	6792.45	145.35	26.17	1.85	15.97	0.93
廉西单元	17098.95	4305.15	129.45	29.10	2.36	19.65	1.02
石湾单元	37828.65	7512.6	96.15	61.09	5.07	42.23	2.12
合计	99245.55	60143.25	4302.15	232.12	16.58	136.10	8.65

11.3.4　水产养殖业污染物调查

1. 计算方式

水产养殖业排污量核算参照农业源减排核算体系中的方法进行核算，只计算排放量，按水产品年产量单位排污强度法进行核算。池塘淡水养殖鱼类污染物产排系数具体见表 11-19。

表 11-19　池塘淡水养殖鱼类污染物产排系数　（单位：g/kg）

养殖品种	化学需氧量	氨氮	总氮	总磷
鱼	33.691	0.987	5.229	0.559
虾	25.542	1.126	3.213	0.366
蟹	11.046	1.947	2.693	0.265
贝类	36.352	0.172	0.529	3.191
其他	69.233	1.6384	3.442	0.72

注：水产养殖数据来源于当地统计部门或水产畜牧兽医部门 2015 年的统计数据。

2. 调查结果统计

西门江流域 2015 年水产养殖业污染物排放量统计见表 11-20。由表可知，西门江流域水产养殖业污染物中，化学需氧量的排放量为 486.41t/a，氨氮的排放量为 14.27t/a，总氮的排放量为 75.45t/a，总磷的排放量为 8.07t/a。

表 11-20　西门江流域 2015 年水产养殖业污染物排放量统计（单位：t/a）

区域		废水污染物污染物排放量			
		化学需氧量	氨氮	总氮	总磷
合浦县	县城单元	121.08	3.55	18.79	2.01
	廉北单元	193.85	5.68	30.09	3.22
	廉南单元	84.73	2.48	13.15	1.41
	廉西单元	59.22	1.75	9.15	0.98
	石湾单元	27.53	0.81	4.27	0.45
合计		486.41	14.27	75.45	8.07

注：各控制单元水产养殖统计按面积比例计算。

11.3.5　非点源排放量汇总

综合上述统计，可得出西门江流域非点源（即面源）污染物排放量，具体见表 11-21 和图 11-7～图 11-12。

表 11-21　西门江流域面源污染源构成情况　　　（单位：t/a）

污染源类型	污染物排放量				
	化学需氧量	氨氮	总氮	总磷	合计
农村生活污染源	1440.28	144.02	450.09	39.60	2073.99
散养式畜禽养殖污染源	3330.72	96.79	235.35	61.42	3724.28
种植业污染源	232.12	16.58	136.10	8.65	393.45
水产养殖污染源	486.41	14.27	75.46	8.07	584.21
合计	5489.53	271.66	897.00	117.74	6775.93

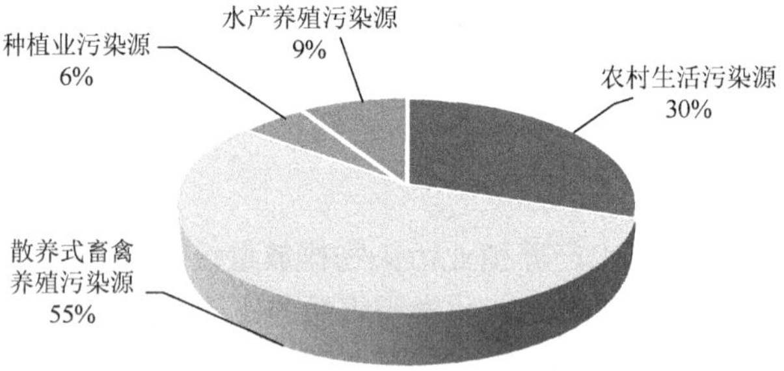

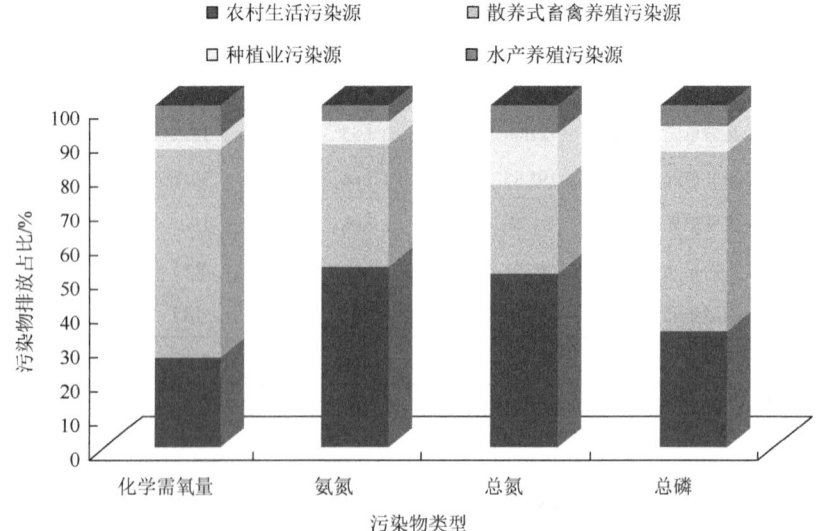

图 11-7　西门江流域面源结构情况

图 11-8　西门江流域面源各类污染物排放占比情况

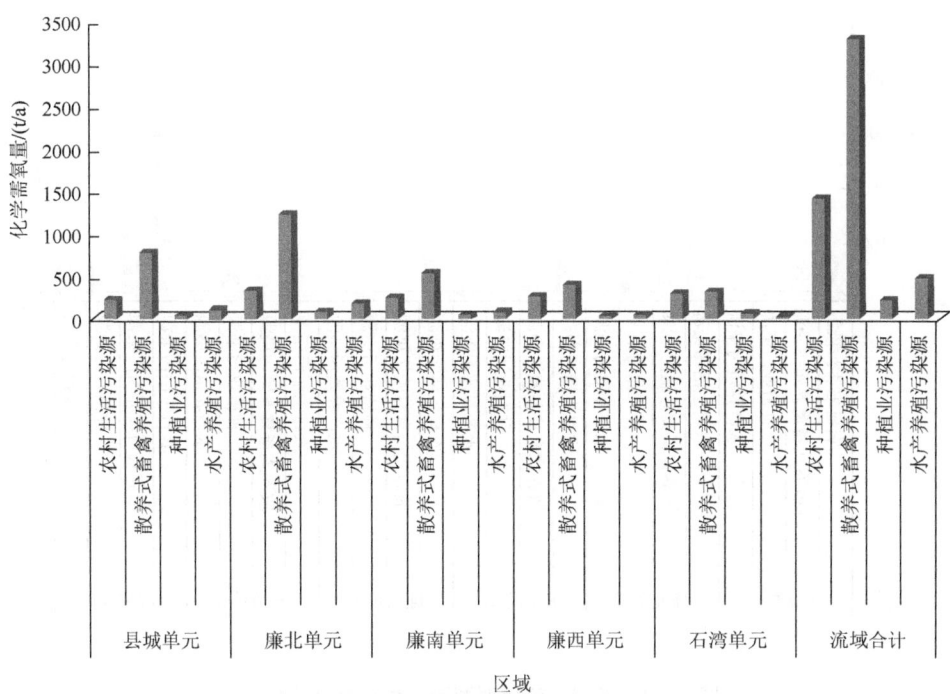

图 11-9　西门江流域面源污染物化学需氧量排放情况

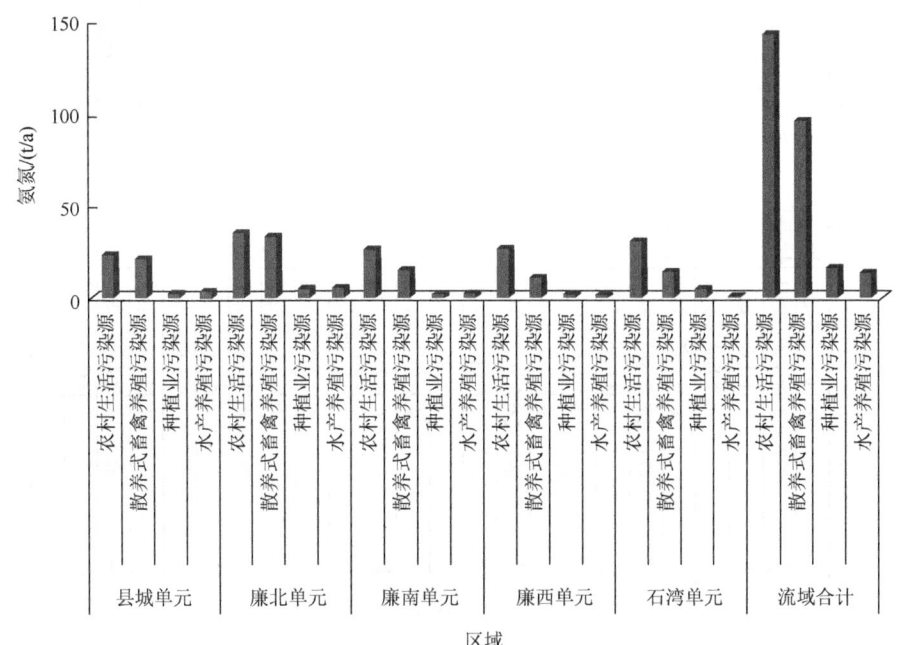

图 11-10　西门江流域面源污染物氨氮排放情况

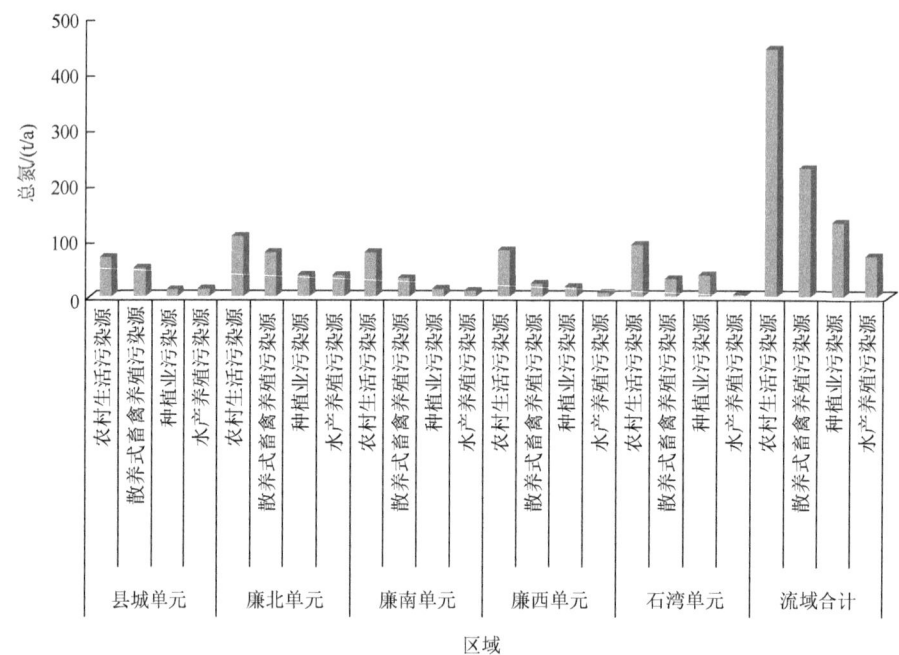

图 11-11　西门江流域面源污染物总氮排放情况

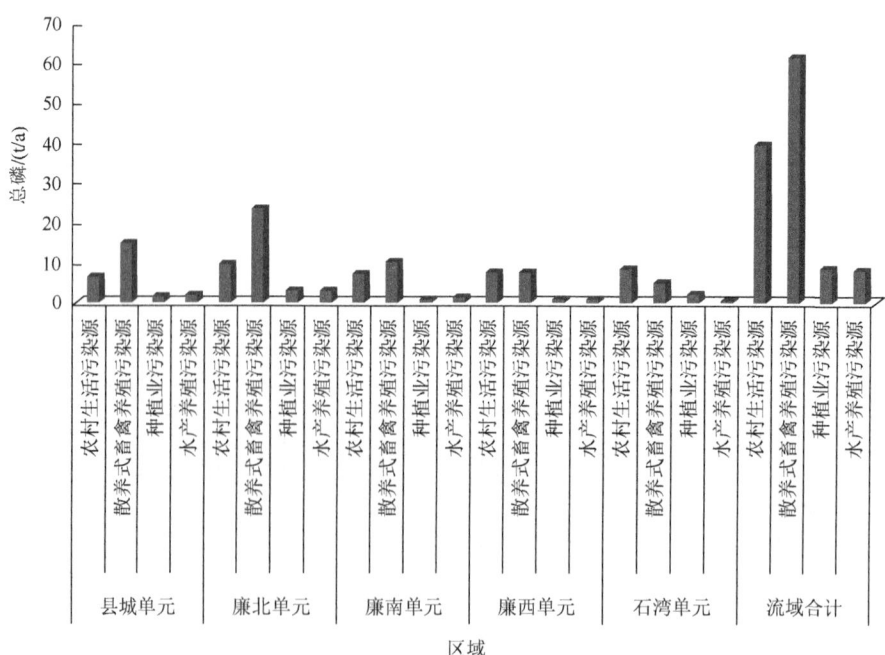

图 11-12　西门江流域面源污染物总磷排放情况

由表可知，西门江流域面源污染物中，化学需氧量排放量为 5489.53t/a，氨氮排放量为 271.66t/a，总氮排放量为 897.00t/a，总磷排放量为 117.74t/a。从整个流域来看，面源污染物产生量主要来源于散养式畜禽养殖污染源和农村生活污染源。其中，化学需氧量和总磷的主要来源是散养式畜禽养殖污染源，氨氮和总氮的主要来源是农村生活污染源。

11.4　现状污染排放总量

西门江流域各类污染物排放总量见表 11-22，各污染源结构见图 11-13。

表 11-22　西门江流域各类污染物排放总量　　　（单位：t/a）

污染来源		排放量				污染物排放总量
		化学需氧量	氨氮	总氮	总磷	
点源	工业污染源	40.30	2.23	18.28	0.21	61.02
	城镇生活污染源	887.83	157.36	236.50	13.88	1295.57
	污水处理厂污染源	447.57	35.88	216.96	14.85	715.26
	规模化养殖污染源	754.31	51.79	103.87	7.20	917.17
	点源小计	2130.01	247.26	575.61	36.14	2989.02
非点源（农村面源）	农村生活污染源	1440.28	144.02	450.09	39.60	2073.99
	散养式畜禽养殖污染源	3330.72	96.79	235.35	61.42	3724.28
	种植业污染源	232.12	16.58	136.10	8.65	393.45
	水产养殖污染源	486.41	14.27	75.46	8.07	584.21
	非点源小计	5489.53	271.66	897.00	117.74	6775.93
合计		7619.54	518.92	1472.61	153.88	9764.95

从以上数据可知，西门江流域县城污染源排放总量中农村面源占比大，占整个流域污染源的 64.9%，几乎是大部分的污染来源，其中，散养式畜禽养殖污染源占比最大，占 38.2%。结合西门江现状调研，将分析结果与污染现状进行比较可知，现实中农村面源是西门江污染源的重要因素，但并非绝对性因素，因此有必要考虑各污染源的入河情况。

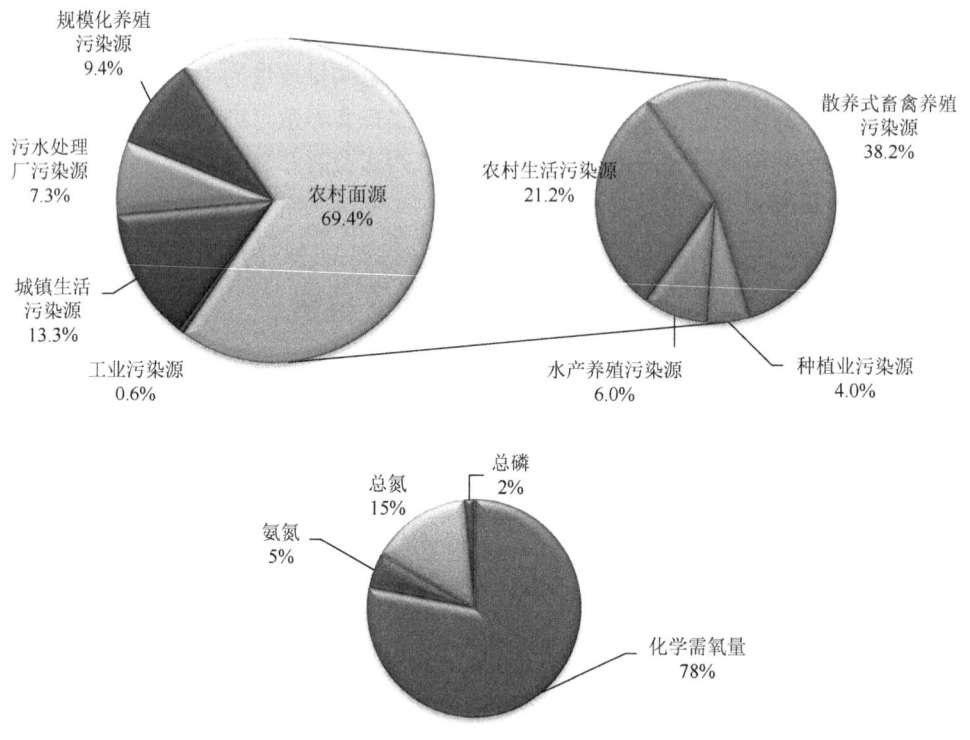

图 11-13　西门江流域各类污染源结构

11.5　污染源入河量估算

11.5.1　计算方法

　　根据污染源排放口与入河排放口的相对位置、排污渠道类型以及当地的自然条件等，估算各控制单元中各类污染源的入河系数和入河量，汇总每个控制单元的废水量、化学需氧量和氨氮入河量，厘清各类污染源入河量的结构比例，分析规划区内点源与面源入河量的比例关系及地区分布特征。其中，考虑西门江主干道主要流经县城，流域中点源基本处于流域干道或主要支流周边，产生的废水基本直接排放入河，因此点源入河系数均取最高值；而面源分布在流域周边，面积较大，各种面源污染源产生的废水经过土地消纳等，再流入西门江中的量会适当减少，因此本书主要针对面源污染物进行入河估算。

　　污染源入河总量计算方法如下：

$$W_{总入河} = \sum_{i=1}^{m} \sum_{j=1}^{n} W_{排放ij} \times \varphi_{ij}$$

式中，$W_{总入河}$ 为污染物入河总量，kg/a；i 为某种污染源；j 为某种污染物；$W_{排放 ij}$ 为第 i 种污染源第 j 种污染物的排放量，kg/a；φ_{ij} 为第 i 种污染源第 j 种污染物入河系数。

根据现场调查结果，结合《太湖流域水质目标管理技术体系研究》成果，确定各类污染源的入河系数，见表 11-23。其中，畜禽散养和农村生活在干流和主要支流周边分布，相对而言并不密集，因此涉及农村生活污水和畜禽散养的系数均取最低值，其余均取最高值。

表 11-23　各类污染源的入河系数表

入河系数	工业	污水处理厂	城镇生活	农村生活	农田	畜禽养殖	水产养殖
化学需氧量	0.7~1.0	1	0.6~0.9	0.1~0.2	0.1~0.3	0.1~0.2	0.7~1.0
氨氮	0.7~1.0	1	0.6~0.9	0.1~0.2	0.1~0.3	0.1~0.2	0.7~1.0
总氮	0.7~1.0	1	0.6~0.9	0.1~0.2	0.1~0.3	0.1~0.2	0.7~1.0
总磷	0.7~1.0	1	0.6~0.9	0.1~0.2	0.1~0.3	0.1~0.2	0.7~1.0

本书采用各污染源入河系数为：
（1）工业入河系数取 1.0。
（2）污水处理厂入河系数取 1.0。
（3）城镇生活入河系数取 0.9。
（4）农村生活入河系数取 0.1。
（5）农田入河系数取 0.3。
（6）规模化养殖入河系数取 1.0，散养式畜禽养殖入河系数取 0.1。
（7）水产养殖入河系数取 1.0。

11.5.2　城镇生活污染物入河量估算

城镇生活污染物入河量详见表 11-24，只有县城单元属于城镇区域，有城镇生活污水。

表 11-24　城镇生活污染物入河量

区域	生活污水产生/(万 t/a)	化学需氧量/(t/a)	氨氮/(t/a)	总氮/(t/a)	总磷/(t/a)
县城单元	241.04	799.05	141.62	212.85	12.49
廉北单元	0	0	0	0	0
廉南单元	0	0	0	0	0
廉西单元	0	0	0	0	0
石湾单元	0	0	0	0	0
合计	241.04	799.05	141.62	212.85	12.49

11.5.3 农村生活污染物入河量估算

农村生活污染物入河量详见表 11-25。

表 11-25 农村生活污染物入河量

区域	生活污水产生/(万 t/a)	化学需氧量/(t/a)	氨氮/(t/a)	总氮/(t/a)	总磷/(t/a)
县城单元	8.86	23.613	2.361	7.379	0.649
廉北单元	13.37	35.643	3.564	11.138	0.98
廉南单元	9.94	26.511	2.651	8.285	0.729
廉西单元	10.27	27.37	2.74	8.55	0.75
石湾单元	11.58	30.889	3.089	9.653	0.849
合计	54.02	144.026	14.405	45.005	3.957

11.5.4 散养式畜禽养殖入河量估算

散养式畜禽养殖污染物入河量详见表 11-26。

表 11-26 散养式畜禽养殖污染物入河量 （单位：t/a）

区域	化学需氧量	氨氮	总氮	总磷
县城单元	78.48	2.14	5.24	1.47
廉北单元	125.63	3.42	8.39	2.36
廉南单元	54.91	1.49	3.67	1.03
廉西单元	40.80	1.14	2.73	0.77
石湾单元	33.25	1.49	3.51	0.51
合计	333.07	9.68	23.54	6.14

11.5.5 种植业污染物入河量估算

种植业污染物入河量详见表 11-27。

表 11-27　种植业污染物入河量　　　　（单位：t/a）

区域	化学需氧量	氨氮	总氮	总磷
县城单元	10.09	0.67	4.99	0.49
廉北单元	24.64	1.52	12.49	0.88
廉南单元	7.85	0.56	4.79	0.28
廉西单元	8.73	0.71	5.89	0.31
石湾单元	18.33	1.52	12.67	0.64
合计	69.64	4.98	40.83	2.60

11.5.6　污染源入河量汇总

1. 污染物入河总量

西门江流域各污染源入河总量见表 11-28。

表 11-28　西门江流域各污染源入河总量　　　　（单位：t/a）

污染来源		化学需氧量	氨氮	总氮	总磷	污染物入河总量
点源	工业污染源	40.30	2.23	18.28	0.21	61.02
	城镇生活污染源	799.05	141.62	212.85	12.49	1166.01
	污水处理厂污染源	447.57	35.88	216.96	14.85	715.26
	规模化养殖污染源	754.31	51.79	103.87	7.20	917.17
	点源小计	2041.23	231.52	551.96	34.75	2859.46
非点源（农村面源）	农村生活污染源	144.02	14.40	45.01	3.96	207.39
	散养式畜禽养殖污染源	333.07	9.68	23.54	6.14	372.43
	种植业污染源	69.64	4.98	40.83	2.60	118.05
	水产养殖污染源	486.41	14.27	75.46	8.07	584.21
	非点源小计	1033.14	43.33	184.84	20.77	1282.09
合计		3074.37	274.85	736.80	55.52	4141.55

由表 11-28 和图 11-14 可知，对西门江影响最大的污染源为城镇生活污染源和农村面源的排放，占比分别为 28.1% 和 31%，这两大污染源超过了 50% 的占比；其次是规模化养殖污染源，占比为 22.1%，污水处理厂污染源占比 17.3%，工业污染源占比 1.5%。结合现状污染负荷总量的分析，虽然面源产生量大，但是最终排入河的量远远小于点源，说明西门江流域最主要的污染源为点源，控制点源排放是西门江流域污染防治的重点。

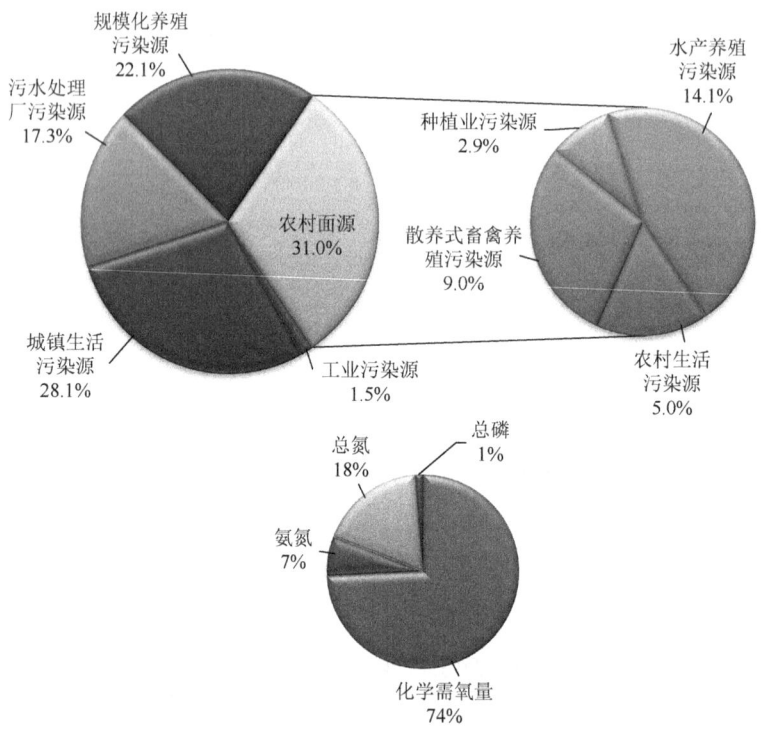

图 11-14　西门江流域各污染来源占比图

2. 各单元污染物总量

西门江流域各控制单元污染物总入河量为：县城单元 2554.74t/a，廉北单元 827.79t/a，廉南单元 404.12t/a，廉西单元 173.56t/a，石湾单元 181.34t/a。按行政区域划分各乡镇污染物总入河量为：廉州镇 3960.20t/a，石湾镇局部 181.34t/a。具体见表 11-29。

表 11-29　西门江流域各控制单元污染物总入河量　　（单位：t/a）

项目	县城单元	廉北单元	廉南单元	廉西单元	石湾单元	廉州镇合计	流域合计
化学需氧量	1803.03	676.79	320.58	137.44	136.54	2937.84	3074.38
氨氮	212.80	28.44	18.20	6.52	8.89	265.96	274.85
总氮	504.01	112.13	60.72	26.76	33.17	703.62	736.79
总磷	34.90	10.43	4.62	2.84	2.73	52.79	55.52
污染物合计	2554.74	827.79	404.12	173.56	181.33	3960.21	4141.54

注：由于四舍五入合计结果与其他表有些许出入，可忽略不计。

从各控制单元入河量来看，县城单元入河量占比最大，占流域内入河量的

61.68%，其次是廉北单元、廉南单元、石湾单元和廉西单元，占比分别为 19.99%、9.76%、4.38% 和 4.19%。从行政区域入河量来看，廉州镇入河量占比最大，占流域内入河量的 95.62%，其次是石湾镇局部，占比为 4.38%。具体见图 11-15。

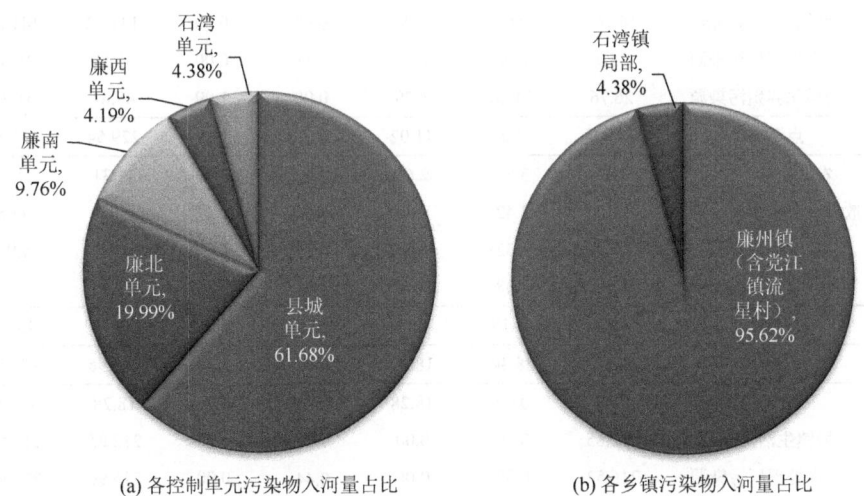

(a) 各控制单元污染物入河量占比   (b) 各乡镇污染物入河量占比

图 11-15 流域染物入河量占比情况

图中数据为四舍五入结果，加和可能不全为 100%，下同

3. 污染物入河量结构分析

污染物入河量汇总结果见表 11-30。

表 11-30 污染源入河量汇总　　　　　　（单位：t/a）

区域污染源		县城单元	廉北单元	廉南单元	廉西单元	石湾单元	廉州镇合计	流域合计
化学需氧量	工业污染源	0.00	0.00	40.30	0.00	0.00	40.30	40.30
	城镇生活污染源	799.05	0.00	0.00	0.00	0.00	799.05	799.05
	污水处理厂污染源	446.25	0.00	0.00	1.32	0.00	447.57	447.57
	规模化养殖污染源	324.46	297.03	106.28	0.00	26.54	727.77	754.31
	点源小计	1569.76	297.03	146.58	1.32	26.54	2014.69	2041.23
	农村生活污染源	23.61	35.64	26.51	27.37	30.89	113.13	144.02
	散养式畜禽养殖污染源	78.48	125.63	54.91	40.80	33.25	299.82	333.07
	种植业污染源	10.09	24.64	7.85	8.73	18.33	51.31	69.64
	水产养殖污染源	121.09	193.85	84.73	59.22	27.53	458.89	486.41
	面源小计	233.27	379.76	174.00	136.12	110.00	923.15	1033.14
	合计	1803.03	676.79	320.58	137.44	136.54	2937.84	3074.37

续表

	区域污染源	县城单元	廉北单元	廉南单元	廉西单元	石湾单元	廉州镇合计	流域合计
氨氮	工业污染源	0.00	0.00	2.23	0.00	0.00	2.23	2.23
	城镇生活污染源	141.62	0.00	0.00	0.00	0.00	141.62	141.62
	污水处理厂污染源	35.7	0.00	0.00	0.18	0.00	35.88	35.88
	规模化养殖污染源	26.76	14.26	8.79	0.00	1.99	49.81	51.79
	点源小计	204.08	14.26	11.02	0.18	1.99	229.54	231.52
	农村生活污染源	2.36	3.56	2.65	2.74	3.09	11.31	14.40
	散养式畜禽养殖污染源	2.14	3.42	1.49	1.14	1.49	8.19	9.68
	种植业污染源	0.67	1.52	0.56	0.71	1.52	3.46	4.98
	水产养殖污染源	3.55	5.68	2.48	1.75	0.81	13.46	14.27
	面源小计	8.72	14.18	7.18	6.34	6.91	36.42	43.33
	合计	212.80	28.44	18.20	6.52	8.89	265.96	274.85
总氮	工业污染源	0.00	0.00	18.28	0.00	0.00	18.28	18.28
	城镇生活污染源	212.85	0.00	0.00	0.00	0.00	212.85	212.85
	污水处理厂污染源	216.52	0.00	0.00	0.44	0.00	216.96	216.96
	规模化养殖污染源	38.24	50.02	12.54	0.00	3.07	100.80	103.87
	点源小计	467.61	50.02	30.82	0.44	3.07	548.89	551.96
	农村生活污染源	7.38	11.14	8.29	8.55	9.65	35.36	45.01
	散养式畜禽养殖污染源	5.24	8.39	3.67	2.73	3.51	20.03	23.54
	种植业污染源	4.99	12.49	4.79	5.89	12.67	28.16	40.83
	水产养殖污染源	18.79	30.09	13.15	9.15	4.27	71.18	75.45
	面源小计	36.40	62.11	29.90	26.32	30.10	154.73	184.83
	合计	504.01	112.13	60.72	26.76	33.17	703.62	736.79
总磷	工业污染源	0.00	0.00	0.21	0.00	0.00	0.21	0.21
	城镇生活污染源	12.49	0.00	0.00	0.00	0.00	12.49	12.49
	污水处理厂污染源	14.82	0.00	0.00	0.03	0.00	14.85	14.85
	规模化养殖污染源	2.97	2.99	0.96	0.00	0.28	6.92	7.20
	点源小计	30.28	2.99	1.17	0.03	0.28	34.47	34.75
	农村生活污染源	0.65	0.98	0.73	0.75	0.85	3.11	3.96
	散养式畜禽养殖污染源	1.47	2.36	1.03	0.77	0.51	5.63	6.14
	种植业污染源	0.49	0.88	0.28	0.31	0.64	1.96	2.60
	水产养殖污染源	2.01	3.22	1.41	0.98	0.45	7.62	8.07
	面源小计	4.62	7.44	3.45	2.81	2.45	18.32	20.77
	合计	34.90	10.43	4.62	2.84	2.73	52.79	55.52

注：由于四舍五入个别合计结果与加和有些许出入。

由表 11-30 可知，西门江流域各污染物总入河量为：化学需氧量 3074.37t/a，氨氮 274.85t/a，总氮 736.79t/a，总磷 55.52t/a。

从化学需氧量的入河量来看，城镇生活污染源入河量较大，占流域内入河量的 25.99%，其次是规模化养殖污染源、水产养殖污染源和污水处理厂污染源，占比分别为 24.54%、15.82% 和 14.56%。具体见图 11-16。

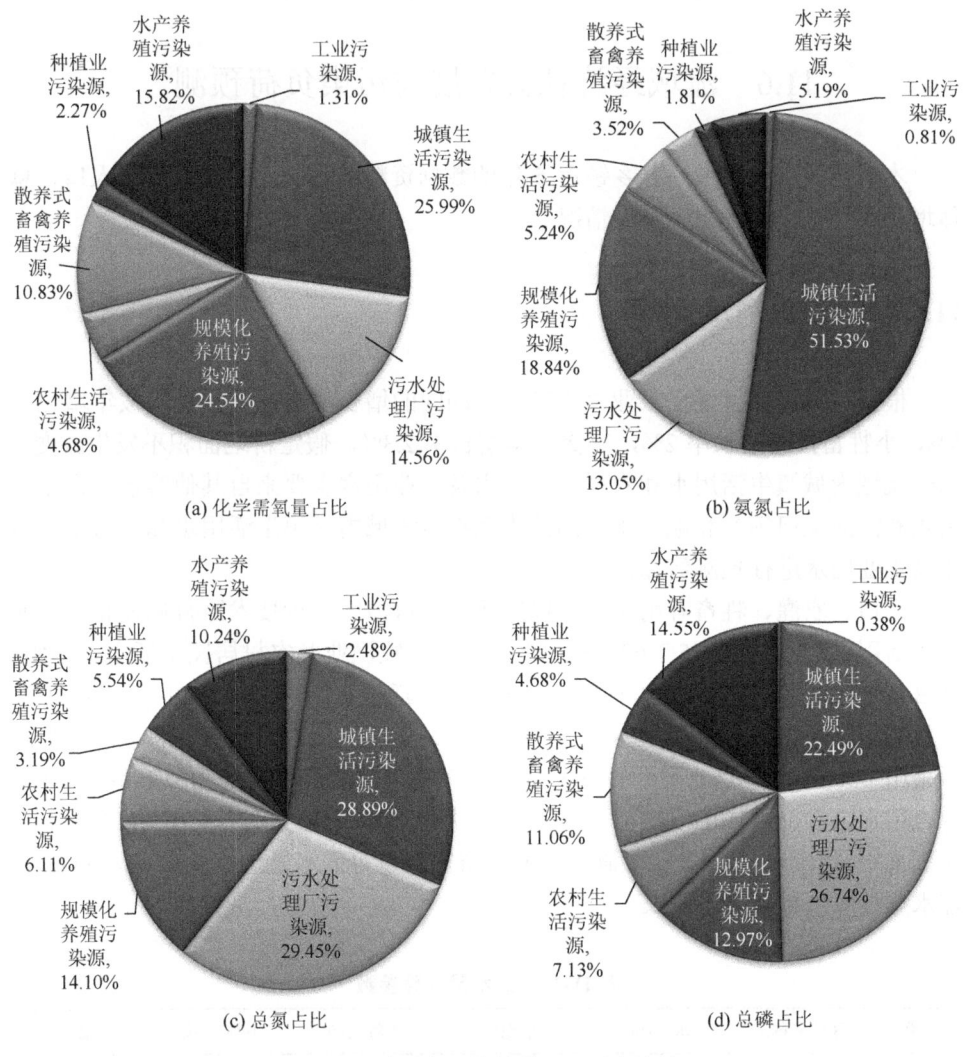

(a) 化学需氧量占比

(b) 氨氮占比

(c) 总氮占比

(d) 总磷占比

图 11-16 流域各污染物的入河量占比情况

从氨氮的入河量来看，城镇生活污染源入河量较大，占流域内入河量的 51.53%，其次是规模化养殖污染源和污水处理厂污染源，占比分别为 18.84% 和 13.05%。

从总氮的入河量来看，污水处理厂污染源入河量较大，占流域内入河量的29.45%，其次是城镇生活污染源和规模化养殖污染源，占比分别为 28.89%和14.10%。

从总磷的入河量来看，污水处理厂污染源入河量较大，占流域内入河量的26.74%，其次是城镇生活污染源、水产养殖污染源、规模化养殖污染源和散养式畜禽养殖污染源，占比分别为 22.49%、14.55%、12.97%和11.06%。

11.6　流域经济社会发展与污染负荷预测[①]

本书在西门江流域内各乡镇近 5 年的数据资料的基础上，预测流域人口、总体增长率和整体经济社会发展情况。

11.6.1　水资源利用预测

根据流域内各县区在农业"十三五"期间的增长率情况，大牲畜按年增长率5%，小牲畜按年增长率2%，家禽按年增长率2.3%。假定耕地面积不发生改变。由于流域内城镇生活用水和农村生活用水及工业用水主要来自其他客水（市政自来水和湖海运河等）和地下水，因此本章不对流域内城镇生活用水和农村生活用水及工业用水进行预测估算。

人口、农灌、牲畜等用水定额以广西壮族自治区质量技术监督局发布的《城镇生活用水定额》（DB45/T 679—2017）和《农林牧渔业及农村居民生活用水定额》（DB45/T 804—2019）为参考依据，城镇现状生活用水定额采用 260L/人·d（含公共设施用水在内）；农灌需水量采用水田、旱地的综合定额进行计算，水田用水定额采用 800m³/亩，旱地采用 500m³/亩，并考虑灌溉水利用系数为 0.480；大牲畜综合用水定额采用 50L/头·d，小牲畜综合用水定额采用 30L/头·d，家禽类用水定额采用 0.8L/只·d。农业灌溉、农村人畜需水量等需水量计算参数见表 11-31，需水量计算结果见表 11-32。

表 11-31　需水量计算参数

年份	区域名称	水田/亩	旱地/亩	大牲畜/头	小牲畜/头	家禽/只
2018	西门江流域	97740.6	191786.4	23041	316156	7227123
2020		97740.6	191786.4	29407	403504	9223843

[①] 本节内容为 2016 年对 2020 年的预测结果，仅作为预测工作的实际案例展示。

表 11-32　西门江流域需水量计算结果　　（单位：万 m³）

年份	区域名称	需水量					
		水田	旱地	大牲畜	小牲畜	家禽	合计
2018	西门江流域	16290.10	19977.75	42.05	346.19	211.03	36867.12
2020		16290.10	19977.75	53.67	441.84	269.34	37032.7

从表 11-32 计算结果得出：2018 年，流域总需水量为 36867.12 万 m³；2020 年，流域总需水量为 37032.7 万 m³。

11.6.2　污染负荷预测

1. 污染源预测方法

根据研究区域内人口和经济社会发展的情况，对区域内 2020 年的污染物排放量进行预测。

经调查，北海市和合浦县"十三五"工业重点规划在工业园区发展，本流域未见重点企业的发展规划和其他重点企业增产计划。参照北海市农业和农村发展"十三五"规划，"十三五"期间农业化肥使用量争取实现零增长。因此，工业污染源和种植业污染源污染物的排放量依据 2015 年数据。

人口增长率采用趋势法进行预测，根据合浦县近 10 年来人口增长情况，预计2020 年西门江流域的人口按自然增长率 0.7%，城镇化率的递增速率为 3%。规模化养殖根据《合浦县畜禽规模养殖发展规划（2015～2020 年）》，猪肉年均增长 2%，禽肉年均增长 2.3%，牛肉和羊肉年均增长 5%。水产养殖参照历年发展增速年均增长 3%。

2. 污染源排放量预测

1）生活污水排放量的预测

根据流域内人口和城镇化率增长情况，计算了各控制单元生活污水排放量。各控制单元内城镇生活污染源和农村生活污染源的排放量预测分别见表 11-33 和表 11-34。

表 11-33　流域范围城镇生活污染物排放量预测

年份	区域	污水量/万 t	化学需氧量/t	氨氮/t	总氮/t	总磷/t
2018	县城单元	292.38	969.02	147.02	183.78	14.87
2020	县城单元	319.49	1058.87	160.66	200.82	16.25

表 11-34　流域范围农村生活污染物排放量预测

年份	区域	污水量/万 t	化学需氧量/t	氨氮/t	总氮/t	总磷/t
2018	县城单元	90.67	241.79	24.18	75.56	6.65
	廉北单元	136.87	364.98	36.50	114.06	10.04
	廉南单元	101.80	271.46	27.15	84.83	7.47
	廉西单元	105.11	280.28	28.03	87.59	7.71
	石湾单元	118.61	316.30	31.63	98.84	8.70
2020	县城单元	92.11	245.64	24.56	76.76	6.76
	廉北单元	139.05	370.79	37.08	115.87	10.20
	廉南单元	103.42	275.79	27.58	86.18	7.58
	廉西单元	106.78	284.75	28.47	88.98	7.83
	石湾单元	120.50	321.34	32.13	100.42	8.84

2）畜禽养殖污染排放量的预测

根据《合浦县畜禽规模养殖发展规划（2015～2020 年)》的增长速度，分规模化和散养情况进行预测，计算出流域内各控制单元畜禽养殖污染物排放量。各控制单元内畜禽养殖污染物排放量预测见表 11-35。

表 11-35　流域范围内畜禽养殖污染物排放量预测

年份	区域	化学需氧量/t	氨氮/t	总氮/t	总磷/t
2018	县城单元	1189.04	51.14	98.10	18.98
	廉北单元	1680.47	51.63	148.10	28.65
	廉南单元	703.87	25.23	53.55	12.10
	廉西单元	437.91	12.08	29.96	8.22
	石湾单元	386.59	18.00	41.66	5.80
2020	县城单元	1245.75	53.27	103.46	19.88
	廉北单元	1771.94	53.87	158.53	30.13
	廉南单元	738.37	26.30	56.69	12.68
	廉西单元	459.20	12.59	31.75	8.60
	石湾单元	406.35	18.76	44.17	6.08

3）水产养殖污染物排放量的预测

根据流域内水产养殖增长率情况，计算了各控制单元水产养殖污染物排放量。各控制单元内水产养殖污染物排放量预测见表 11-36。

表 11-36　流域范围内水产养殖污染物排放量预测

年份	区域	化学需氧量/t	氨氮/t	总氮/t	总磷/t
2018	县城单元	132.32	3.88	20.54	2.20
	廉北单元	211.83	6.21	32.88	3.51
	廉南单元	92.59	2.71	14.37	1.54
	廉西单元	64.71	1.92	10.00	1.07
	石湾单元	30.08	0.88	4.67	0.50
2020	县城单元	140.38	4.11	21.79	2.33
	廉北单元	224.73	6.58	34.88	3.73
	廉南单元	98.23	2.88	15.25	1.63
	廉西单元	68.65	2.03	10.61	1.14
	石湾单元	31.91	0.93	4.95	0.53

4）污染物排放量预测的汇总

假设其他污染物排放量保持不变，流域范围内各控制单元污染物排放量预测见表 11-37。

表 11-37　流域范围内各控制单元污染物排放量预测（较 2015 年）

年份	区域	化学需氧量/t	氨氮/t	总氮/t	总磷/t
2018	县城单元	3013.27	289.07	685.80	59.46
	廉北单元	2339.40	99.42	336.66	45.14
	廉南单元	1134.39	59.17	187.00	22.25
	廉西单元	813.32	44.56	147.64	18.05
	石湾单元	794.06	55.58	187.40	17.12
	合计	8094.44	547.80	1544.50	162.02
2020	县城单元	3171.86	307.75	717.57	62.01
	廉北单元	2449.58	102.61	350.90	47.00
	廉南单元	1178.86	60.84	192.37	23.03
	廉西单元	843.02	45.64	151.44	18.62
	石湾单元	820.69	56.89	191.77	17.57
	合计	8464.01	573.73	1604.05	168.23

与 2015 年排放量相比，各项污染物排放量预测增加的比例见表 11-38。

表 11-38　流域范围内各控制单元污染物排放量预测增加比例

年份	区域	化学需氧量/%	氨氮/%	总氮/%	总磷/%
2018	县城单元	6.32	6.84	5.04	5.16
	廉北单元	7.03	4.82	6.20	6.12
	廉南单元	5.85	4.17	4.20	5.42
	廉西单元	5.44	3.60	3.95	4.75
	石湾单元	4.96	3.51	3.40	3.99
	流域	6.23	5.57	4.88	5.29
2020	县城单元	11.92	13.75	9.91	9.66
	廉北单元	12.07	8.18	10.70	10.49
	廉南单元	10.00	7.09	7.19	9.13
	廉西单元	9.29	6.10	6.62	8.08
	石湾单元	8.48	5.95	5.82	6.77
	流域	11.08	10.56	8.93	9.33

3. 污染源排放入河量预测

根据污染源现状选取的入河系数计算污染物排放入河量的预测值。具体数值见表 11-39。

表 11-39　流域范围内各控制单元污染物入河量预测（较 2015 年）

年份	区域	化学需氧量/t	氨氮/t	总氮/t	总磷/t	总量/t
2018	县城单元	1914.86	228.09	528.57	36.57	2708.09
	廉北单元	736.40	30.23	122.04	11.25	899.92
	廉南单元	339.79	19.12	63.27	4.91	427.09
	廉西单元	166.95	8.46	41.84	3.72	220.97
	廉州镇合计	3158.00	285.90	755.72	56.45	4256.07
	石湾单元	144.04	9.25	34.32	2.85	190.46
	流域合计	3302.04	295.15	790.04	59.30	4446.53
	总量比 2015 年增长率	7.41%	7.39%	7.23%	6.81%	7.41%
2020	县城单元	2022.47	243.95	553.52	38.18	2858.12
	廉北单元	779.68	31.50	129.30	11.85	952.33
	廉南单元	353.42	19.78	65.08	5.11	443.39
	廉西单元	173.47	8.68	42.77	3.83	228.75
	廉州镇合计	3329.04	303.91	790.67	58.97	4482.59
	石湾单元	149.38	9.51	35.13	2.94	196.96
	流域合计	3478.42	313.42	825.80	61.91	4679.55
	总量比 2015 年增长率	13.14%	14.03%	12.08%	11.51%	13.14%

　　由表 11-39 可知，2018 年，预测化学需氧量总入河量为 3302.04t，较 2015 年增长 7.41%，主要来源于县城单元，其次是廉北单元和廉南单元，分别增长 8.81%、6.20%和 5.99%。预测氨氮总入河量为 295.15t，增长 7.39%，主要来源于县城单元，其次是廉北单元和廉南单元，分别增长 7.19%、6.27%和 5.05%。预测总氮总入河量为 790.04t，增长 7.23%，主要来源于县城单元，其次是廉北单元和廉南单元，分别增长 8.85%、4.87%和 4.21%。预测总磷总入河量为 59.30t，增长 6.81%，主要来源于县城单元，其次是廉北单元和廉南单元，分别增长 7.84%、6.57%和 4.76%。

　　2020 年，预测化学需氧量总入河量为 3478.42t，较 2015 年增长 13.14%，主要来源于县城单元，其次是廉北单元和廉南单元，分别增长 15.20%、12.17%和 10.24%。预测氨氮总入河量为 313.42t，增长 14.03%，主要来源于县城单元，其次是廉北单元和廉南单元，分别增长 14.64%、10.71%和 8.67%。预测总氮总入河量为 825.80t，增长 12.08%，主要来源于县城单元，其次是廉北单元和廉南单元，分别增长 15.32%、9.82%和 7.20%。预测总磷总入河量为 61.91t，增长 11.51%，主要来源于县城单元，其次是廉北单元和廉南单元，分别增长 13.61%、10.85%和 9.37%。

第 12 章　西门江流域水环境现状调查分析评估

12.1　西门江考核断面基本情况

西门江考核断面老哥渡距离入海口约 7.8km，水质目标为Ⅳ类，历年水质情况为Ⅳ～劣Ⅴ类，近 10 年内有一半年份处于超标状态，主要超标因子为氨氮和总磷，其中 2014 年和 2015 年考核断面均为劣Ⅴ类。西门江考核断面信息见表 12-1。

表 12-1　西门江考核断面信息

断面名称	经度	纬度	水质目标	2014 年水质及超标因子	2015 年水质及超标因子
老哥渡	109.1595°E	21.6432°N	Ⅳ	劣Ⅴ类 （氨氮、总磷）	劣Ⅴ类 （氨氮、总磷）

该断面 2006～2015 年为广西壮族自治区海洋环境监测中心站常规例行监测断面，其中，2006～2012 年每季度进行 1 次监测，2013～2015 年每月进行 1 次监测。

12.2　西门江考核断面水质变化趋势分析

12.2.1　考核断面年均水质监测评价

1. 总体评价

根据广西壮族自治区海洋环境监测中心站的常规监测数据，西门江入海断面历年年均水质监测评价结果统计见表 12-2。

表 12-2　西门江入海断面历年年均水质监测评价结果统计

测点	年份	水质目标	水质类别	水质状况	达标状况	超标因子（超标倍数）
西门江入海 断面	2006	Ⅳ类	Ⅴ类	中度污染	超标	化学需氧量（0.33 倍）、 总磷（0.04 倍）
	2007		Ⅳ类	轻度污染	达标	
	2008		Ⅳ类	轻度污染	达标	

续表

测点	年份	水质目标	水质类别	水质状况	达标状况	超标因子（超标倍数）
西门江入海断面	2009		IV类	轻度污染	达标	
	2010		V类	中度污染	超标	总磷（0.27 倍）
	2011		V类	中度污染	超标	氨氮（0.09 倍）
	2012		IV类	轻度污染	达标	
	2013	IV类	IV类	轻度污染	达标	
	2014		劣V类	重度污染	超标	氨氮（1.3 倍）、总磷（1.4 倍）、化学需氧量（<0.1 倍）
	2015		劣V类	重度污染	超标	氨氮（0.4 倍）、总磷（0.4 倍）

　　由表 12-2 可知，2007～2009 年和 2012～2013 年西门江入海断面水质达到《地表水环境质量标准》（GB3838—2002）中IV类标准的要求，其余年份存在不同程度超标，其中 2014 年和 2015 年为劣V类。流域主要超标因子是氨氮和总磷。

　　根据《广西壮族自治区水资源公报》降水量的统计资料（表 12-3），自 2011 年起流域北海市降水量开始增加。其中，2012 年和 2013 年的降水量特别丰富（超过多年均值 30%），2014 年和 2015 年降水量相对减少。而水质监测数据显示：2014 年和 2015 年西门江水质明显恶化，结合近年来西门江水量少、河道位置无明显变化的特点，可以发现自 2011 年以来，西门江断面水质污染物超标现象日渐凸显，而在降水量减少时流域污染问题更加突出。

表 12-3　2010～2015 年北海市年降水量和多年均值比较结果　　　（单位：%）

年份	2010	2011	2012	2013	2014	2015
与多年降水量均值比较	−22	21	30	35	20	17

2. 变化趋势

　　西门江入海断面化学需氧量、高锰酸盐指数、氨氮、总氮和总磷的年均浓度变化趋势见表 12-4 和图 12-1。

表 12-4　西门江入海断面历年年均水质主要污染物浓度　　　（单位：mg/L）

年份	化学需氧量	高锰酸盐指数	氨氮	总氮	总磷
2006	40	7.85	0.951	11.73	0.31
2007	28	3.44	0.750	2.62	0.17

续表

年份	化学需氧量	高锰酸盐指数	氨氮	总氮	总磷
2008	20	3.14	0.607	3.08	0.24
2009	24	2.87	0.843	2.58	0.25
2010	21	3.96	1.457	3.76	0.38
2011	21	4.44	1.630	3.99	0.29
2012	19	4.52	1.023	4.82	0.29
2013	18	4.18	1.267	4.46	0.29
2014	20	5.31	2.305	5.68	0.49
2015	19	4.40	2.094	4.85	0.42
秩相关系数	−0.885	0.273	0.816	0.394	0.521
趋势情况	显著下降	不显著	显著上升	不显著	不显著

注：秩相关系数 r_s 的临界值（W_p）0.564（显著水平单边检验 0.05）。

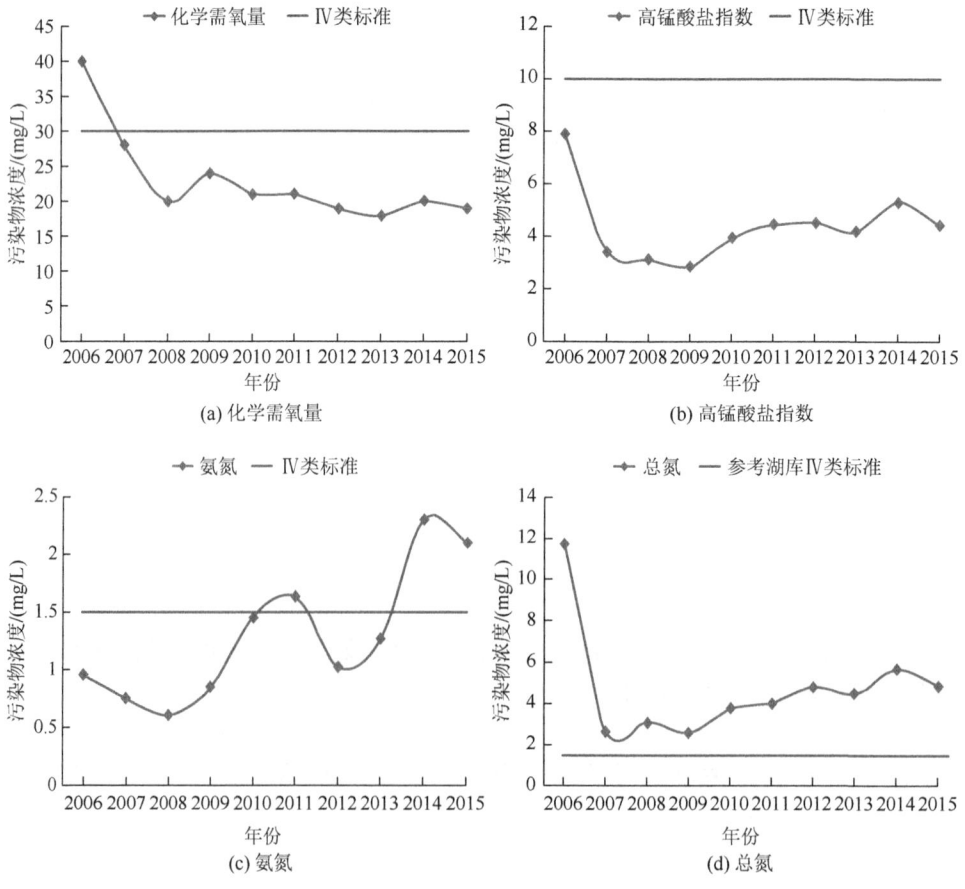

(a) 化学需氧量　　　　　　　　　　　　(b) 高锰酸盐指数

(c) 氨氮　　　　　　　　　　　　　　　(d) 总氮

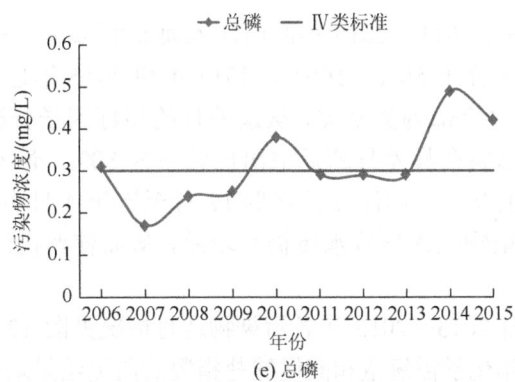

图 12-1　西门江入海断各污染物年均值年度变化趋势图

由表 12-4 可知，西门江入海断面的氨氮呈显著上升趋势，总磷也呈上升趋势但不显著。化学需氧量由于较 2006 年的高峰值有所回落，呈现显著下降趋势。其中，氨氮的显著升高主要是流域两岸生活污水排入增加所致，尤其是县城人口增加迅速，而城镇生活污水管网配套不完善，污水处理纳污率未提高，导致县城生活污水直排入江常态化，从而使得下游考核断面氨氮等污染物的水质浓度逐步增加。

12.2.2　考核断面逐月水质状况

从 2013 年起对西门江入海断面每月进行水质监测，2011～2012 年为每个季度监测 1 次。2011～2015 年最差月水质类别及超标因子和比例见表 12-5 和表 12-6。

表 12-5　西门江入海断面 2011～2015 年最差月水质类别及超标因子

测点	水质目标	2011 年	2012 年	2013 年	2014 年	2015 年
西门江入海断面	Ⅳ类	劣Ⅴ类	Ⅴ类	劣Ⅴ类	劣Ⅴ类	劣Ⅴ类
		一季度 2 月：氨氮（0.83 倍）、总磷（0.7 倍）	二季度 4 月：氨氮（0.14 倍）、溶解氧（1.2 倍）	6 月：总磷（1.37 倍）	12 月：氨氮（1.56 倍）、总磷（3.27 倍）	7 月：溶解氧（1.2 倍）、氨氮（0.61 倍）、总磷（2.87 倍）

注：括号内为超标倍数。

表 12-6　西门江入海断面 2011～2015 年水质超标比例

测点	水质目标	2011 年*	2012 年*	2013 年	2014 年	2015 年
西门江入海断面	Ⅳ类	50%	50%	58.3%	100%	75%

*代表 2011～2012 年西门江入海断面每年监测 4 次。

从以上数据来看，2011～2015 年西门江入海断面每年均有超一半的时间为超标状态，超标比例介于 50%～100%，2014 年和 2015 年超标比例明显增加。2011～2015 年最差月全部为劣 V 类，从最差月的超标因子分析，氨氮和总磷超标比较突出，其中总磷在最差月超标中出现频率为 80%。最差月出现月份没有明显集中的时期，主要是西门江在枯水期 12 月至次年 4 月中缺水而水质较差，在丰水期时面源污染物汇入导致水质仍然较差，从而使西门江流域水质全年均较差。

西门江入海断面 2013～2015 年各污染物逐月情况见图 12-2～图 12-6。由图可知，2013～2015 年化学需氧量和高锰酸盐指数的监测结果均未超标，但氨氮和总磷在 2014 年和 2015 年超标情况比较突出。其中，2014 年总磷 12 个月均超标，氨氮有 9 个月超标；2015 年总磷和氨氮均有 8 个月超标。

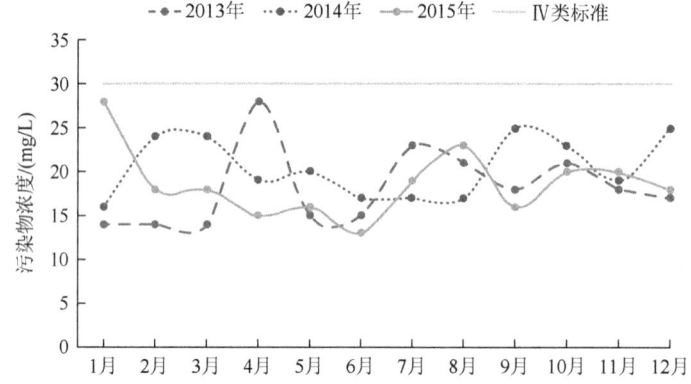

图 12-2　西门江入海断面化学需氧量年均值年度变化趋势图

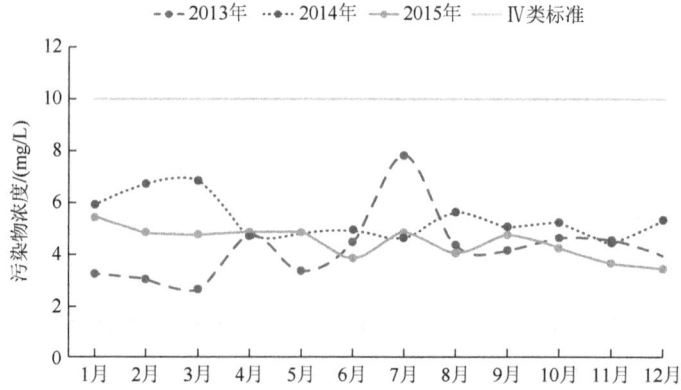

图 12-3　西门江入海断面高锰酸盐指数年均值年度变化趋势图

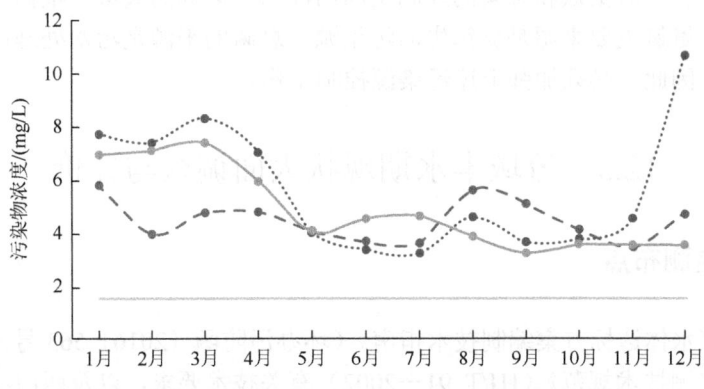

图 12-4　西门江入海断面总氮年均值年度变化趋势图

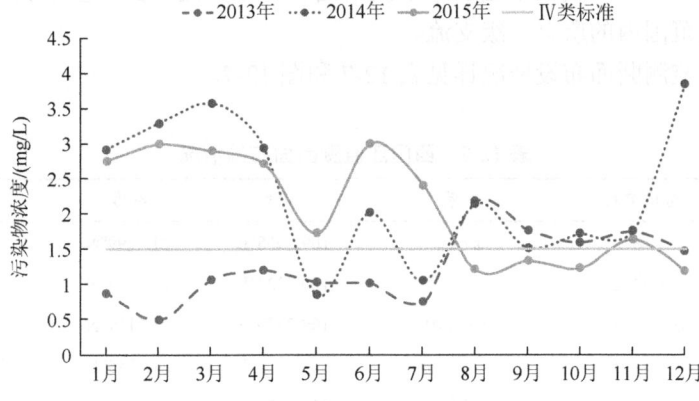

图 12-5　西门江入海断面氨氮年均值年度变化趋势图

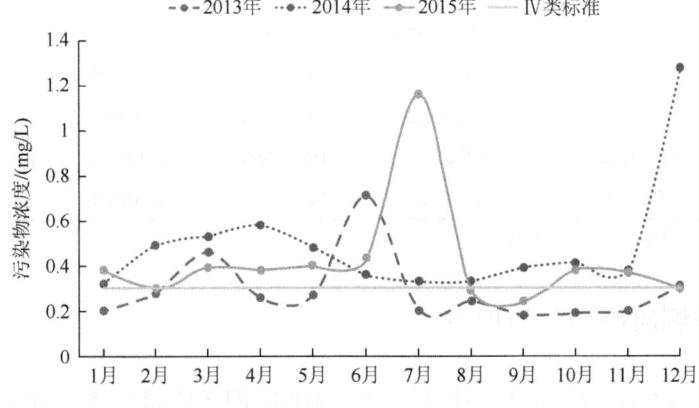

图 12-6　西门江入海断面总磷年均值年度变化趋势图

总体而言，对氨氮和总磷的控制是西门江水体达标的关键。根据污染源调查统计结果，氨氮主要来源是城镇生活污染源，总磷的来源是污水处理厂和城镇生活污染源。因此，必须加强上述污染源控制工作。

12.3　流域丰水期现状大面调查与评价

12.3.1　监测布点

根据《水体达标方案编制技术指南》（环办污防函〔2016〕563号）及《地表水和污水监测技术规范》（HJ/T 91—2002）有关技术要求，以及西门江水功能区划和污染源排放的情况，本次监测在北海西门江流域内共设置12个河流水质监测断面，包括西门江代表断面3个干流断面和9个支流断面，基本涵盖了北海西门江汇水区范围内的所有一级支流。

西门江监测断面布设情况详见表12-7和图12-7。

表12-7　西门江监测断面布设情况

断面编号	断面名称	水系	经度	纬度	备注
X_1	七里江	一级支流	109.2965°E	21.7299°N	
X_2	清水江	一级支流	109.2323°E	21.7150°N	
X_3	东江村小沟	一级支流	109.2279°E	21.7169°N	
X_4	下包家	西门江干流	109.1917°E	21.6845°N	县城北面
X_5	北河街北	城市支流	109.1920°E	21.6797°N	排水明渠
X_6	解放路南	城市支流	109.1889°E	21.6715°N	排水明渠
X_7	下新桥	西门江干流	109.1883°E	21.6706°N	县城
X_8	泮塘灌溉渠	一级支流（灌溉渠）	109.1755°E	21.6734°N	灌溉渠
X_9	马江运河	南流江引水渠	109.1750°E	21.6731°N	引水渠
X_{10}	双江大桥	西门江干流	109.1760°E	21.6592°N	县城南面
X_{11}	望州支流	一级支流	109.1748°E	21.6468°N	污水处理厂排入
X_{12}	禁山支流	二级支流	109.1751°E	21.6463°N	东红皮革厂排入

注：X_7和X_{10}同时监测水系沉积物。

12.3.2　监测时间和分析项目

在丰水期6月29～30日进行流域水质监测，即各监测点/断面分别取样一次，同时在X_7和X_{10}两个断面增加监测水系沉积物，具体监测点位信息见表12-7。

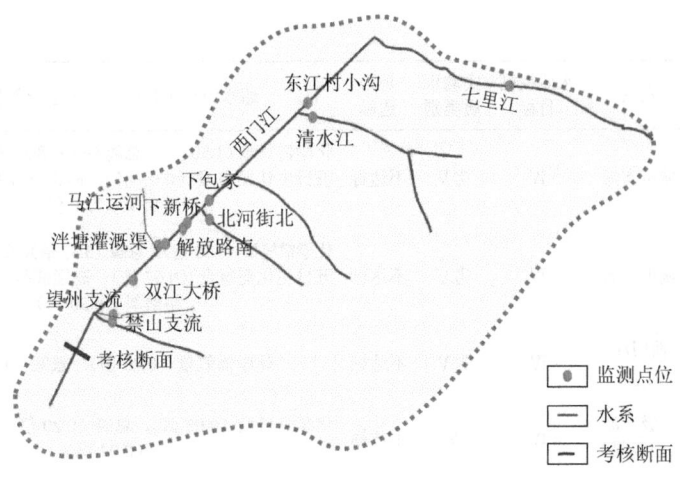

图 12-7　监测布点图

监测项目包括：①河流水质监测项目，水温、pH、溶解氧、化学需氧量、高锰酸盐指数、五日生化需氧量、氨氮、总磷、总氮、悬浮物、铜、锌、砷、汞、镉、六价铬、铅、石油类，共 18 项。②河流底泥监测项目，pH、有机质、全氮、全磷、总铬、铅、铜、镉，共 8 项。

12.3.3　断面调查水质监测结果与评价

1. 总体达标评价

西门江流域丰水期断面现场监测水质状况详见表 12-8，现状监测数据统计见表 12-9 和图 12-8。

表 12-8　西门江流域丰水期断面现场监测水质状况

断面名称	水系	水质控制目标①	实测水质类别	是否达标	超水质控制目标标准因子及超标倍数
七里江	一级支流	IV	V	不达标	总磷（0.17 倍）
清水江	一级支流	IV	IV	达标	
东江村小沟	一级支流	IV	劣V	不达标	化学需氧量（0.93 倍），总磷（0.73 倍），高锰酸盐指数（0.44 倍）
下包家	西门江干流	IV	IV	达标	

续表

断面名称	水系	水质控制目标	实测水质类别	是否达标	超水质控制目标标准因子及超标倍数
北河街北	城市支流	IV	劣V	不达标	化学需氧量（1.50 倍），总磷（6.67 倍），氨氮（13.87 倍），五日生化需氧量（0.07 倍），高锰酸盐指数（0.8 倍），溶解氧（7.50 倍）
解放路南	城市支流	IV	劣V	不达标	化学需氧量（1.33 倍），总磷（5.37 倍），氨氮（10.47 倍），五日生化需氧量（0.07 倍），高锰酸盐指数（0.72 倍），溶解氧（6.30 倍）
下新桥	西门江干流	IV	劣V	不达标	化学需氧量（0.20 倍），氨氮（1.19 倍）
泮塘灌溉渠	一级支流（灌溉渠）	IV	V	不达标	化学需氧量（0.03 倍），总磷（0.20 倍），高锰酸盐指数（0.04 倍）
马江运河	南流江引水渠	IV	劣V	不达标	化学需氧量（0.67 倍），氨氮（0.46 倍），高锰酸盐指数（0.06 倍），溶解氧（1.80 倍）
双江大桥	西门江干流	IV	V	不达标	氨氮（0.15 倍），溶解氧（2.40 倍）
望州支流	一级支流	IV	劣V	不达标	总磷（2.67 倍），氨氮（0.43 倍）
禁山支流	二级支流	IV	劣V	不达标	化学需氧量（1.10 倍），总磷（4.80 倍），氨氮（5.21 倍），高锰酸盐指数（0.58 倍）

注：按IV类标准评价计算超标倍数。

①根据水功能区划，清水江水库和西门江下游入海断面属于III类，按照《北海市水污染防治行动计划》，本次研究设定入海监测断面及下游目标均为IV类，其他未纳入水功能区划的河流（包括水库支流）也均设定目标为IV类。

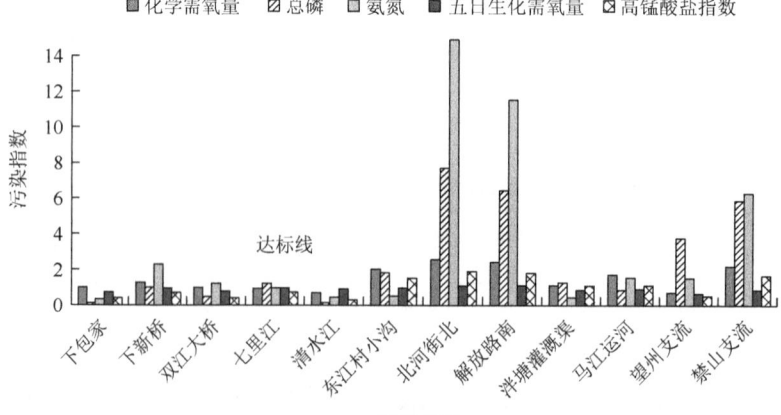

图 12-8　西门江流域水质污染指数情况

表 12-9　现状监测数据统计

断面编号	断面名称	水温/℃	pH	溶解氧/(mg/L)	高锰酸盐指数/(mg/L)	化学需氧量/(mg/L)	五日生化需氧量/(mg/L)	总氮/(mg/L)	总磷/(mg/L)	氨氮/(mg/L)	悬浮物/(mg/L)	石油类/(mg/L)	铜/(μg/L)	锌/(μg/L)	镉/(μg/L)	铅/(μg/L)	砷/(μg/L)	汞/(μg/L)	六价铬/(mg/L)
X_1	七里江	27.3	6.51	3.4	6.6	26	5.3	4.21	0.35	1.38	25	0.02	4.53	17.3	0.06	1.47	0.7	0.04	<0.004
X_2	清水江	27.3	6.46	3.6	2.0	17	5.0	2.23	0.01	0.576	6	0.03	0.85	4.0	0.03	1.63	0.9	<0.03	<0.004
X_3	东江村小沟	27.1	6.59	3.4	14.4	58	5.6	1.77	0.52	0.658	25	0.06	4.88	18.2	0.09	1.83	2.8	0.04	<0.004
X_4	下包家	27.1	6.47	3.5	3.1	28	3.7	1.50	0.02	0.412	190	0.03	1.63	5.0	0.04	0.95	1.5	<0.03	<0.004
X_5	北河街北	27.0	7.43	0.5	18.0	75	6.4	23.0	2.30	22.3	17	0.09	5.06	19.0	0.08	3.32	1.0	0.04	<0.004
X_6	解放路南	27.1	7.14	0.9	17.2	70	6.4	17.6	1.91	17.2	31	0.15	3.62	6.5	0.10	2.97	1.1	0.04	<0.004
X_7	下新桥	26.9	6.64	3.5	6.3	36	4.9	3.85	0.27	3.29	9	0.06	5.19	18.2	0.07	2.61	1.0	<0.03	<0.004
X_8	洋塘灌溉渠	26.1	7.09	3.5	10.4	31	4.5	0.80	0.36	0.535	5	0.19	9.40	7.3	0.03	1.88	2.3	0.04	<0.004
X_9	马江运河	27.4	6.93	2.4	10.6	50	5.2	2.82	0.22	2.19	226	0.11	6.73	16.0	0.14	3.53	1.8	<0.03	<0.004
X_{10}	双江大桥	26.8	6.63	2.2	3.4	29	4.2	2.07	0.12	1.72	35	0.04	2.49	6.3	0.05	2.59	0.9	0.04	<0.004
X_{11}	望州支流	26.9	6.51	3.1	4.5	19	3.5	10.5	1.10	2.15	14	<0.02	5.59	18.4	0.08	1.93	1.1	<0.03	<0.004
X_{12}	禁山支流	28.4	7.26	3.4	15.8	63	4.6	9.72	1.74	9.32	5	0.25	10.5	8.9	0.02	1.85	2.1	0.05	<0.004

注：未检出以"<"表示，其后为检出限。

由表 12-8 可知，西门江流域水质超标较为严重，超标断面的比例达到 83.3%，其中劣 V 类达 58.3%。超标因子为氨氮、总磷、化学需氧量、高锰酸盐指数、五日生化需氧量和溶解氧，上述因子的最大超标倍数分别为 13.87 倍、6.67 倍、1.50 倍、0.80 倍、0.07 倍和 7.50 倍。最大超标倍数地点均出现在北河街北监测断面，主要是氨氮、总磷和溶解氧严重超标。

西门江各类因子现状监测超标率见表 12-10。

表 12-10　西门江各类因子现状监测超标率 （单位：%）

项目	化学需氧量	高锰酸盐指数	溶解氧	五日生化需氧量	总磷	氨氮
超标率	58.3	50.0	25.0	16.7	58.3	58.3

由表 12-10 可知，有一半及以上的监测断面化学需氧量、高锰酸盐指数、总磷和氨氮超标，有 1/4 的监测断面溶解氧超标，有 1/6 的监测断面五日生化需氧量超标。因此，西门江流域化学需氧量、高锰酸盐指数、总磷和氨氮为普遍性超标因子。根据《地表水环境质量评价办法》关于河流、流域（水质）水质定性评价分级的要求（表 12-11），西门江流域各类水质断面的比例见表 12-12。

表 12-11　河流、流域（水系）水质定性评价分级

水质类别比例	水质状况	表征颜色
Ⅰ～Ⅲ类水质比例≥90%	优	蓝色
75%≤Ⅰ～Ⅲ类水质比例<90%	良好	绿色
Ⅰ～Ⅲ类水质比例<75%，且劣 V 类比例<20%	轻度污染	黄色
Ⅰ～Ⅲ类水质比例<75%，且 20%≤劣 V 类比例<40%	中度污染	橙色
Ⅰ～Ⅲ类水质比例<75%，且劣 V 类比例≥40%	重度污染	红色

表 12-12　西门江流域各类水质断面的比例

Ⅰ	Ⅱ	Ⅲ	Ⅳ	Ⅴ	劣Ⅴ	定性评价
0%	0%	0%	16.7%	25.0%	58.3%	重度污染

由表 12-12 可知，12 个监测断面中，没有Ⅰ类、Ⅱ类和Ⅲ类水质断面，Ⅳ类断面仅为 16.7%，Ⅴ类和劣Ⅴ类断面比例分别为 25.0%和 58.3%，即约 5/6 的监测断面达不到Ⅳ类水的要求，流域总体污染严重，属于重度污染。

2. 干流和支流水质情况

1) 干流情况
本次监测在西门江干流设置了 3 个监测断面，分别为下包家（县城上游）、下新桥（县城内）、双江大桥（县城下游）。除了上游下包家断面达标外，其余两个中下游断面均达不到Ⅳ类水质的要求，而县城中部的下新桥污染最严重，为劣Ⅴ类，说明该西门江干流水质在中下游受合浦县城城镇生活污染影响严重，污染物的累积汇入导致干流下游断面连续出现超标。

由图 12-9 和图 12-10 可知，从西门江干流上游断面至下游断面污染物呈波浪变化，上游至中游逐步升高，中游至下游逐步降低。分析其原因为：县城城市支流（北河街北和解放路南）污染物浓度较高，县城干流中部受到城市支流的汇入，导致干流局部河段超标严重。

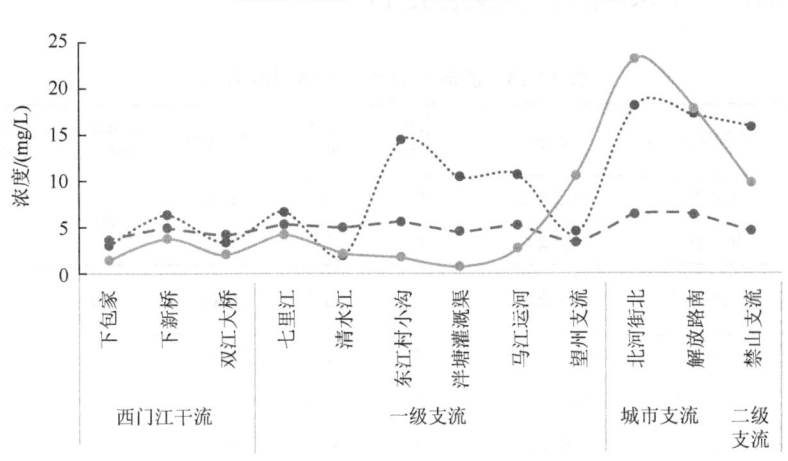

图 12-9　西门江流域高锰酸盐指数、五日生化需氧量和总氮情况

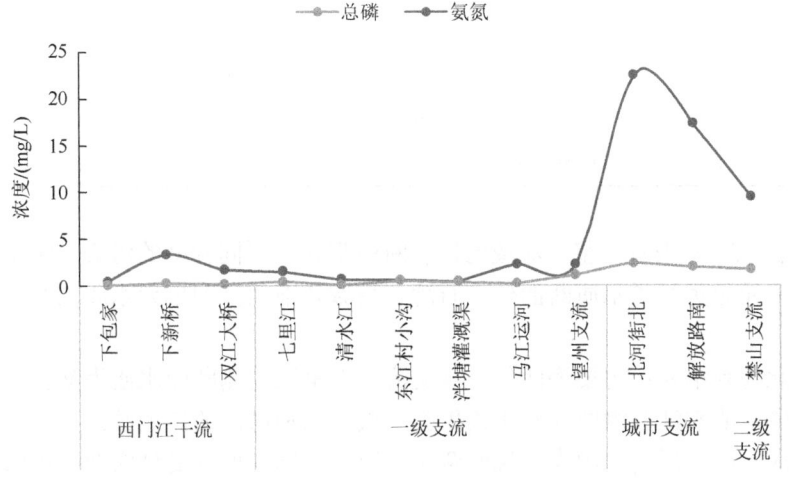

图 12-10　西门江流域总磷和氨氮情况

2）支流情况

本次监测在西门江流域中设置了 9 个支流监测断面，其中，Ⅳ类水质断面 1 个，Ⅴ类水质断面 2 个，劣Ⅴ类水质断面 6 个。达标断面占比为 11.1%，劣Ⅴ类断面占比为 66.7%。总体而言，除清水江水质稍好外，其余支流均受到不同程度的农业面源污染和农村生活污染源的影响出现超标，特别是北河街北和解放路南这两条城市支流超标严重。分析原因是这两条城市支流是人工修建的明渠，属于城市防洪沟，同时承接河道两旁生活污水的汇入，受污染严重。

3. 控制单元情况

流域控制单元水质评价情况见表 12-13。

表 12-13　流域控制单元水质评价情况

区域	监测断面	水系	水质目标	现状类别	是否超标	超标断面比例/%	劣Ⅴ类断面比例/%
廉北控制单元	七里江	一级支流	Ⅳ	Ⅴ	超标	50	50
	清水江	一级支流	Ⅳ	Ⅳ	达标		
石湾控制单元	东江村小沟	一级支流	Ⅳ	劣Ⅴ	超标	100	100
县城控制单元	下包家	西门江干流	Ⅳ	Ⅳ	达标	85.7	71.4
	北河街北	城市支流	Ⅳ	劣Ⅴ	超标		
	解放路南	城市支流	Ⅳ	劣Ⅴ	超标		
	下新桥	西门江干流	Ⅳ	劣Ⅴ	超标		
	双江大桥	西门江干流	Ⅳ	Ⅴ	超标		
	望州支流	一级支流	Ⅳ	劣Ⅴ	超标		
	禁山支流	二级支流	Ⅳ	劣Ⅴ	超标		
廉西控制单元	泮塘灌溉渠	一级支流（灌溉渠）	Ⅳ	劣Ⅴ	超标	100	50
	马江运河	南流江引水渠	Ⅳ	劣Ⅴ	超标		

从表 12-13 来看，整个流域的控制断面都存在不同程度的污染，除了上游廉北控制单元无劣Ⅴ类水质断面外，石湾、县城和廉西控制单元水质均有劣Ⅴ类水质断面。

廉北控制单元：主要为两条一级支流，七里江监测断面水质为Ⅴ类，超标因子为总磷，清水江监测断面水质为Ⅳ类。根据水利部门的监测结果，七里江水库和清水江水库水质均为Ⅲ类，说明两条支流均不同程度地受到农业面源污染和农村生活污染源的影响。

石湾控制单元：东江村小沟的监测断面水质为劣Ⅴ类，超标因子有化学需氧量、高锰酸盐指数和总磷。因为水沟经多个村庄，附近村民生活污水和畜禽散养废水、农田径流汇入，导致小溪超标严重。

县城控制单元：包含 3 个干流和 4 个支流监测断面，除下包家监测断面水质为Ⅳ类外，其余监测断面为 1 个Ⅴ类、5 个劣Ⅴ类水质。县城控制单元是整个流域监测超标因子最多、超标倍数最大的区域。其中，北河街北和解放路南监测断面水质污染严重，对干流影响较大。望州支流主要受合浦县污水处理厂污水排放和面源影响。禁山支流主要受北海东红制革有限公司污水排放和规模化养殖的影响。从干流水质来看，上游下包家断面水质为Ⅳ类，中游下新桥断面水质为劣Ⅴ类，下游双江大桥断面水质为Ⅴ类。说明干流上游水质相对较好，在受污染严重的支流汇入后干流水质明显变差，下新桥断面水质变为劣Ⅴ类，污染物经过部分降解后在双江大桥断面水质达到Ⅴ类。

廉西控制单元：包括两个支流监测断面，泮塘灌溉渠断面水质为Ⅴ类，马江运河断面水质为劣Ⅴ类。泮塘灌溉渠水质主要受农业面源影响；马江运河为引水渠，目前正在施工，加上水渠两边的生活废水排入，导致水质较差。

综上所述，西门江流域水质已受到严重污染，12 个监测断面仅 2 个断面达到Ⅳ类水质要求，9 条支流（除清水江）断面均受到不同程度的农业面源和生活污染源等的影响。西门江在县城上游能达到Ⅳ类标准，进入县城后受到支流汇入和城镇生活污水直排的影响，污染严重。

12.3.4　水系沉积物监测结果与分析

经调查，西门江下游水质淤泥淤积严重，淤泥厚度为 15～35cm。西门江下游水系沉积物含量监测结果见表 12-14。

表 12-14　西门江下游水系沉积物含量监测结果

点位名称	pH	有机质/ (g/kg)	全氮/ (mg/kg)	全磷/ (mg/kg)	总铬/ (mg/kg)	铅/ (mg/kg)	铜/ (mg/kg)	镉/ (mg/kg)
下新桥	8.56	4.8	188	293	13.8	14.2	7.48	0.05
双江大桥	8.44	4.3	275	232	11.3	8.61	2.54	0.03

河流底泥监测点位均位于廉州镇内，属于西门江下游河段。由表 12-14 可知，西门江下游底泥全氮、全磷、铅、铜等含量均较高。总体表明，西门江下游淤积严重，说明西门江内源问题不容小觑。

12.4　西门江主要水污染特征及原因

12.4.1　主要水污染特征

　　整个北海西门江流域的主要污染物为氨氮、总磷和化学需氧量。通过 2016年丰水期流域大面现状调查监测可知，西门江流域 12 个监测断面中，没有Ⅰ类、Ⅱ类和Ⅲ类水质断面，Ⅳ类断面仅为 16.7%，Ⅴ类和劣Ⅴ类断面比例分别为 25.0%和 58.3%，流域总体污染严重，属于重度污染。流域内 9 个支流监测断面中，只有清水江能达标，为Ⅳ类水质，Ⅴ类水质断面 2 个，劣Ⅴ类水质断面 6 个，污染最严重的是北河街北和解放路南这两条城市支流，其氨氮超标倍数分别达到 13.87倍和 10.47 倍。干流 3 个断面中，县城上游下包家断面达标，县城中部和下游断面均超过Ⅳ类水质的要求，其中县城中部污染最严重，为劣Ⅴ类，这主要由于县城中部受到北河街北等污染严重的城市支流汇入影响，干流水质变差，受支流分布和水质影响明显。

　　从考核断面 2006～2015 年共 10 年数据来看，2007～2009 年和 2012～2013 年，断面年均水质达到Ⅳ类标准的要求，其余年份存在不同程度超标，其中 2014 年和 2015 年为劣Ⅴ类；逐月超标比例显示，从 2013 年的 58.3%上升到 2014 年的 100%和 2015 年的 75%，说明 2014～2015 年明显恶化。断面主要超标因子是氨氮和总磷，其中氨氮呈显著上升趋势，主要是流域两岸生活污水排入增加所致，尤其是县城人口增加迅速，而城镇生活污水管网配套不完善，污水处理纳污率未提高，导致县城生活污水直排入江常态化，从而使得下游考核断面氨氮等污染物的水质浓度逐步增加。

　　在北海合浦县西门江流域各控制单元中，县城控制单元的水系最丰富，污染也最严重，主要受到城镇生活污水和工业废水排放、规模化养殖场污水排放的影响；廉北和石湾以及廉西控制单元受到生活污水排放和农业面源污染的影响较大。

12.4.2　主要原因分析

　　（1）西门江流域受到水量少、生活污染源和农业面源污染的影响非常严重，由于缺水而在枯水期水质较差，而在丰水期中，面源污染物的汇入导致水质仍然较差。此外，全年排放的城镇乡村生活污染源也致使西门江流域水质全年均较差。

（2）由于污水配套收集管网不完善，截流截污不到位，县城多条支流变成城市的排污河，挟带污染物汇入干流导致水质超标。

（3）合浦县污水处理厂和北海东红制革有限公司等企业排污虽然能达标排放，但排放污染物的浓度相对地表水来说还是较高，加上污水排放量大、距离考核断面较近，对考核断面的水质达标有较大影响。

（4）流域氨氮和总磷超标严重，根据污染源调查统计结果，流域氨氮的主要来源是城镇生活污染源，总磷的主要来源是污水处理厂、城镇生活污染源和规模化养殖污染源。因此，对氨氮和总磷的控制是西门江水体达标的关键。

第13章 西门江流域主要水环境问题诊断和识别

13.1 流域污染源未得到有效控制

合浦县城是历史悠久的古城,原城镇建设没有排污规划,西门江沿江两岸是旧城区。多年来,沿江民房仅通过化粪池进行处理,甚至不设化粪池,生活污水直接排放到西门江。同时西门江长期存在周边居民向江内倾倒生活垃圾的现象,西门江水质逐步恶化,河底污泥淤积严重。针对西门江突出的污染问题,北海市人民政府、合浦县人民政府于2014年发布了《关于大风江等四条入海河流综合整治工作方案》,要求对河流沿岸外延1000m区域内的农业面源、规模化养殖场、生活污染源、工业污染源进行环境整治。根据综合整治工作方案,合浦县城投资2400万元,分三次立项,于2015年对西门江生活污水进行截流整治,从烟酒厂至廉州中学共建成污水管网2410m(其中,从烟酒厂至上新桥280m、从上新桥至下新桥1800m、下新桥至廉州中学330m),采用管材DN400-DN600双壁波纹管,截流生活污水直排口有43个。廉州镇多次组织人员打捞河流漂物,清理淤泥和垃圾,但通过上一章的监测分析,考核断面的水质没有明显好转,原因包括以下几点。

13.1.1 县城污水管网不完善,雨污不分问题显著突出

1. 雨污合流历时已久,人口增长导致水体进一步恶化

县城区大部分区域排水为雨污合流制,未形成完整体系,缺乏统一管理,部分生活污水未经统一处理即就近直接排入附近的水塘(如黎屋坡水塘、北河塘等)和水道(如城东水道、南京路水道、北和渠道、爱卫水沟、廉南水沟、廉南渠道等),导致县城有多处臭水塘和臭水沟。黎屋坡水塘、北河塘均有排水沟与西门江相连,其废水最终排入西门江。目前县城有排水管渠约52km,有部分排水道废水已进入污水处理厂处理,但大部分是采用明渠且雨污合流的形式,如金鸡路排污明渠废水。

近10年来,沿江两岸居住人口密度不断加大,直排入西门江的排污量不断增加,排入西门江的黎屋坡和华西路等臭水沟的废水量不断增加,造成西门江江岸堤内淤积严重,水质严重恶化。

县城内防洪渠、排污沟支流现状见图13-1。

(a) 黎屋坡入西门江排污沟　　　　　　　(b) 华西路入西门江排污沟

(c) 黎屋坡水塘　　　　　　　　　　　(d) 雨污合流的金鸡路排污明渠

图 13-1　县城防洪渠、排污沟支流现状照片

　　同时，由于合浦县城雨污分流不彻底，纳入合浦县城污水处理厂的进水为雨污合流废水，甚至部分污水处理厂的取水口设置在明渠河道中，既使河道已经受到污染成为事实，又使得在雨季河道流量大增，大量污水来不及处理直排入河，导致污水处理厂进水量大（目前已将近满负荷运行）、进水浓度普遍偏低的现象突出，见图 13-2。

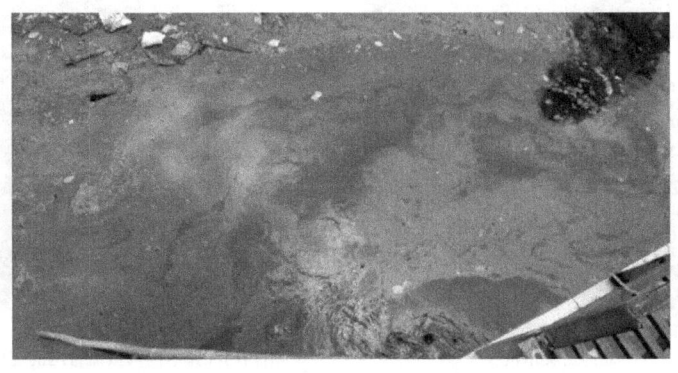

图 13-2　合浦县城污水处理厂取水口

2. 西门江生活污水截流工作有待继续完善

2015 年，合浦县城拟投资 2400 万元，对西门江生活污水进行截流整治，但经现场调研，发现截流整治工作存在如下问题（图 13-3）。

截流工程概貌

被西门江淹没的华西路入西门江截水坝

垃圾堵塞的北河街截水坝

倒流的烟酒厂废水截流坝

截流管网检查井

北河街臭水沟

沿西门江排水沟与截流管网的连接

图 13-3　西门江生活污水截流工程照片现场调查发现问题

（1）截流工程与雨污分流措施脱节。截流工程没有对进截流管网之前的污水进行雨污分流，仅沿江设置一条管网截流污水和雨水沟渠。

（2）缺少泵站输送，截污管网自流不全。由于截污管网缺少配套泵站，全靠重力自流进入污水处理厂，截流管网与污水处理厂高程没有明显高差，因此大部分废水没有自流进入污水处理厂。调查时发现上游管网废水没有流入污水处理厂，而是倒流进烟酒厂的废水截流坝，从截流坝出水口流入西门江。西门江两岸原来没有管网，排水沟渠不规则，因此加大了截流难度，很难将排水沟的废水完全截流进管网。

（3）拦截坝过低，拦截能力不足。目前合浦县对较大排污沟的接入采取截水坝的形式，截水坝中废水量大而接入管小，晴天能截部分水进管网。下雨天或洪水期由于截水坝位置低且坝体不高，而西门江水位比截水坝高，没有起到截流作用，排污沟废水直接排入西门江。华西路入西门江截水坝大多数时间均在西门江水位下，基本没起到截流作用。

（4）缺少运行监管，现阶段截流未见显著成效。污水截流是整治城市黑臭水体的有效手段，2015 年 12 月，西门江部分河段完成排污口截流，2015 年 12 月 7～9 日对县污水处理厂连续 3 天的监测调查结果显示，污水处理厂进水量增加 17%，进水化学需氧量浓度增加 61%（由 70mg/L 增加到 113mg/L），说明污水截流是有效的措施。但是从县污水处理厂 2015 年至 2016 年 9 月长达一年多的数据看来（图 13-4），进水浓度未见显著变化，其中化学需氧量和氨氮进水浓度自截流工程实施后非但未呈现上升趋势，反而呈现下降趋势，总体说明西门江截流工程实施后截流效果不显著。

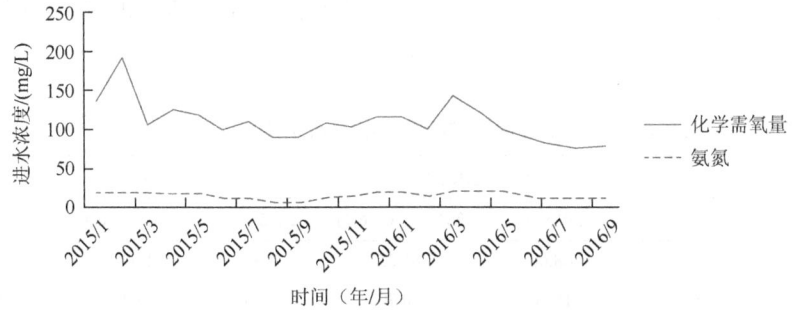

图 13-4 2015～2016 年合浦污水处理厂进水浓度逐月变化图

此外，截流管网和截水坝的运行缺乏监管，无法计量每天废水通过截流管网进污水处理厂的水量和判断截流程度，同时截流管网和截水坝堵塞没得到及时清理（调查发现多处截水坝与截流管网的接口处被垃圾堵塞），这些原因均导致西门江截流工程实施后截流效果不显著。

13.1.2 城镇生活污水收集和处理能力不足

合浦县城污水处理厂自 2010 年开始运行，设计一期工程处理规模 5.0 万 m³/d，处理尾水执行《城镇污水处理厂污染物排放标准》（GB18918—2002）一级 B 标准，尾水排入西门江。服务范围为：旧城区、新城区及工业区。目前工业区中仅中站片区的污水进入污水处理站处理，其他片区的污水进入北海市红坎污水处理厂处理。根据国家、广西壮族自治区和沿海三市（北海市、防城港市、钦州市）水污染防治行动计划及工作方案的要求，2016 年 6 月，合浦县污拉办完成了《合浦县污水处理厂提标改造工作方案》，2016 年 7 月，合浦县人民政府以合政函〔2016〕146 号文作了批复，原则同意《合浦县污水处理厂提标改造工作方案》。现有合浦县城污水处理厂存在以下问题。

1. 污水处理厂进水浓度低，提标改造亟须补充碳源

根据《合浦县污水处理厂环境影响报告书》和《合浦县污水处理厂提标改造工作方案》，合浦县城污水处理厂一期工程设计进水水质为五日生化需氧量（BOD_5）185mg/L，化学需氧量 400mg/L，固体悬浮物（SS）250mg/L，总氮 45mg/L，氨氮 30mg/L，总磷 4mg/L，一期工程投产运行以来，除总氮、总磷外，其他指标均能稳定达到一级 A 排放标准，因此脱氮除磷是提标改造的重点。由于合浦县城大部分污水收集管网雨污合流，且是明渠，因此污水处理厂实际进水水质 BOD_5 数值偏低，进水有机质不足，难以满足生物所需的碳源，C/N/P 营养比例严重失调，导致生物脱氮除磷效果不佳。提标改造方案拟采取增加两组反硝化滤池和一个砂滤池进行脱氮除磷，为确保去除效率，需补充碳源，确保 C/N 比例。合浦县城污水处理厂实际进、出水水质情况见表 13-1。

表 13-1　合浦县城水处理厂实际进、出水水质情况　　（单位：mg/L）

项目	设计进水水质	实际进水水质		实际出水水质		一级 A 排放标准
		2015 年	2016 年 1~6 月	2015 年	2016 年 1~6 月	
BOD_5	185	68.00	81.25	4.8	4.07	10
总氮	45	18.00	20.79	12.13	15.4	15
总磷	30	1.78	2.09	0.83	0.77	0.5

2. 管网缺少泵送动力，污水易堵塞滞留

整个县城污水收集管网不设泵站，污水依重力自流进入污水处理站，管网容

易堵塞不畅，且污水管网的废水收集率有限，也需经常对污水处理站的集水池进行垃圾和污泥清理。图 13-5 为现场调查发现的污泥堵塞明渠照片。

图 13-5　污泥堵塞明渠照片

3. 污水处理厂尾水排放口离考核断面近、排水量大

合浦县城污水处理厂位于合浦县老城区西南部，南北公路以西，合浦县淡水养殖场西侧，合浦县城污水处理厂尾水经所在地旁约 1.5km 的排污沟排入西门江，见图 13-6。合浦县城污水处理厂尾水排放口离考核断面仅 1500m，但其废水排放量为 1785 万 t/a，约占西门江径流量的 20.5%，其尾水虽能达标排放，但排放的水质总磷浓度为 0.77~0.83mg/L，远远高于考核断面水质要求（0.3mg/L）。

图 13-6　合浦污水处理厂和考核断面位置关系图

4. 现有处理能力，不能满足发展要求

现有污水处理厂设计的处理规模为 5.0 万 m³/d，目前实际处理量达 4.8 万 m³/d，接近满负荷运行。但目前县城污水管网不完善，有大量污水没有收纳，污水管网完善后，现有合浦污水处理厂的处理能力不能满足处理要求，因此需启动二期工程建设，将处理规模扩大到 10.0 万 m³/d。

13.1.3 畜禽养殖污染物排放持续加大，西门江承污压力增加

"十二五"以来，西门江流域养殖业快速发展，养殖污染也加大，结合美丽广西、清洁乡村等活动，合浦县政府于 2013 年 11 月发布了《关于严禁在合浦县城区进行畜禽养殖的通告》（合政通〔2013〕32 号），严禁在县城城镇居民区、文化教育科学研究区等人口集中区域和县城建设项目用地范围、水源保护区、风景名胜区和自然保护区的核心区与缓冲区进行畜禽养殖。2016 年，制定《合浦县畜禽规模养殖发展规划（2015～2020 年）》，划定了更严格的禁养范围，对规模化畜禽养殖项目环境设置了更为严格的准入门槛，对达不到环保要求的规模化畜禽养殖场（区）集中开展清理整顿行动，对禁养区内规模化养殖场进行依法责令关停或搬迁。但到目前为止，禁养区禁养工作和拆迁工作尚未启动，流域内畜禽污染问题突出。

1. 流域畜禽养殖量大，禁养区养殖场亟待搬迁

西门江流域中畜禽养殖量大，部分养殖场存在不同程度的超额养殖现象。根据污染源现状分析，入河污染源中养殖污染源（包括规模化养殖污染源和散养式畜禽养殖污染源）和城镇生活污染源为整个西门江污染的重要来源，其中规模化养殖贡献较大，具体见图 13-7。

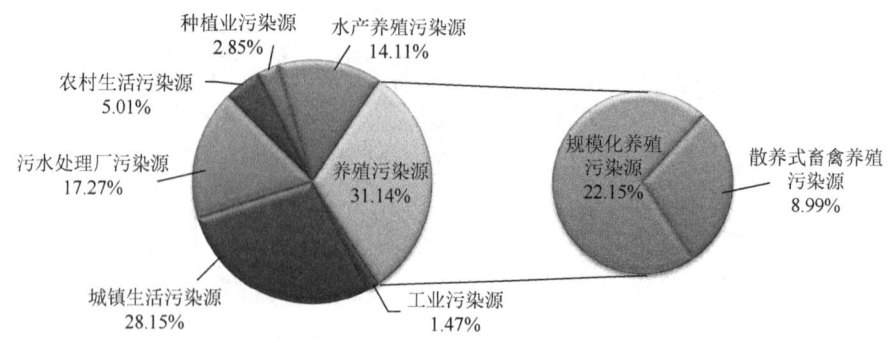

图 13-7 西门江入河量中各污染源占比图

　　根据调研，西门江流域规模化畜禽养殖场共 25 家，其中 23 家养猪、1 家养鸡、1 家养牛，主要分布在廉州镇。其中对照《合浦县畜禽规模养殖发展规划（2015～2020 年）》，有 8 家位于规划划定的禁养区内。由于补偿措施等方案未能落实，禁养区禁养工作和拆迁工作至今尚未启动。

　　2. 流域规模化养殖模式传统粗放，不能适应污染治理及减排的需求

　　流域养殖模式普遍传统粗放，资金投入不足，缺乏完善的排污处理设备和配套设施，环境设施简陋，污染治理能力有待提高，废水、臭味问题突出。一些中小规模养殖场治污技术水平落后，大量畜禽粪便、污水外排与有限的土地消纳能力矛盾突出，使环境污染加剧。流域内规模化养殖废水处理模式主要为：采用废水收集，沼气池、储液池、部分养殖场设有氧化塘；废水经过沼气池后，部分用于农灌和淋灌，部分用于养鱼，无法消纳的废水则直接排入附近水体中；养殖粪便堆肥后作为农肥外卖。

　　流域中规模养殖场突出和普遍存在的问题为雨污不分或污水收集沟是明渠，初期雨水没有收集，下雨天污水容易被冲到外界水体，包括污水处理设施较完善的广西东园生态农业科技有限公司养牛场也存在此问题。该养牛场位于一条小溪边上，其初期雨水流入小溪经 300m 后汇入西门江。该养牛场养殖量大（1200 头）、占地面积大（养殖区占地 1.5 万 m^2）、离江近、部分养殖区是露天，初期雨水没有收集处理，对西门江水质影响较大，需完善污水管网、增设初期雨水收集池；需将养牛场污水和初期雨水引入污水处理厂处理，以减轻对西门江水质的影响。

　　此外，大部分的养殖场特别是养猪场虽然采用干清粪的方式，但干清粪不彻底，沼渣未能及时清理。虽然基本都采用种养结合的方式，但林地和鱼塘消纳能力有限，导致部分废水和沼液最终排入水体。

　　3. 畜禽养殖饲料中的矿物元素及抗生素的超量使用对环境造成潜在危害

　　养殖饲料中矿物元素的超量使用，导致大量未被吸收的重金属离子随粪便排到环境中，造成水环境污染，破坏土壤质地和微生物结构。养殖场为了促进生长和预防诸如腹泻之类的疾病，比较广泛地使用抗生素，为了追求所谓的效果，在饲料中添加国家不允许使用的添加剂。此外，养殖场为了防病治病而使用兽药、消毒剂等，其残留会通过粪便排泄、清洗栏舍等环节排向外界环境，造成污染。

13.1.4　农贸市场管理不到位，初期雨水和废水排放对水质影响较大

　　农贸市场是蔬菜清洗、暂存，海产品和肉类保存、加工，宰鸡杀鸭、豆类加

工的集中地，不可避免地产生烂菜叶、鸡鸭粪便和鸡鸭毛等固体废物和屠宰、加工、清洗等产生的废水。烂菜叶、鸡鸭粪便和鸡鸭毛等固体废物一般均能集中堆存和及时清运，但由于污水管网不完善，加上管理不到位，市场屠宰、加工、清洗的废水和垃圾渗滤液普遍到处横流，特别是廉州中心市场，摊位多、肉菜海产品丰富，加工种类多，废水产生量大。由于其位于西门江边上且污水管网不完善，缺乏初期雨水收集设施，因此初期雨水和部分废水直接排入西门江，对西门江水质影响较大，需完善污水管网、增设初期雨水收集池，将市场污水和初期雨水引入污水处理厂进行处理，以减轻对西门江水质的影响。

13.1.5　江河底污泥严重，内源释放问题日渐严重

多年来由于沿江两岸居民生活污水不经处理直接排入西门江，甚至将生活垃圾直接倒入西门江水体，因此河底污泥沉积量大。加上缺少河水的冲刷，污泥淤积严重，污泥中富含污染物，不断将污染物释放到水体。经调研，西门江下游普遍淤泥淤积严重，平均厚度为 15～35cm，最深达到 50cm。经监测，流域河流底泥氮磷含量高，底泥磷的含量为 232～293mg/kg，全氮的含量为 188～275mg/kg，可见西门江底泥内源释放也是水质恶化的一个重要原因。

13.1.6　农村面源污染突出，农村连片整治有待加强和持续开展

2013 年以来，广西壮族自治区党委、政府做出了"美丽广西"乡村建设活动的决定，以"清洁乡村""生态乡村"建设为平台，以实施农村环境综合整治项目为抓手，大力推进农村环境保护工作，全区农村生产、生活和生态环境得到很大改善。西门江流域是广西"美丽乡村"建设活动和农村环境综合整治工作的重点区域之一。2013 年，合浦县列入中央农村环境连片整治工作示范县，西门江流域的廉州镇马江村、泮塘社区、烟楼村、乾江街社区和总江口社区 5 个村委（社区）作为整治项目示范点。"十二五"期间，西门江流域投资 188 万元，建设农村连片整治示范项目，建设地点位于马江村、泮塘社区、烟楼村、乾江街社区和总江口社区。建设项目包括生活污水治理和垃圾治理。生活污水治理项目总投资 134 万元，生活污水处理设施位于合浦县廉州镇马江村委东马村和下马村，东马村建集中式污水处理设施采用厌氧+生态强化处理系统工艺，处理规模为 20t/d，配套管网建设长度为 2km。下马村建集中式污水处理设施采用有太阳能动力接触氧化+生态强化处理系统工艺，处理规模为 40t/d，配套管网建设长度为 2.6km。两个处理设施均于 2014 年 8 月开始试运行，生活污水经处理后能达到《城镇污水处理厂污染物排放标准》（GB18918—2002）中一级 B 标准。垃圾治理项目总投资

54万元，主要用于购置垃圾转运车、可移动垃圾箱和人力垃圾收集车。整治后的村庄生活垃圾、污水污染得到有效治理，村庄环境得到一定程度改善。

西门江流域5个整治示范项目达到预期的整治效果，但农村环境连片整治工作还存在很多不足，需加大投资，持续推进。

1. 农村生活废水不容忽视

西门江流域的农村普遍没有污水处理设施，各家各户自建化粪池或沼气池处理生活污水，化粪池出水没有去处。农村施肥普遍直接购买化学肥料，而少有人利用粪水施肥。由于化粪池缺少后续维护和清理，若满负荷时，生活污水则溢入土壤，或流到附近的水体和农田，从而被土地消纳或逐步污染地表水和地下水。散养畜禽养殖废水不经处理或经沼气池处理后直接排放到附近水体或农田。西门江干支流旁边村庄的生活污水和畜禽养殖废水则排入西门江，对西门江水质影响较大。基于上述原因，人口集中的村庄和西门江干支流旁边的村庄，应该加快污水处理设施的建设。

此外，流域上游农村、农业的比例较大，乡镇村屯生活污水、养殖业污染物直排以及种植业化肥、农药施用过量，导致面源污染突出，特别是近年养殖业快速发展，流域内畜禽养殖量大，散养比例高，农村生活污水和散养畜禽废水直接排放，对流域水环境带来了压力。由于缺乏有效防治手段，大量污染物通过西门江干支流挟带入海，受此影响，近年西门江下游常出现超标现象。

2. 示范点污水处理设施配套不完善，管理配套措施需要加强

（1）两个示范点的污水处理设施没有将畜禽养殖废水纳入处理。由于目前水处理工艺方式存在问题，两个示范点的污水处理设施未能将畜禽养殖废水纳入处理，而两村的畜禽养殖废水量占比大，仅处理生活污水，没有抓住主要问题，没有满足村民需求，因此示范点污水处理设施未能全面铺开使用。

（2）由于没有配建泵站，废水收集率有限，很多废水没能自流到污水处理设施，废水收集不规范，为明渠，且雨污合流。

（3）没有配套运行经费和管理人员，污水处理设施和污水收集缺乏管理，污水处理设施难以长期维持运行。

13.1.7　工业污染源废水排放对水质影响较大

目前流域内工业较少，废水直接排入西门江水体的工业污染源主要有北海东红制革有限公司。北海东红制革有限公司的生产废水经处理达标后排入厂址西北面的排污沟，通过排污沟2km后排入西门江，排污沟污泥淤积严重。在一定

条件下，吸附在底泥上的污染物可能向水体释放，导致对水质的二次污染。

北海东红制革有限公司生产废水排放口离考核断面仅 2000m（图 13-6），其废水排放量为 40.7 万 t/a，排放量较大，其外排废水虽能达标排放，但排放水质的化学需氧量、氨氮浓度分别为 99mg/L、2.23mg/L，远高于考核断面水质要求（化学需氧量 30mg/L、氨氮 1.5mg/L）。

13.1.8　生活垃圾收集和处置能力不足

1. 现有垃圾无害化处置能力不足

西门江流域内没有建设生活垃圾处理厂，生活垃圾依托北海市白水塘生活垃圾处理厂进行无害化处置。随着服务范围的扩大和城乡清洁工程的实施，垃圾处理量大幅度增加，超出了垃圾处理厂设计处理能力。北海市一县三区生活垃圾产生量大，北海市白水塘生活垃圾处理厂日均垃圾填埋量已达 935t（2016 年 1~7 月平均量），远超过了设计处理规模，处置能力已不能适应城镇化发展速度和人们对清洁环境的需求。因此，部分服务范围内乡镇的生活垃圾无法得到有效处理，乡镇生活垃圾在中转站、临时堆放点堆积如山在流域内经常见到（图 13-8）。垃圾无害化处置能力不足带来两个问题：一是直接倾倒至河边，影响水体水质；二是在堆存地产生渗滤液，通过地表径流进入河流，影响水体水质。

图 13-8　合浦县生活垃圾在中转站中堆积已久未转运处理

2. 乡村生活垃圾处理收集建设滞后

流域内的村庄垃圾由于转运运输困难，常得不到及时处置。各村一般都建设一个垃圾收集焚烧点。垃圾收集点通常是露天的，较简易，有些没做防渗处理，焚烧处理装置简陋，也缺乏管理，常出现垃圾不及时收集或收集后不及时处理、垃圾堆积如山或垃圾满天飞、渗滤液溢流、下雨时影响周边水环境的现象。

3. 清洁意识不强，垃圾随意堆放现象仍严重

近几年在开展美丽广西·清洁乡村等活动中，虽然政府积极引导群众按照垃圾处理减量化、资源化、无害化的原则和垃圾尽量不出村的要求，并扶持垃圾收集池、垃圾焚烧炉、垃圾收集车等硬件设施的建设，但由于意识薄弱和运行经费缺失等，乡村街道垃圾收集处理仍是一大难题。很多乡村在垃圾收集池焚烧炉附近堆积垃圾，道路街道旁边垃圾堆放也随处可见，流域部分河道存在垃圾堆放的现象，下大雨时垃圾渗出液流入水体以及部分垃圾直接落入水体中，影响水质和饮用水安全。此外，在干流及支流河道边也仍有部分陈年垃圾堆未清理，发洪水时会被冲到江中。

13.2　水资源管理问题突出

13.2.1　西门江水量逐渐减少，是西门江水质恶化的主要原因

1. 分洪口未接入南流江水，水量减少

西门江原为南流江自然分洪出来的支流（分洪口位于南流江左岸的多葛村），近年由于在南流江接口区域（周江口河段）截流围垦造田（地势变高），南流江水没能接入，西门江上游的周江口河段是干的，因此西门江平均径流量由原来的 7.48 亿 m^3 减少为目前的 0.87 亿 m^3。目前西门江的水源主要来自七里江和清水江。

2. 南流江引水渠引水量少

为解决西门江来水减少、水质恶化的问题，合浦县在廉西建设了引水渠，从南流江引水入西门江。但因挖沙作业，南流江水位较低，而引水渠渠底标高较高，所以从南流江引水入西门江的水量很少（图 13-9）。

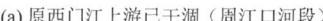

(a) 原西门江上游已干涸（周江口河段）　　　　　　(b) 南流江引水渠现状

图 13-9　西门江上游及引水渠照片

13.2.2　西门江水量分布不均，不同月份差别大，枯水期水量奇缺

西门江流域降水分布不均，不同月份流量差别大，2001～2012 年，5～9 月水量较大，占全年总流量的 85.9%，其他月份水量较少。1～3 月和 12 月是枯水期，平均水量为 245 万 m³，其中，2 月的平均水量最少，为 236 万 m³，7 月的平均水量最大，为 4760 万 m³，7 月的平均水量是 2 月的 20 倍。西门江 2001～2012 年月径流量统计值见表 10-7。枯水期水量奇缺，流域环境容量减小，加剧了水质污染。

13.2.3　用水结构不合理，水资源利用率低

西门江流域水量少，且分布不均，不同月份流量差别大。根据《北海市水功能区划报告》，西门江上游位于合浦县城上游，为农业、工业用水区，目前主要是供农业灌溉用水。流域内有效灌溉面积约 3.51 万亩，年灌溉用水量约 0.26 亿 m³，中游河段贯穿合浦县城，为景观、工业用水区，下游属感潮河段，为农业、渔业用水区。合浦县农业用水量占全县用水总量的 83.4%，西门江流域也是以农业为主的地区，西门江水资源主要用于灌溉，地表径流调蓄能力低，灌水粗放，灌溉定额大，管理水平低。加上水利基础设施不完善，灌区渠建筑物老化失修，农业用水的利用率较低，灌溉水利用系数仅为 0.45 左右，造成水资源浪费严重，影响水资源的合理利用和配置。

13.2.4　水资源开发利用管理有待加强

流域在水资源开发利用方面，存在着综合性规划和专业性规划不够完善，水

资源的管理、利用效率和效益依然低下的问题；缺少对水资源合理配置研究、水资源的可利用量与承载能力研究、节约用水潜力和用水定额研究、水资源与国民经济和社会协调发展的关系研究、流域生态环境和治理规划研究，导致规划项目缺乏自觉遵循自然规律和经济规律的意识，不利于水资源的可持续利用和经济社会的可持续发展。

13.3　产业发展方式粗放，结构性污染问题存在

西门江流域的工业区主要位于合浦工业园区，该园区位于北海市区与合浦县城接合部，园区发展定位是：建设成为集加工、物流、商贸、居住为一体的工业新城，主导产业为电子、生物质能源、制药、海洋生物制品、食品、机械、农副产品深加工、包装印刷及劳动密集型产业等。

流域所在的廉州镇是合浦县主要的工业基地，现辖镇属工厂企业有 35 家，主要产品有皮革、烟花爆竹、五金、机械、建材、农药、商标印刷、纸箱包装、羽绒制品、工艺美术等 50 多类 1500 多个品种。

目前流域基本仍处于工业化初级阶段，生产体系较低端，高附加值产业发展缓慢，第三产业中生产型服务业发展滞后；工业基础比较薄弱，现状工业企业以皮革、烟花爆竹、五金、食品加工业为主，均为较传统型工业；大多企业规模小、生产力水平落后，治污积极性不高，部分企业尚不能完全做到废水稳定达标排放。

13.4　生态环境治理亟待加强

13.4.1　清水江水库存在饮用水安全隐患

根据《北海市城市饮用水水源地安全保障规划报告》，清水江列入北海市重要供水水源地，列入合浦水库群，规划通过输水管道与牛尾岭水库连接，联合实施向北海市供水。根据《北海市水功能区划报告》，清水江水库主要的水功能是饮用、农业、渔业，水质目标是Ⅲ类，2010 年坝首的常规水质全年及丰水期水质监测结果评价为Ⅲ类，枯水期水质为Ⅳ类（主要是总氮超标），富营养化评价为轻度富营养。据调查，清水江水库存在以下问题。

（1）在坝首左岸有鸭群养殖场，位于距坝首左岸约 200m 处，养殖鸭群约 1 万羽，致使大坝附近水面漂浮一层绿色黏稠物，对附近水质造成一定程度的污染。

（2）水库附近的村庄，如清江村委的矮岭村、清水江村、水井村、刘屋、江边村，青山村委的谭屋村等，散养（放养）了很多畜禽，没有统一圈养、集中处理粪便。散养畜禽粪便、养殖废水以及农村生活污水不经处理排放到清水江水库，

对清水江水库水质影响较大。水库边上的村庄应该加快污水处理设施的建设，将生活污水和畜禽养殖废水纳入处理，防止废水排入清水江水库，保护饮用水安全。

（3）随着北海强力推广种植速生桉树，清水江水库旁边也种植了大量速生桉树，速生桉树在吸收水分和土壤营养方面均极强。在种植速生桉树后，地表原有的杂草等植被均被破坏，使土质沙化，植被涵养水源、保水固土能力下降，加大了水土流失量。

13.4.2　西门江来水减少，河流污泥淤积严重

西门江原为南流江自然分洪出海的支流，近年因上游周江河段截流围垦造田，致使南流江分支西门江水源被截流，西门江上游来水减少，流水不畅，缺少河水的冲刷。加上多年之前西门江中游沿江两岸居民生活污水不经处理直接排入西门江，生活垃圾也向西门江水体倾倒，因此河底垃圾和污泥历史沉积量大。目前经整治后废水排入量有所减少，但仍有很多臭水排入，故污泥淤积严重，尤其是县城中心菜市至染织厂一带河床，河道淤积严重，行洪受阻。由于上游来水少，双江桥附近水域也变窄变浅，即使在丰水期，水量也很少，有大面积河床长期没有水，且村民在河床内种植农作物（图 13-10）。

(a) 西门江双江桥上游　　　　　　　　　　　　　　(b) 西门江双江桥下游

图 13-10　双江桥附近水流和河床照片

13.4.3　西门江两岸河堤欠缺，存在洪灾危险

西门江两岸建筑密集，人口众多，原来两岸均没有河堤，河边脏乱，每年都有多次洪水淹没江边的房屋。2010 年，合浦县曾筹集资金，在西门江进行修建河

堤和清淤整治工作，左岸从下新桥至双江桥，长约 1950m，右岸从廉中至城西桥，长约 390m，整治后沿岸环境大有改善，但从下包家村至下新桥之间的河段两岸均未进行整治。目前该河段两岸均建满房屋，房屋离河床很近，甚至部分房屋在河床内，房屋与河水之间没有河堤和绿化防护带，两岸房屋有遭受洪灾的危险。

13.4.4　行洪区被挤占，存在重大安全隐患

西门江流域廉州镇西侧（从廉州中学至船闸长约 1km 区域）为历史行洪区，现已全部被填高作为建设用地，进行大片房地产开发建设，堵塞了原有行洪通道，原行洪区大部分被挤占，一旦南流江遇上超标准洪水，将出现重大灾情。南流江的防洪标准仅 20 年一遇，可安全排泄洪水流量约 4500m^3/s，如果出现像 1967 年（6700m^3/s）或 1985 年那样的洪水，南流江将决堤，届时西门江和南流江流域将出现重大灾情。在防御上应提高南流江从西门江周江口至总江闸段左岸防洪标准，右岸不能提高，遇超标准洪水，部分洪水可从右岸漫顶泄洪，确保廉州镇人口密集区的安全。

13.5　环保监管监测能力薄弱

13.5.1　环境监管监测能力亟待加强

合浦县监管能力薄弱，环保能力远未适应当前监察执法需要，人员不足、执法监测装备不足、经费困难导致监管环节薄弱，不能满足执法检查范围大的需求。"十三五"时期合浦县生态环境局机关人员编制 8 名、监察大队人员编制 20 名，监测站人员编制 12 名。其中，实验室用房仅 180m^2，通过广西壮族自治区计量认证项目有 31 个，未能开展重金属和有机分析，远远达不到标准化验收程度。

13.5.2　尚未建立有效的流域环境风险预警与应急机制

西门江流域尚未建立起应对处置突发水污染事件的应急响应体系，整体联动的预警体系和应急机制尚未形成。流域各环境监测站的环境监测、预警、应急整体实力不足，均未达到三级标准化建设的要求。

第 14 章　西门江流域总量控制及水体达标系统分析

本书水体达标系统分析采用数学模型法对西门江流域的水环境容量和总量分配进行计算，以水质达标要求进行西门江流域总量分配量、削减量计算和分析。

14.1　西门江流域总量分配计算

14.1.1　水质模型

西门江流域采用 CSTR 模型进行模拟，模型计算公式及过程详见 8.2 节。

综合降解系数取值：参照《广西壮族自治区地表水环境容量研究报告》（2011 年）以及国内相关经验，本书采取的污染物降解系数为：化学需氧量 0.1/d；氨氮 0.1/d；总磷 0.05/d。

14.1.2　河流概化

根据西门江主要河流的分布，将西门江流域概化为 15 个河段，见图 14-1。

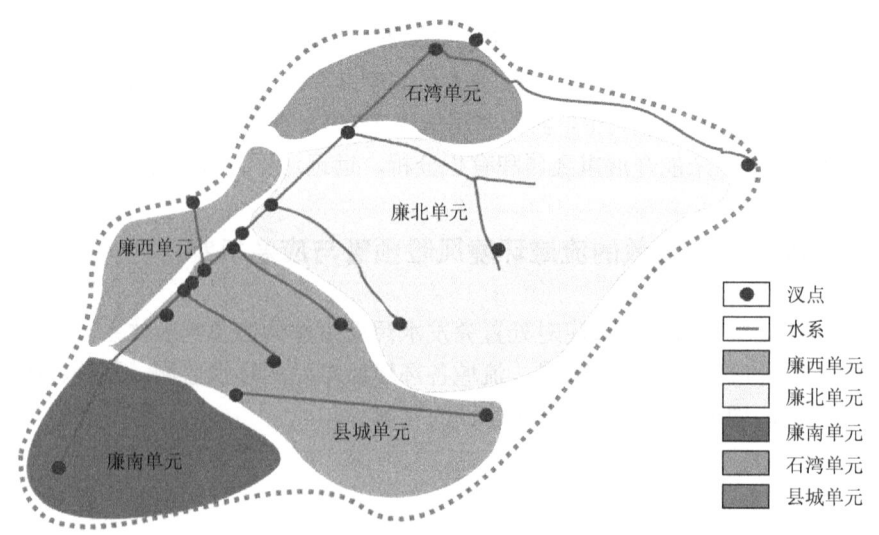

图 14-1　西门江流域河流概化

经过概化，西门江流域纳入计算的河段共计 105.8km（含湖海运河 11.6km），能够代表西门江流域河流水系的总体状况。河流概化的基本信息见表 14-1。

表 14-1　西门江流域河流概化的基本信息

序号	代号	名称	起始汊点	末端汊点	长度/km
1	R1-3*	西门江	N1	N3	3.34
2	R2-3	七里江（一级支流）	N2	N3	8.2
3	R3-5	西门江	N3	N5	5.59
4	R4-5	清水江（一级支流）	N4	N5	23.8
5	R5-7	西门江	N5	N7	2.5
6	R6-7	中湾支流（一级支流）	N6	N7	7.13
7	R7-8	西门江	N7	N8	5.60
8	R8-10	西门江	N8	N10	1.5
9	R9-10	龙门江（一级支流）	N9	N10	5.75
10	R10-11	西门江	N10	N11	2.85
11	R11-12	西门江	N11	N12	1.65
12	R12-14	西门江	N12	N14	2.52
13	R13-14	县城支流（一级支流）	N13	N14	8.20
14	R14-15	西门江	N14	N15	1.10
15	R16-11	泮塘支流（一级支流）	N16	N15	6.58
16	R17-18	湖海运河	N17	N18	11.59
17	R15-19	西门江下游	N15	N19	7.89

*西门江上游因断流，故不纳入模型计算。

14.1.3　水质目标

1. 考核断面水质目标

根据考核断面和西门江流域水质污染物的特征，选取化学需氧量、氨氮和总磷作为总量分配计算因子。

根据《广西壮族自治区生态环境厅》及《北海市水污染防治行动计划》的要求，2018 年西门江考核断面的水质目标为《地表水环境质量标准》（GB3838—2002）Ⅳ类，具体指标值见表 14-2。

表 14-2　　2018 年考核断面水质目标

考核断面	水质目标	化学需氧量/(mg/L)	氨氮/(mg/L)	总磷/(mg/L)
西门江	Ⅳ类	30	1.5	0.3

2. 考核断面上游水质目标

对于考核断面上游的河流水质目标，从环保角度和水环境整体保护的理念出发，按水功能区划对应的水质目标要求进行控制。根据水功能区划，清水江水库和西门江下游入海断面属于Ⅲ类，按照《北海市水污染防治行动计划》，本书设定入海监测断面及下游目标均为Ⅳ类，与水功能区划不同，其他未纳入水功能区划的河流（包括水库支流）也均设定目标为Ⅳ类。

14.1.4　设计水文条件

西门江流域内无水文站，雨量站有合浦、常乐等站。由于西门江流域内无水文站，根据《广西独流入海河流径流量分析计算成果报告》，即采用雨量分析法计算西门江断面流量，计算得出西门江计算断面①的月径流量。

计算所得的西门江近 12 年的流量月变化过程见图 14-2。计算出西门江 90%保证率月均流量、多年平均流量和多年平均最枯年流量见表 14-3。本书考虑西门江水量的估算方式和流域实际情况，以多年平均最枯年流量作为污染源分配的主要依据。

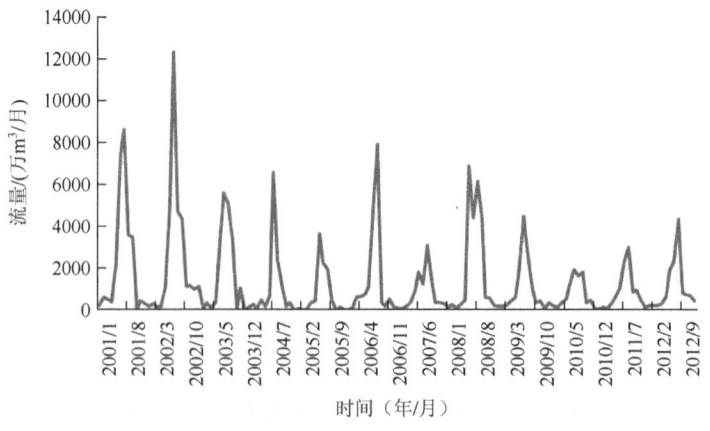

图 14-2　西门江流量月变化过程（计算）

---

① 计算断面位于西门江九头庙，与考核断面相近。

表 14-3　西门江流域水文站设计流量

类别	西门江
流域面积/km^2	262
90%保证率月均流量/(m^3/s)	0.37
多年平均最枯年流量/(m^3/s)	2.94
多年平均流量/(m^3/s)	5.29

根据西门江设计流量与流域面积之间的关系,计算各乡镇和街道的汇水流量。

14.1.5　控制单元划分

根据概化后的河流划分控制单元,主要考虑两个原则:一是汇水区域原则,二是行政区边界原则。由于西门江流域河网密集,河流流量小,以及涉及乡镇少,为了更好地了解廉州镇主要污染及负荷分布情况,本书根据西门江干流和部分一级支流的划分,结合流域各村委社区的特点,将廉州镇按村委/社区分布划分为 4 个片区,并将流域范围内石湾镇部分村委纳入统计和计算。

西门江流域控制单元的设计水文条件见表 14-4。

表 14-4　西门江流域控制单元的设计水文条件

乡镇	控制单元编号	控制单元	污染源	对应概化河流	流域面积/km^2	多年平均最枯年流量/(m^3/s)
石湾	U01	石湾局部	沙朗村、周江村、东江村、大浪村、新安村和七里村共 6 个村,以及西门江上游干流和七里江	R1-3 R2-3 R3-5 R5-7	48.90	0.84
廉州*	U02	廉北单元	冲口社区、堂排村、清江村、青山村、珠光社区、大岭村、廉北村共 7 个村/社区,以及西门江廉州上游段、清水江和中湾支流	R4-5 R6-7 R7-8	90.54	1.27
	U03	县城单元	中山路社区、康乐社区、阜民南社区、上新社区、南珠社区、还珠社区、廉南社区、车路街社区、平田社区、廉东社区、中站村共 11 个村/社区,以及西门江城区干流、龙门江和县城支流	R8-10 R9-10 R10-11 R11-12 R12-14 R13-14 R14-15 R17-18	56.54	0.80
	U04	廉西单元	廉州镇的廉西村、大江村、马江村、总江口社区、泮塘社区共 5 个村/社区,党江镇的流星村,以及泮塘支流	R16-11	26.89	0.35
	U05	廉南单元	禁山村、杨家山村、插龙村、马安村、烟楼村、五四村、乾江街社区、乾江村、合浦工业园区共 9 个村/社区,以及西门江下游干流	R15-19	39.57	0.55

*廉西单元含党江镇的 1 个村。

14.2 污染物总量分配结果

以控制单元为单位，分点源和面源两种类型，开展西门江流域水环境容量计算和污染物总量分配。其中，点源包括工业污染源、规模化养殖污染源、城镇生活污染源、污水处理厂及农村污水处理设施，面源包括农村生活污染源、散养式畜禽养殖污染源、种植业污染源和水产养殖污染源。分配时采取等比例分配方法，考虑流域乡镇较小、工业化程度较低，结合负荷分配的可行性，本书不单独列出点源和面源的分配情况，只列出污染源总量分配结果。

14.2.1 总量分配结果

按各控制单元统计，西门江流域污染物总量分配结果见表 14-5。

表 14-5 西门江流域污染物总量分配结果 （单位：t）

乡镇	街道	化学需氧量	氨氮	总磷
石湾镇	石湾局部	120.01	5.87	1.89
	小计	120.01	5.87	1.89
廉州镇*	廉北单元	594.90	18.79	7.21
	县城单元	1509.30	95.33	17.53
	廉西单元	120.81	4.30	1.96
	廉南单元	281.80	12.02	3.19
	小计	2506.81	130.44	29.89
合计		2626.82	136.31	31.78

*廉西单元中含有党江镇流星村，下同。

从表 14-5 可以看出，西门江流域总污染物的化学需氧量、氨氮和总磷的总量分配结果约为 2627t、136t 和 32t。

14.2.2 现状负荷削减比例

为实现污染物总量控制目标，按各控制单元统计，在 2015 年排放量的基础上，计算出污染物总量的削减比例，具体削减比例见表 14-6。其中，由于石湾镇处于西门江流域的仅有部分区域，约占石湾全镇面积的 21.5%。

表 14-6　西门江流域污染物总量削减比例　　　　（单位：%）

乡镇	街道	化学需氧量	氨氮	总磷
石湾镇	石湾局部①	12.10	33.95	30.88
廉州镇	廉北单元	12.10	33.94	30.88
	县城单元	16.75	55.44	50.05
	廉西单元	12.10	33.94	30.88
	廉南单元	12.10	33.94	30.88
	廉州镇削减量	14.96	51.17	43.58
合计		14.83	50.61	42.96

注：①石湾局部为石湾镇局部区域，占全镇面积的 21.5%，下同。

从表 14-6 可以看出，西门江流域污染物总量化学需氧量、氨氮和总磷的削减比例为 14.83%、50.61%和 42.96%。

14.3　引水情况总量估算

西门江原修建有南流江引水渠道 3 处，分别为：周江口、吴屋坡和马江运河。其中，周江口和吴屋坡修建有水闸，马江运河主要以自流为主，均引自南流江下游河水。近几十年来，此三处引水口河道泥沙淤积，南流江河床变低，水闸年久失修，除了马江运河偶尔有少量水流入外，其余两处引水河道均为断流状态。

本书在假设引水渠道重建完成的基础上，按南流江已达标，全流域Ⅲ类水质引入西门江，估算两种引水情况的总量分配。

方案一：在吴屋坡处引水 4m³/s（实际引水量）。

方案二：在吴屋坡和马江运河处共引水 6m³/s（实际引水量）。

14.3.1　方案一估算结果

1. 总量分配估算结果

按各控制单元统计，在西门江流域现状总污染量不变的基础上，增加引水 4m³/s 的Ⅲ类水质，其总量分配结果见表 14-7。

表 14-7　西门江流域引水 4m³/s（Ⅲ类）污染物总量分配结果 （单位：t）

乡镇	街道	化学需氧量	氨氮	总磷
石湾镇	石湾局部	135.79	6.31	2.05
	小计	135.79	6.31	2.05
廉州镇	廉北单元	673.13	20.19	7.82
	县城单元	1798.82	109.89	20.37
	廉西单元	136.70	4.62	2.13
	廉南单元	318.86	12.91	3.46
	小计	2927.51	147.61	33.78
合计		3063.30	153.92	35.83

从表 14-7 西门江流域引水 4m³/s（Ⅲ类）污染物总量分配结果可以看出，西门江流域总污染物的化学需氧量、氨氮和总磷的总量分配结果为 3063.30t、153.92t 和 35.83t。

2. 总量削减估算结果

按各控制单元统计，在西门江流域现状总污染量不变的基础上，增加引水 4m³/s 的Ⅲ类水质，其总量削减估算结果见表 14-8。

表 14-8　西门江流域引水 4m³/s（Ⅲ类）污染物总量削减估算结果（单位：t）

乡镇	街道	化学需氧量	氨氮	总磷
石湾镇	石湾局部	0.74	2.58	0.68
廉州镇	廉北单元	3.66	8.26	2.61
	县城单元	14.10	104.06	14.72
	廉西单元	0.74	1.89	0.71
	廉南单元	1.73	5.29	1.15
	小计	20.23	119.50	19.19
合计		20.97	122.08	19.87
与不引水时的总削减量相比		−436.49	−17.60	−5.15

从表 14-8 可以看出，增加引水 4m³/s 的Ⅲ类水质，相当于使西门江流域共削减污染物化学需氧量、氨氮和总磷的量为 436.49t、17.60t 和 5.15t。

3. 现状负荷削减比例估算结果

按各控制单元统计，在 2015 年排放量的基础上，计算出增加引水 $4m^3/s$ 的Ⅲ类水质后总污染源的削减比例。具体削减比例见表 14-9。

表 14-9　西门江流域引水 $4m^3/s$（Ⅲ类）污染物总量削减比例估算结果（单位：%）

乡镇	街道	化学需氧量	氨氮	总磷
石湾镇	石湾局部	0.54	29.05	25.03
廉州镇	廉北单元	0.54	29.05	25.03
	县城单元	0.78	48.64	41.95
	廉西单元	0.54	29.05	25.03
	廉南单元	0.54	29.05	25.03
	小计	0.69	44.74	36.24
合计		0.68	44.23	35.69

从表 14-9 可以看出，增加引水 $4m^3/s$ 的Ⅲ类水质后，西门江流域污染物总量化学需氧量、氨氮和总磷的削减比例为 0.68%、44.23%和 35.69%。

14.3.2　方案二估算结果

1. 总量分配估算结果

按各控制单元统计，在西门江流域现状总污染量不变的基础上，增加引水 $6m^3/s$ 的Ⅲ类水质，其总量分配结果见表 14-10。

表 14-10　西门江流域引水 $6m^3/s$（Ⅲ类）污染物总量分配结果（单位：t）

乡镇	街道	化学需氧量	氨氮	总磷
石湾镇	石湾局部	136.53	6.47	2.10
	小计	136.53	6.47	2.10
廉州镇	廉北单元	676.79	20.70	8.04
	县城单元	1812.92	116.33	21.63
	廉西单元	137.44	4.74	2.19
	廉南单元	320.59	13.24	3.55
	小计	2947.74	155.01	35.41
合计		3084.27	161.48	37.51

从表 14-10 可以看出，西门江流域总污染物的化学需氧量、氨氮和总磷的总量分配估算结果为 3084.27t、161.48t 和 37.51t。

2. 总量削减估算结果

按各控制单元统计，在西门江流域现状总污染量不变的基础上，增加引水 6m^3/s 的Ⅲ类水质，其总量削减估算结果见表 14-11。

表 14-11　西门江流域引水 6m^3/s（Ⅲ类）污染物总量削减估算结果（单位：t）

乡镇	街道	化学需氧量	氨氮	总磷
石湾镇	石湾局部	0.00	2.42	0.63
廉州镇	廉北单元	0.00	7.75	2.39
	县城单元	0.00	97.62	13.46
	廉西单元	0.00	1.77	0.65
	廉南单元	0.00	4.96	1.06
	小计	0.00	112.10	17.56
合计		0.00	114.52	18.19
与不引水时的总削减相比		−457.46	−25.15	−6.85

从表 14-11 可以看出，增加引水 6m^3/s 的Ⅲ类水质，相当于使西门江流域共削减污染物化学需氧量、氨氮和总磷的量为 457.46t、25.15t 和 6.85t。

3. 现状负荷削减比例估算结果

按各控制单元统计，在 2015 年排放量的基础上，计算出增加引水 6m^3/s 的Ⅲ类水质后总污染源的削减比例。具体削减比例见表 14-12。

表 14-12　西门江流域引水 6m^3/s（Ⅲ类）污染物总量削减比例估算结果（单位：%）

乡镇	街道	化学需氧量	氨氮	总磷
石湾镇	石湾局部	0.00	27.26	22.90
廉州镇	廉北单元	0.00	27.26	22.90
	县城单元	0.00	45.63	38.37
	廉西单元	0.00	27.26	22.90
	廉南单元	0.00	27.26	22.90
	小计	0.00	41.97	33.15
合计		0.00	41.50	32.65

从表 14-12 可以看出，增加引水 6m³/s 的Ⅲ类水质后，西门江流域污染物总量化学需氧量、氨氮和总磷的削减比例为 0%、41.50%和 32.65%。可以看出，增加引水 6m³/s 后，由于流域环境容量的增加，化学需氧量不用削减即可达标，而氨氮和总磷削减的比例也大大降低。

14.4 达标年总量控制目标

14.4.1 目标确定的原则

根据西门江污染物总量分配结果，以及《北海市水污染防治行动计划》中的考核断面水质要求："到 2018 年底前，西门江考核断面水质达到Ⅳ类，到 2020 年，西门江达到或优于Ⅳ类"，本书将 2018 年设置为达标年，2020 年为稳定达标年。

（1）到 2018 年，考核断面和西门江流域水质全面达到Ⅳ类。以乡镇和村委社区为单位，根据控制单元的划分，污染物排放量达到基于考核断面水质目标和其他断面功能区水质目标计算的总量控制目标。

（2）到 2020 年，考核断面和西门江流域水质持续稳定达到Ⅳ类，总量目标与2018 年一致，污染物排放量持续达到基于考核断面水质目标和其他断面功能区水质目标计算的总量控制目标。

（3）在各控制单元污染物总量分配计算的基础上，按乡镇汇总，计算各镇污染物总量控制目标。

14.4.2 达标年总量控制方案

1. 控制目标

到 2018 年，按各控制单元统计，西门江流域点源、面源和总污染源的总量控制目标见表 14-13，其中，总污染物化学需氧量、氨氮和总磷的总量控制目标为2626.82t、136.31t 和 31.78t。

表 14-13 西门江流域污染物总量控制目标 （单位：t）

乡镇	街道	化学需氧量	氨氮	总磷
石湾镇	石湾局部	120.01	5.87	1.89
	小计	120.01	5.87	1.89
廉州镇	廉北单元	594.90	18.79	7.21
	县城单元	1509.30	95.33	17.53

续表

乡镇	街道	化学需氧量	氨氮	总磷
廉州镇	廉西单元	120.81	4.30	1.96
	廉南单元	281.80	12.02	3.19
	小计	2506.81	130.44	29.89
	合计	2626.82	136.31	31.78

2. 2018 年预测排放量相对 2015 年的削减比例

到 2018 年，按各控制单元统计，为实现污染物总量控制目标，在 2018 年预测排放量的基础上，西门江流域总污染物化学需氧量、氨氮和总磷的削减比例为 21.9%、57.5% 和 49.4%。具体见表 14-14。

表 14-14　西门江流域污染物 2018 年预测排放量相对 2015 年的削减比例（单位：%）

乡镇	街道	化学需氧量	氨氮	总磷
石湾镇	石湾局部	17.6	38.0	35.3
廉州镇	廉北单元	20.9	40.2	38.7
	县城单元	22.4	62.0	54.3
	廉西单元	33.6	63.9	61.9
	廉南单元	18.1	39.0	37.4
	小计	22.1	58.2	50.1
	合计	21.9	57.5	49.4

3. 2020 年预测排放量相对 2015 年的削减比例

到 2020 年，按各控制单元统计，为实现污染物总量控制目标，在 2020 年预测排放量的基础上，西门江流域总污染物化学需氧量、氨氮和总磷的削减比例为 27.6%、64.2% 和 54.1%。具体见表 14-15。

表 14-15　西门江流域污染物 2020 年预测排放量相对 2015 年的削减比例（单位：%）

乡镇	街道	化学需氧量	氨氮	总磷
石湾镇	石湾局部	21.5	40.9	38.6
	占全镇削减量	1.1	2.4	2.3
廉州镇	廉北单元	27.3	44.7	44.5
	县城单元	28.3	69.5	58.8

续表

乡镇	街道	化学需氧量	氨氮	总磷
廉州镇	廉西单元	38.3	67.3	65.7
	廉南单元	22.3	42.6	41.7
	小计	27.9	64.9	54.9
合计		27.6	64.2	54.1

14.5　水体达标系统分析

　　根据西门江流域的水环境现状分析，上游石湾流域七里江污染较小，水质较好；县城单元受城镇污水污染等点源的影响水质最差；廉北单元中清水江和中湾支流一带以面源污染和部分规模化养殖污染为主；廉西单元和廉南单元由自然村庄组成，工业分布较少，污染相对较小，水质较好。因此，对西门江流域的整治主要关注廉州县城部分。

　　根据西门江流域各区域的污染源排放结构，以及本章计算的各区域总量分配和削减结果，可以发现总量削减主要在廉州镇，重点在廉州镇县城区域，重点削减的污染物为总磷和氨氮。

第 15 章　西门江流域达标整治主要任务和措施

15.1　全面控制污染物排放

15.1.1　加强县城污水垃圾收集处理

全面加强完善合浦县城污水管网建设。加快推进合浦县城污水管网的后续建设，在现有管网的基础上，进一步延伸覆盖整个县城，实现合浦县建成区污水管网全覆盖，并向县城周边农村人口聚集区延伸管网和服务。完成合浦县主城区的污水管网全覆盖，完成合浦县郊区城乡接合人口聚集区的全覆盖。

强化合浦县城内城中村、老旧城区和城乡接合部污水截流、收集。在 2015 年生活污水直排口截污工作的基础上进一步普查，排查直排入城西门江干渠、城东水道、南京路水道、北河渠道、爱卫水沟、廉南水沟、廉南渠道等城市水体的排污口。根据污水收集的需要，适当建设污水泵站，促进截流污水的有效收集进入污水处理厂。完成合浦县建成区生活污水直排口的截污工作，合浦县城区的污水收集率要达到90%以上。

加强合浦城区雨污分流管网改造。现有合流制排水系统应加快实施雨污分流改造，难以改造的，应采取截流、调蓄和治理等措施。重点加强对合浦县廉州大道-西门江以及西门江西片的城中村、老旧城区和城乡接合部进行配套管网改造，包括雨污分流改造、污水截流、调蓄和治理等。对县城内重点区域污染源（如东红养牛场、农贸市场）的初期雨水进行收集，并纳入污水处理厂进行处理。

加强新建城区污水管网和雨污分流的建设。城镇新区的规划和建设必须同步设计，建设市政污水管网，实行雨污分流，有条件的片区/小区要推进初期雨水收集、处理和资源化利用。

加快推进合浦污水处理厂的提标升级改造。落实提标改造方案，并开展前期准备；完成升级改造项目前期手续，落实改造资金并实现开工；完成升级改造工作；试运行并完成达标验收，出水浓度必须达到一级 A 以上的排放标准，争取出水浓度达到地表水Ⅳ类水质的排放要求。

积极推进合浦污水处理厂二期工程的建设。合浦污水处理厂必须完成二期工程的建设准备工作，按照出水浓度超过一级 A 以上的排放标准，争取达到地表水

Ⅳ类的高标准；完成二期工程的试运行与验收，以满足合浦县城镇化的发展以及城乡接合部、区域内企业和郊区人口聚集区污水处理的需求。

加强推进合浦污水处理厂的中水回用和污泥处置。积极开展合浦县污水处理厂的中水再生利用工程建设，制定中水再生利用补贴政策，加强新工艺、新技术的利用，建设中水回用管网和泵站，制定中水回用方案，提高中水再生利用水平，减少合浦县污水处理厂尾水直排入西门江。加强合浦县污水处理厂污泥的稳定化、无害化和资源化处理处置，禁止处理处置不达标的污泥进入耕地。现有污泥处理处置设施应基本完成达标改造。合浦县污水处理厂产生的污泥必须实现资源化利用。合浦县建成区污水处理厂的污泥全部实现稳定化、无害化处理。

深入推进合浦县城垃圾分类收集与减量化、资源化利用。完善合浦县城区与生活垃圾无害化处理、资源化利用相配套的垃圾收转运体系，同时加强对廉州镇郊区和农村地区垃圾收集转运系统的建设；对于垃圾临时堆放点和不达标垃圾转运、处置设施的现存垃圾，要积极寻找垃圾无害化处理和资源化利用点进行存量治理。根据北海市白水塘垃圾无害化处理厂已经超负荷的现状，积极加快建设合浦县垃圾无害化处理场，提高合浦县生活垃圾无害化处理能力，鼓励乡镇建设处理规模大于 300t/d 的焚烧设施和库容大于 50 万 m^3 的填埋设施，以实现流域乡镇垃圾的减量化、无害化和资源化。流域内各乡镇生活垃圾收集和无害化处理率达到 90%以上，农村生活垃圾基本实现村收集、乡镇转运、县区处理。

15.1.2　推进畜禽养殖污染整治

1. 整治农村小散畜禽养殖污染

有效结合农村环境整治，加强小散畜禽养殖污染治理。充分结合农村环境连片整治、清洁乡村、清洁家园、清洁田园等农村环境整治活动，加强农村小散畜禽养殖污染的治理。对村屯畜禽粪便等进行全面清扫综合利用，建有农村污水处理设施的乡村要将散养小户无法处理的养殖污水纳入处理。继续通过补贴等方式对达不到规模的专业养殖户进行雨污分流、干清粪、畜粪存储池、沼气池、尾水灌溉等污染减排改造。采用统一规划、集中圈养模式，对农村中禽畜场所进行统一规划，把分散的猪栏、牛棚集中到一处，并修建雨污分流沟、粪便存储池、沼气池及农灌管等设施，加强对畜禽粪污的减排利用，有效减少禽畜场所产生的污染。

2. 整治规模畜禽养殖场污染

强化规模畜禽养殖场污染治理。对合浦辖区范围内的畜禽养殖场进行专项整治，完善规模化畜禽养殖场的污染减排及清洁生产的改造，完成流域范围内所有规模养殖场较为完善的雨污分流、干清粪以及粪便污水储存、处理、资源化利用设施的配套建设，并建设与粪污产生量相匹配的粪污处理设施和储存利用设施，实现畜禽粪便无害化处理和综合利用。

加强畜禽规模养殖场环境监管。认真贯彻落实国务院《畜禽规模养殖污染防治条例》（国务院令第 643 号）和《广西畜禽规模养殖污染防治工作方案》（桂政办发〔2015〕133 号），推进流域畜禽养殖污染防治，实现养殖业污染减排。畜禽规模养殖场必须采用干清粪、雨污分流、固液分离等措施，配套建设粪便污水储存、处理、资源化利用等与粪污产生量相匹配的粪污处理设施和储存利用设施，实现畜禽粪便无害化处理和综合利用。散养密集区要实行畜禽粪便污水分户收集、集中处理利用。畜禽规模养殖场（小区）要配套建设具有无害化处理病死畜禽能力的综合利用设施。完成合浦县畜禽养殖污染防治规划和合浦县畜禽养殖污染防治工作方案的制定，并对现存畜禽规模养殖场（小区）进行逐一排查和环境影响评价。对于环境影响评价不合格和有意愿、有条件进行达标改造的养殖场（小区），按照环评合格要求，以"一场（户）一策"方式进行整改。坚决取缔没有意愿、没有能力建设养殖污染防治设施的养殖场。完成对规模养殖场的环保整治和没达到要求的规模养殖场的取缔工作。建立畜禽养殖场执法检查机制，每年进行执法检查，及时处理发现的问题，长效减少养殖污染。

15.1.3　推进农村环境综合整治

编制实施农村环境整治方案。以县级行政区域为单元，实行农村污水处理统一规划、统一建设、统一管理，合浦县要制定出辖区内农村环境连片整治和农村污水处理设施的建设方案。其中，西门江西岸廉州镇片区、南流江南岸石湾镇片区以及西门江上游片区乡村要作为合浦县农村环境连片整治和农村污水处理设施建设的优先区域。

建设农村污水收集处理设施。在人口密集的农村建成区，依据人口规模，因地制宜地建设小中型生活污水集中/分散处理站。积极推进合浦县污水处理厂及其他拟建的城镇污水处理厂向镇周边农村延伸管网和服务，周边重点村的污水集中处理。对于无法集中处理污水的地区，根据地形特点因地制宜地在各种沟渠建设人工湿地，在河道两侧建设人工浮岛湿地等，采用经济、实用、多样的设施和措施，有效处理农村生活污水。廉州镇乡镇农村生活污水处理率达到 60%以上，石湾镇农村生活污水处理率达到 50%以上。

建设农村清洁环境。完善农村垃圾收集、转移和处理系统建设，减少农村垃圾污染；深化"以奖促治"政策，实施农村清洁工程，推进农村环境连片整治；对河道沟渠进行清淤疏浚，建设清洁家园、清洁田园。

巩固已整治农村环境。在已经完成农村连片综合整治、建设好农村污水处理设施、已开展清洁家园示范村和垃圾综合处理示范村的马江村、泮塘社区、烟楼村、乾江街社区和总江口社区等农村地区，继续广泛组织干部群众开展农村环境卫生大整治，要积极采取措施，完善污水收集，建立长效运行机制，保障污水处理和垃圾收集设施的正常运行，保持农村的清洁环境。引导各乡镇紧紧围绕"清洁乡村巩固提升，生态乡村有效推进"这个主题进一步加大宣传发动力度，营造全社会共同参与的良好氛围。

15.1.4　推进种植业面源污染治理

继续深入推广落实精准施肥，减少化肥使用量。制定实施合浦县西门江流域农、林、果面源污染综合防治方案，切实实行测土配方施肥，推广精准施肥技术、机具和更为环保的水肥一体化技术。积极推广畜禽养殖粪污和秸秆还田，推广使用有机肥，减少化肥的使用量。促进技术进村入户，提高农民科学施肥的意识。建立完善科学施肥管理和技术体系，科学施肥水平明显提升，主要农作物化肥使用量比 2015 年减少 10%以上。一是施肥结构进一步优化，测土配方施肥技术覆盖率达到 95%以上，畜禽粪便养分还田率达到 80%，农作物秸秆养分还田率达到 60%；二是施肥方式进一步改进，机械施肥面积占主要农作物种植面积的 10%以上，水肥一体化技术推广面积提高 1000 亩以上；三是肥料利用率稳步提高，主要农作物肥料利用率达到 40%左右。

积极治理农田排水。在廉州镇西门江西侧至南流江东侧以及石湾镇南流江南侧的农村地区，利用现有沟、塘、窖等，配置水生植物群落、格栅和透水坝，改造建设生态沟渠、污水净化塘、地表径流集蓄池等设施，净化农田排水及地表径流，减少农业面源污染。

15.1.5　强化工业污染防治

专项整治流域重点排污企业。加强对北海东红制革有限公司的专项治理，实施清洁化改造，落实最严格的用水管理和排污许可制度，减少用水量和排污量。结合合浦污水处理厂的二期，将北海东红制革有限公司等区域内工业企业处理达标的排水纳入合浦县污水处理厂进行深度处理，有效增加水资源并减少尾水排放。在水质未稳定达标之前，严格控制新建、改建、扩建《北海市水污染防治行动计划》中的十大重点行业建设项目。

15.2 着力节水及水资源保护调度

15.2.1 水资源保护调度

加快推进南流江-西门江调水工程，切实补充西门江水量和解决西门江枯水期水量急缺的问题。重点开展总江口引水河道改造和吴屋坡提水泵站引水工程，切实提高西门江的水量，并积极利用南流江引水进行农业灌溉，减少西门江、清水江水库的用水，改善西门江枯水季节河道水环境和生态环境，增加水环境容量，改善生态修复功能和提高水环境质量。加强合浦水库、清水江水库、龙门江水库、风门岭水库等湖库水量调度管理，完善水量调度方案。结合新建、改建的南流江引水工程，采取闸坝联合调度、生态补水等措施，合理安排闸坝下泄水量和泄流时段，满足河湖基本生态用水需求，重点保障枯水期生态基流。加大水利工程建设力度，发挥好控制性水利工程在改善水质中的作用。

15.2.2 控制用水总量

实施最严格水资源管理。健全取用水总量控制指标体系。加强相关规划和项目建设布局水资源论证工作，国民经济和社会发展规划以及城市总体规划的编制、重大建设项目的布局，应充分考虑当地水资源条件和防洪要求。对纳入取水许可管理的单位和其他年用水量达到 5 万 m^3 及以上的用水大户实行计划用水管理。新建、改建、扩建项目用水要达到行业先进水平，节水设施应与主体工程同时设计、同时施工、同时投运。建立重点监控用水单位名录，并向社会公布，强化公众参与。

15.2.3 提高用水效率

积极发展农业节水，有效提高农业用水效率。加强对南流江总江口水闸灌区、清水江灌区的水利工程及农业水渠进行维护和管理，对水面漂浮物、杂草等做经常性清理，对失修水渠进行修补，对淤积水渠进行定期疏浚，完善灌区水渠。推广渠道防渗、管道输水、喷灌、微灌等节水灌溉技术和旱作农业水肥一体化技术，完善灌溉用水计量设施。加强节水农业基础设施建设，切实做好土壤墒情监测等基础性工作，加快节水农业技术示范推广，推行适应性种植方式。加快大型和重点中型灌区监控计量设施建设，基本实现主要取水口在线监控。积极争取中央和自治区资金支持，各级落实地方工程配套资金，基本完成大型灌区和重点中型灌区续建配套及节水改造，流域内节水灌溉工程面积达到上级指标要求。通过节水农业技术的应用，旱作农业区自然降水利用率提高 10 个百分点；精灌区节约灌溉用水利用率提高 20%～30%，在水田灌溉区，亩节水在 100m³左右。流域内农田灌溉水利用系数达到 0.50 以上。

　　禁止生产、销售不符合节水标准的产品、设备，强化使用水表的依法检定。公共建筑必须采用节水器具，开展公共建筑用水器具核查，限期淘汰公共建筑中不符合节水标准的水嘴、便器水箱等生活用水器具（表 15-1），新建公共建筑禁止使用非节水器具。鼓励居民家庭选用节水器具。对使用材质落后的供水管网进行更新改造，逐年制定年度改造建设计划并实施，到 2020 年，公共供水管网漏损率控制在 10%以内。在城镇建成区积极建设滞、渗、蓄、用、排相结合的雨水收集利用设施，改造和建设雨水管渠，在建设污水处理厂和污水管网过程中积极建设雨污分流收集管。鼓励新建乡镇污水处理厂中水回用。

表 15-1　公共建筑应淘汰的用水器具清单

序号	器具名称	推广产品
1	铸铁螺旋升降式水龙头	非接触自动控制式、延时自闭、停水自闭、脚踏式、陶瓷
2	铸铁螺旋升降式停止阀	磨片密封式等节水型龙头、停止阀
3	进水口低于水面的卫生洁具水箱配件	
4	上导向直落式便器水箱配件	冲水量小于 6L 的两档式便器，小便器推广非接触式控制开关装置
5	冲水量大于 9L 的便器及水箱	

15.3　促进经济结构转型升级

15.3.1　调整产业结构

　　严格环境准入。执行最严格水资源管理办法的规定，将水利部门的入河排污口设置审批作为建设项目审批的前置条件。建立水资源、水环境承载能力监测评价体系，实行承载能力监测预警，在水质不能稳定达标的西门江考核断面以上的汇水区范围内（廉州镇、石湾镇南片）禁止建设新增化学需氧量、氨氮、总氮、总磷等不达标污染物指标排放量的工业项目，并颁布实施水体达标方案，加快调整发展规划和产业结构。组织完成合浦县水环境承载能力现状评价和水资源承载能力现状评价。

　　优化流域畜禽养殖结构。认真贯彻落实国务院《畜禽规模养殖污染防治条例》（国务院令第 643 号）和《广西畜禽规模养殖污染防治工作方案》（桂政办发〔2015〕

133 号），逐步控制畜禽饲养总量，促进畜禽养殖产业转型，推进畜禽养殖方式转变。完成合浦县畜牧业发展规划的制定并报本级人民政府批准发布，强化养殖业结构调整，加快推进畜禽养殖业转型发展，科学确定畜禽养殖的品种、规模、总量和布局。利用"控制总量转方式、减小扶大提质量"的发展主线，利用政策扶植等措施，建设标准化规模养殖场，淘汰散户养殖和小型养殖场，走生态型、标准化、规模化的发展道路，着力解决畜禽养殖中的规模分散问题。积极鼓励和推广高架网床、零冲水、无抗养殖、农牧结合、种养循环等现代生态养殖模式，全面推广高架网床生猪养殖模式和先进的减排工艺技术，从源头上减少畜禽废弃物排放。加大对现有生猪养殖企业/专业户高架网床养殖模式改造的财政支持力度，新建生猪规模养殖企业/专业户必须采用高架网床养殖模式，并实现粪污综合利用零排放的要求，做到增产不增污。流域内畜禽养殖总量不增加，规模养殖场（小区）的养殖比例达到 50%以上，50%以上的规模化生猪养殖场和养殖小区采用高架网床养殖模式。全面推进种养结合、林间养殖、生态还田等生态养殖模式，综合利用畜禽养殖废弃物，形成循环利用养殖模式。

调整农业种植业结构与发展模式。积极推动农村土地流转，鼓励发展规模农业企业和农村合作社，大力扶持具有区域特色产品的龙头企业/合作社，引导分散农民开展规模化现代农业项目，通过规模农业的精细化种植、管理，调整结构达到精准施肥、循环发展等减少面源污染的目标。积极发展农业合作社、农产品加工和林产品加工等项目，鼓励优势流通企业、工业企业到西门江、南流江流域参与高端农林牧渔业的开发与建设，吸收当地农民就业，有效推动流域农业种植产业结构调整，解决农村农业分散种植面源污染严重的困境。科学制定合浦县农业发展规划，大力种植节水、高产、生态品种。科学制定林业发展规划，有效保障天然林的保有率，促进多样化林业结构的形成，减少单一林种的过度发展。鼓励发展当地特色产业，发展现代绿色生态产业创新试点。打造"生态、高值、循环"现代特色农林牧结合的绿色生态产业，升级调整种植业结构。在编制种植业、林果业发展规划和农田基本建设规划中，要把田间畜禽粪污储存与利用设施设备纳入设计建设内容，形成畜禽粪污处理设施与田间利用工程相互配套的粪污处理与利用系统。

15.3.2　优化空间布局

优化畜禽养殖业发展布局，落实禁养区搬迁工作。认真贯彻落实国务院《畜禽规模养殖污染防治条例》（国务院令第 643 号）和《广西畜禽规模养殖污染防治工作方案》（桂政办发〔2015〕133 号），落实实施《合浦县畜禽规模养殖发展规划（2015～2020 年)》，依法划定发布禁养区、限养区和宜养区。依法推进分区管理，严格实施禁养区的要求，制定禁养区内畜禽养殖场的拆迁计划，落实养殖场关停拆迁补助，确保依法关闭或搬迁禁养区内的所有畜禽养殖场。

合理确定发展布局、结构和规模。鼓励发展节水高效现代农业、低耗水高新技术产业以及生态保护型旅游业。石湾镇、石康镇依托国家级现代农业核心示范基地，发展"合浦豇豆"特色优势产业，合浦县城积极采用高新技术提升和改造传统产业，严格控制高耗水、高污染企业发展。对于流域内现有的工业企业，积极推进搬迁入合浦工业园区，加快合浦县城区重污染企业搬迁改造和关停取缔，优化西门江流域的产业布局和经济发展空间布局。

15.4 水生态环境综合治理与保护

15.4.1 保障饮用水水源安全

强化清水江水库饮用水水源地保护。开展清水江水库饮用水水源地周边环境综合整治，因地制宜开展隔离防护工程建设，包括隔离防护围栏、生态防护林和水源地标志建设等物理和生物隔离措施。依法清理清水江水库饮用水水源地内违法建筑、排污口、畜禽养殖场。充分结合农村环境综合整治、小散畜禽养殖污染防治和采砂场专项整治工作，将清水江水库周边村庄作为主要区域开展专项整治，防治保护区内的农村农业面源污染和保护生态环境。

15.4.2 加强西门江河道综合整治

加强对西门江河道综合整治，重点加强对县城区上段未整治河段的建设。加强疏通西门江干流，增加行洪量，加强西门江上段河堤建设，以满足南流江引水防洪需求，并结合整治西门江沿岸，改善沿江水环境。重点加强西门江上段（未整治段）清挖河道，改建两岸堤防，结合区域交通、排污的需求，拆除原有部分堤后房屋，改为堤路结合，路下敷设污水收集管道，统一收集区间污水。按堤后20m 红线控制，建设交通、供水、排水等市政设施，建设滨河缓冲带，使西门江上中段两岸居民的居住环境有较大改善。改建两岸道路时，结合建设雨污分流，对该段无污水收集设施的进行增补，并完善其他市政设施。

15.4.3 加强合浦县城渠塘综合整治

加强对合浦建成区内沟渠、水塘等城市水体进行综合整治。采取控源截污、垃圾清理、清淤疏浚、生态修复等措施，加大对合浦县城区内城市水体的治理力度，改造建设城市景观水体。加快开展龙门江水库至西门江的北河沟渠、城东水道、南京路水道、北和渠道、爱卫水沟、廉南水沟、廉南渠道等穿越合浦县建成区水渠的综合整治。结合城市污水管网和污水截流工程建设，加强对城市水体的控源截污、垃圾清理，通过截污纳管、面源控制消灭沿河排污口、河面大面积漂浮物及沿岸垃圾。对淤积和污染较为严重的水渠池塘开展清淤疏浚，清除水体底泥中所含的污染物。充分利用城市水体改造建设城市景观水体，辅以生态修复、岸带修复、生态净化等景观措施，打造生态景观水体。重点利用合浦县中山公园北面和东面大水塘，积极开展生态治理修复和景观设计，构建城市中心区的大型公园，改变城区面貌，丰富居民精神生活。

15.5 加强环境监管能力建设

15.5.1 加大执法力度

所有排污单位必须依法实现全面达标排放。逐一排查工业企业排污情况，达标企业应采取措施确保达标稳定；对超标和超总量的企业予以"黄牌"警示，一律限制生产或停产整治；对整治仍不能达到要求且情节严重的企业予以"红牌"处罚，一律停业、关闭。自 2016 年起，每半年定期公布环保"黄牌""红牌"企业名单。每半年定期抽查排污单位达标排放情况，向社会公布结果。

严厉打击环境违法行为。重点打击私设暗管或利用非法途径排放污染物废水、监测数据弄虚作假、不正常使用水污染物处理设施或者未经批准拆除、闲置水污染物处理设施等环境违法行为。对造成生态损害的责任者严格落实赔偿制度。严肃查处建设项目环境影响评价领域越权审批、未批先建、边批边建、久试不验等违法违规行为。对构成犯罪的，要依法追究法律责任。

加强畜禽养殖业和农业的监管执法。落实畜禽养殖和农业面源"属地化管理"主体责任，认真贯彻执行《畜禽规模养殖污染防治条例》《广西壮族自治区乡村清洁条例》及相关法律法规规定，加大执法检查力度，强化执法监督手段。加大农村地区环境监察执法，依法查处畜禽养殖场（小区）的各种环境违法行为。强化农业污染源监督性监测，加强将畜禽规模养殖场（小区）纳入环境保护部门监测执法范围，对污染治理不到位的养殖场（小区）责令限期整改到位，整改不到位的依法关停。对擅自向水体等外环境排放畜禽污染物的养殖场（小区），依法封堵排污口并进行处罚；对造成重大环境事件的，依法从严查处。加强畜禽规模养殖场（小区）农村能源沼气工程的安全监管和维护情况检查。

健全行政执法与刑事司法衔接机制。健全完善上级督查、属地监管的环境行政监督执法机制，强化环保、公安、监察等部门和单位协作，建立信息共享机制，健全行政执法与刑事司法衔接配合机制，完善案件移送、受理、立案、通报等规定，堵住"以罚代刑"的漏洞。与公安、检察机关建立和完善日常联动执法相关制度，以及案件移送、重大案件专题会商和督办、紧急案件联合调查、执法信息共享等机制，实现行政处罚和刑事处罚无缝对接。建立各地案件移送、受理等情况的月调度机制，联合公安机关不定期将一批环境违法典型案例进行挂牌督办，定期向社会通报各地环境违法案件移送情况。

15.5.2　提升监管水平

完善水环境监测网络。根据国家统一规划，建立健全综合性的南流江流域水环境监测网络（点位），提升主要断面的监测能力。加强南流江流域现有西门江入海断面、清水江水库水质监测断面的监测，每月监测 1 期。加强西门江控制断面的在线建设水平，建设水质和入海通量在线自动监测站，实现流域水质和主要污染物通量的实时监控。加强水利和环保部门的数据共享和信息发布，构建流域水环境监控信息管理系统。落实重点污染源在线监控系统建设，提高排污口自动化监控水平。

提高环境监管能力。加强环境监测、环境监察、环境应急等专业技术培训，严格落实执法、监测等人员持证上岗制度。加强合浦县生态环境局、环境监测站、环境监察支队的能力建设，配齐人员和硬件设施，监测监察应急机构要达到标准化达标建设要求，加强合浦县环保监测执法力量。加强乡镇环保监管机构的建设和人员配备，各乡镇要配备必要的环境监管力量，加强基层环境监管能力。逐步提升基层环境执法人员对污染源现场检查的技能和环境违法案件调查取证的能力，力争使全市环境监察执法人员持证上岗率达到100%。流域内实行环境监管网格化管理，进一步探索督政的方式和方法。流域内政府配合组织划分环境监管网格，将地方政府领导以及各有关部门的职责纳入管理，分清职责；以督政的方式，对流域内环境监管网格化管理情况进行监督。合浦县环境监察执法能力、环境应急能力、环境监测能力完成标准化验收。

15.5.3　积极引进第三方治理

根据《国务院办公厅关于推行环境污染第三方治理的意见》（国办发〔2014〕69 号）精神，通过"排污者付费、市场化运作、政府引导推动"的办法引进第三方进行治理：①排污者付费。根据污染物种类、数量和浓度，由排污者承担治理费用，受委托的第三方治理企业按照合同约定进行专业化治理。②市场化运作。充分发挥市场配置资源的决定性作用，尊重企业主体地位，营造良好的市场环境，积极培育可持续的商业模式，避免违背企业意愿的"拉郎配"。③政府引导推动。更好地发挥政府作用，创新投资运营机制，加强政策扶持和激励，强化市场监管和环保执法，为社会资本进入创造平等机会。

15.6　加强对重点工程的资金投入

15.6.1　各类型工程及投资

本方案收集和设计了 8 类共计 25 个项目，项目总投资共 118428 万元，拟申请中央财政资金 62630 万元，地方及社会拟投入资金 55798 万元。其中，省级财政资金 32110 万元，社会资金 15050 万元。具体工程项目见表 15-2。

表 15-2　西门江达标整治方案各类型工程项目数及投资

序号	项目类型	项目数/个	项目总投资/万元	拟申请中央财政资金/万元	地方及社会拟投入资金/万元	省级财政资金/万元	社会资金/万元
1	城镇污水处理及管网类	3	30500	12200	18300	2500	14000
2	城镇生活垃圾收运及处置类	4	720	450	270	220	
3	农业农村环境综合整治类（畜禽养殖）	6	8730	4520	4210	2350	1050
4	农业农村环境综合整治类（农村污水）	3	2200	1100	1100	700	
5	农业农村环境综合整治类（种植业）	2	550	200	350	280	
6	水环境综合整治与生态修复类	2	62428	35000	27428	23000	
7	水资源优化调度类	3	12700	8800	3900	2900	
8	环境监测与突发环境事件应急处置类	2	600	360	240	160	
	合计	25	118428	62630	55798	32110	15050

其中，城镇污水处理及管网类项目能解决建制镇镇区部分区域生活污水无序排放、臭水横流、重点企业污水和初期雨水污染大的问题，水资源优化调度类项目能引进较清洁的南流江水冲洗西门江内积水，改善水质和生态环境，上述两类项目是本方案的核心工程，是本方案优先实施的工程。

各类工程项目数及投资占比见表 15-3。

表 15-3　西门江达标整治方案各类型工程项目个数及投资占比 （单位：%）

序号	项目类型	项目数	项目总投资	拟申请中央财政资金	地方及社会拟投入资金	省级财政资金	社会资金
1	城镇污水处理及管网类	12.00	25.75	19.48	32.80	7.79	93.02
2	城镇生活垃圾收运及处置类	16.00	0.61	0.72	0.48	0.69	0.00
3	农业农村环境综合整治类（畜禽养殖）	24.00	7.37	7.22	7.55	7.32	6.98
4	农业农村环境综合整治类（农村污水）	12.00	1.86	1.76	1.97	2.18	0.00
5	农业农村环境综合整治类（种植业）	8.00	0.46	0.32	0.63	0.87	0.00
6	水环境综合整治与生态修复类	8.00	52.71	55.88	49.16	71.63	0.00
7	水资源优化调度类	12.00	10.72	14.05	6.99	9.03	0.00
8	环境监测与突发环境事件应急处置类	8.00	0.51	0.57	0.43	0.50	0.00
	合计	100	100	100	100	100	100

各类项目投资分别为：城镇污水处理及管网类 30500 万元、城镇生活垃圾收运及处置类 720 万元、农业农村环境综合整治类（畜禽养殖）8730 万元、农业农村环境综合整治类（农村污水）2200 万元、农业农村环境综合整治类（种植业）550 万元、水环境综合整治与生态修复类 62428 万元、水资源优化调度类 12700 万元、环境监测与突发环境事件应急处置类 600 万元。其所占比例分别为：城镇污水处理及管网类 25.75%、城镇生活垃圾收运及处置类 0.61%、农业农村环境综合整治类（畜禽养殖）7.37%、农业农村环境综合整治类（农村污水）1.86%、农业农村环境综合整治类（种植业）0.46%、水环境综合整治与生态修复类 52.71%、水资源优化调度类 10.72%、环境监测与突发环境事件应急处置类 0.51%。

15.6.2　各乡镇工程及投资

各乡镇工程项目数及投资见表 15-4 和表 15-5。廉州镇、石湾镇为 19 个、6 个，占比分别为 76%、24%。廉州镇、石湾镇项目投资金额分别为 116688 万元、1740 万元，占比分别为 98.53%、1.47%。

表 15-4　西门江达标整治方案各乡镇工程项目数及投资

序号	乡镇	项目数/个	项目总投资/万元	拟申请中央财政资金/万元	地方及社会拟投入资金/万元	省级财政资金/万元	社会资金/万元
1	廉州镇	19	116688	61760	54928	31580	15000
2	石湾镇	6	1740	870	870	530	50
	合计	25	118428	62630	55798	32110	15050

表 15-5　西门江达标整治方案各乡镇工程项目数及投资占比　　（单位：%）

序号	乡镇	项目数	项目总投资	拟申请中央财政资金	地方及社会拟投入资金	省级财政资金	社会资金
1	廉州镇	76.00	98.53	98.61	98.44	98.35	99.67
2	石湾镇	24.00	1.47	1.39	1.56	1.65	0.33
	合计	100	100	100	100	100	100

15.6.3　各年度工程及投资

西门江达标整治方案各开工年份项目数及投资见表 15-6。按开工年限分，2016 年、2017 年和 2018 年开工工程项目分别为 1 个、16 个和 8 个，2016 年、2017 年和 2018 年开工工程项目投资金额分别为 9973 万元、95455 万元和 13000 万元，比例分别为 4.00%、64.00%和 32.00%。西门江达标整治方案各开工年份项目数及投资占比见表 15-7。

表 15-6　西门江达标整治方案各开工年份项目数及投资

序号	开工时间	项目数/个	项目总投资/万元	拟申请中央财政资金/万元	地方及社会拟投入资金/万元	省级财政资金/万元	社会资金/万元
1	2016 年	1	9973	5000	4973	3000	
2	2017 年	16	95455	49860	45595	25810	14150
3	2018 年	8	13000	7770	5230	3300	900
	合计	25	118428	62630	55798	32110	15050

表 15-7　西门江达标整治方案各开工年份项目数及投资占比　　（单位：%）

序号	开工时间	项目数	项目总投资	拟申请中央财政资金	地方及社会拟投入资金	省级财政资金	社会资金
1	2016 年	4.00	8.42	7.98	8.91	9.34	0.00
2	2017 年	64.00	80.60	79.61	81.71	80.38	94.02
3	2018 年	32.00	10.98	12.41	9.37	10.28	5.98
	合计	100	100	100	100	100	100

参 考 文 献

蔡守秋. 2011. 论生态系统方法及其在当代国际环境法中的应用[J]. 法治研究, (4): 60-66.

陈波, 许铭本, 牙韩争, 等. 2020. 入海径流扩散对北部湾北部环流的影响[J]. 海洋湖沼通报, (2): 43-54.

陈兰, 蒋清华, 石相阳, 等. 2016. 北部湾近岸海域环境质量状况、环境问题分析以及环境保护建议[J]. 海洋开发与管理, 33 (6): 28-32.

陈圆, 张新德, 韦江玲. 2012. 广西近岸海域互花米草侵害与防控方法分析[J]. 南方国土资源, (8): 20-22, 25.

初建松. 2011. 基于生态系统方法的大海洋生态系管理[J]. 应用生态学报, 22 (9): 2464-2470.

邓义祥, 雷坤, 富国, 等. 2015. 基于分配指数的渤海 TN 总量分配研究[J]. 环境科学研究, 28 (12): 1862-1869.

邓义祥, 孟伟, 郑丙辉, 等. 2009. 基于响应场的线性规划方法在长江口总量分配计算中的应用[J]. 环境科学研究, 22 (9): 995-1000.

邓义祥, 王斯栓, 李子成, 等. 2009. 水质模型在东莞污染源负荷估算中的应用[J]. 环境科学学报, 29 (11): 2458-2464.

丁晖, 曹铭昌, 刘立, 等. 2015. 立足生态系统完整性, 改革生态环境保护管理体制: 十八届三中全会 "建立陆海统筹的生态系统保护修复区域联动机制" 精神解读[J]. 生态与农村环境学报, 31 (5): 647-651.

丁小芹. 2018. 中越北部湾海洋生物多样性保护跨国界合作机制初探[D]. 厦门: 国家海洋局第三海洋研究所.

董跃, 姜茂增. 2012. 国外海岸带综合管理经验对我国实施 "陆海统筹" 战略的启示[J]. 中国海洋大学学报 (社会科学版), (4): 15-20.

方雪原. 2014. 北部湾冬夏季环流及其水交换的数值模拟研究[D]. 青岛: 中国海洋大学.

韩增林, 狄乾斌, 周乐萍. 2012. 陆海统筹的内涵与目标解析[J]. 海洋经济, 2 (1): 10-15.

贺立燕, 宋秀贤, 於凡, 等. 2019. 潜在影响防城港核电冷源系统的藻类暴发特点及其监测防控技术[J]. 海洋与湖沼, 50 (3): 700-706.

环境保护部. 2011. 中国生物多样性保护战略与行动计划[M]. 北京: 中国环境科学出版社.

环境保护部办公厅. 2015. 关于印发《重点流域水污染防治 "十三五" 规划编制方案》的函[Z]. 环办函〔2015〕1781 号.

环境保护部办公厅. 2016. 关于印发《水体达标方案编制技术指南》的函[Z]. 环办污防函〔2016〕

563 号.

康敏捷. 2013. 环渤海氮污染的陆海统筹管理分区研究[D]. 大连：大连海事大学.

蓝文陆, 彭小燕. 2011. 茅尾海富营养化程度及其对浮游植物生物量的影响[J]. 广西科学院学
报, 27（2）：109-112, 116.

蓝文陆. 2011. 近 20 年广西钦州湾有机污染状况变化特征及生态影响[J]. 生态学报, 31（20）：
5970-5976.

蓝文陆. 2012. 钦州湾枯水期富营养化评价及其近 5 年变化趋势[J]. 中国环境监测, 28（5）：
40-44.

黎树式, 黄鹄, 戴志军, 等. 2016. 广西海岛岸线资源空间分布特征及其利用模式研究[J]. 海洋
科学进展, 34（3）：437-448.

李斌, 谭趣孜, 李蕾鲜, 等. 2018. 2014 年北部湾主要河流污染状况及污染物入海通量[J]. 广西
科学, 25（2）：172-180.

李干杰. 2011. 坚持陆海统筹, 实现海洋可持续发展[J]. 环境保护,（10）：24.

李萍, 郭钊, 莫海连, 等. 2018. 广西近岸海域营养盐时空分布及潜在性富营养化程评价[J]. 海
洋湖沼通报, 3：148-155.

李荣欣. 2011. 基于生态系统的海湾综合管理研究[D]. 厦门：国家海洋局第三海洋研究所.

李树华, 夏华永, 陈明剑. 2001. 广西近海水文及水动力环境研究[M]. 北京：海洋出版社.

李天深, 蓝文陆, 卢印思, 等. 2015. 近岸海域自动监测浮标在赤潮预警中的应用及其缺陷[J].
海洋预报, 32（1）：70-78.

李天深. 2016. 广西近岸海域赤潮的自动在线监测及预警模式研究[Z]. 广西壮族自治区海洋环
境监测中心站.

刘忠臣, 刘保华, 黄振宗, 等. 2005. 中国近海及邻近海域地形地貌[M]. 北京：海洋出版社.

龙颖贤, 陈隽, 韩保新. 2014. 环北部湾经济区近岸海域环境容量研究[J]. 中山大学学报（自然
科学版）, 53（1）：83-88.

罗金福, 李天深, 蓝文陆. 2016. 北部湾海域赤潮演变趋势及防控思路[J]. 环境保护, 44（20）：
40-42.

吕晓君, 杜蕴慧, 宋鹭, 等. 2015. 基于“陆海统筹”理念的海岸带环境管理思考[J]. 环境保护,
43（22）：59-61.

彭在清, 李天深, 蓝文陆. 2017. 广西海域赤潮研究[M]. 北京：海洋出版社.

秦正茂, 樊行, 周丽亚. 2018. 陆海统筹语境下的城市海洋环境治理机制探索——以深圳为例[J].
特区经济,（7）：56-58.

生态环境部, 发展改革委, 自然资源部. 2018. 渤海综合治理攻坚战行动计划[Z].

侍茂崇, 陈波. 2015. 涠洲岛东南部海域高浓度氮和磷的来源分析[J]. 广西科学, 22（3）：
237-244.

侍茂崇, 陈波, 丁扬, 等. 2016. 风对北部湾入海径流扩散影响的研究[J]. 广西科学, 23（6）：

485-491.

苏纪兰. 2005. 中国近海水文[M]. 北京：海洋出版社.

苏志，余纬东，黄理，等. 2009. 北部湾海岸带的地理环境及其对气候的影响[J]. 气象研究与应用，30（3）：44-47.

孙立娥，王艳玲，刘旭东. 2016. 2015 年胶州湾主要污染物入海量研究[J]. 中国环境管理干部学院学报，26（6）：66-69.

覃仙玲，赖俊翔，陈波，等. 2016. 棕囊藻北部湾株的 18S rDNA 分子鉴定[J]. 热带亚热带植物学报，24（2）：176-181.

汪思龙，赵士洞. 2004. 生态系统途径——生态系统管理的一种新理念[J]. 应用生态学报，（12）：2364-2368.

王泉力，李杨帆. 2018. 新时代生态环境建设中陆海统筹发展对策研究——以厦门为例[J]. 中国环境管理，10（6）：87-91，106.

王文欢. 2017. 近 30 年来北部湾涠洲岛造礁石珊瑚群落演变及影响因素[D]. 南宁：广西大学.

王武霞，苏奋振，冯雪，等. 2017. 中越北部湾红树林差异性研究[J]. 地球信息科学学报，19（2）：264-272.

韦重霄，赵爽，宋立荣，等. 2017. 钦州湾内湾茅尾海营养状况分析与评价研究[J]. 环境科学与管理，42（9）：148-153.

吴敏兰. 2014. 北部湾北部海域营养盐的分布特征及其对生态系统的影响研究[D]. 厦门：厦门大学.

肖鹏，宋炳华. 2012. 陆海统筹研究综述[J]. 理论视野，（11）：74-76.

徐轶肖，何喜林，张腾，等. 2020. 北部湾棕囊藻藻华原因种分析[J]. 热带海洋学报：39（6）：122-130.

杨斌，鲁栋梁，钟秋平，等. 2014a. 钦州湾近岸海域水质状况及富营养化分析[J]. 中国环境监测，30（3）：60-64.

杨斌，钟秋平，鲁栋梁，等. 2014b. 钦州湾海域 COD 时空分布及对富营养化贡献分析[J]. 海洋科学，38（3）：20-25.

袁涌铨，吕旭宁，吴在兴，等. 2019. 北部湾典型海域关键环境因子的时空分布与影响因素[J]. 海洋与湖沼，50（3）：579-589.

战祥伦. 2006. 基于生态系统方式的海岸带综合管理研究[D]. 青岛：中国海洋大学.

张海峰. 2004. 实施"海陆统筹"战略 树立科学的能源观——提交首届中国工业节能大会[C]. 中国太平洋学会. 2004 年中国太平洋学会年会论文集.

张娜，姚治华，刘永，等. 2009. 生态系统方法及其在生态环境管理中的应用[J]. 环境科学与管理，34（11）：141-145，153.

张鹏，魏良如，赖进余，等. 2019. 湛江湾夏季陆源入海氮磷污染物浓度、组成和通量[J]. 广东海洋大学学报，39（4）：63-72.

张文静，郑兆勇，张婷，等. 2020. 1960—2017 年北部湾珊瑚礁区海洋热浪增强原因分析[J]. 海洋学报，42（5）：41-48.

中华人民共和国生态环境部. 2018. 2017 年中国近岸海域生态环境质量公报[R].

周浩郎，黎广钊. 2014. 涠洲岛珊瑚礁健康评估[J]. 广西科学院学报，30（4）：238-247.

周杨明，于秀波，于贵瑞. 2007. 自然资源和生态系统管理的生态系统方法：概念、原则与应用[J]. 地球科学进展，（2）：171-178.

朱冬琳，陈波，牙韩争，等. 2019. 广西近海污染物输运模拟研究[J]. 广西科学，26（6）：669-675.

Chen X，Zhang F，Lao Y，et al. 2018. Submarine groundwater discharge-derived carbon fluxes in mangroves：An important component of blue carbon budgets?[J]. Journal of Geophysical Research-Oceans，123（9）：6962-6979.

Diaz Robert J，RosenbergRutger. 2008. Spreading dead zones and consequences for marine ecosystems[J]. Science，321（5891）.

Kidd S，Plater A，Frid C. 2013. 海洋规划与管理的生态系统方法[M]. 徐胜，等译. 北京：海洋出版社.

Shi M C，Chen C S，Xu Q C，et al. 2010. The role of Qiongzhou Strait in the seasonal variation of the South China Sea circulation[J]. Journal of Physical Oceanography，32（1）：103-121.

Xu Y X，Zhang T，Zhou J. 2019. Historical occurrence of algal blooms in the northern Beibu Gulf of China andimplications for future trends[J]. Frontiers in Microbiology，10：451.